食糧と人類

飢餓を克服した大増産の文明史

ルース・ドフリース
小川敏子＝訳

ndb
日経ビジネス人文庫

父マイク・ドフリース（一九二三－二〇一三）を偲んで――
世界への好奇心はまちがいなくあなた譲りです

THE BIG RATCHET :
How Humanity Thrives in the Face of Natural Crisis

This edition published by arrangement with Basic Books,
an imprint of Perseus Books, LLC,
a subsidiary of Hachette Book Group, Inc., New York, New York, USA
through Tuttle-Mori Agency, Inc., Tokyo.

食糧と人類

目次

DAP
MAP
TSP

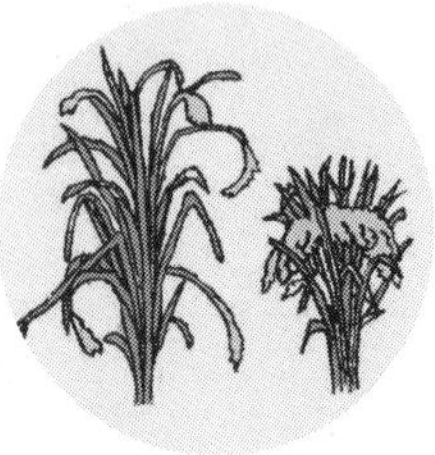

プロローグ　人類が歩んできた道

泣くなんて、科学者としてあるまじきことかもしれない。でも、わたしたちはこらえきれなかった。アメリカとブラジルの科学者で編成された一行が、任務を遂行しているさなかの出来事だった。

わたしたちはブラジルの広大なアマゾン熱帯雨林の南東部に分け入り、四方八方に伸びる埃っぽい土の道をすでに何百マイルも移動していた。一行の任務は、地球の数百マイル上空から撮影した衛星写真の状況がはたして正しいのかどうか、地上で実際に確かめることだった。衛星写真には、ほんの一年前には壮大な森だったはずの場所に、広い範囲が焼け爛《ただ》れて地肌が露出していると思しき地点が、ひとつやふたつどころか何百カ所もあるようすがとらえられていたのである。

まさに衛星写真がとらえたとおりの状況だった。泥まみれの二台の車は小川や深い穴を越えて進んだ。空き地と思われる地点に到達するたびに、むきだしの地肌と倒された木々という光景が目の前に広がっていた。儲け主義のプロジェクトのために森が焼き払われた跡だ。

やがて、とりわけ広い空き地に出た。あたり一面焦げて灰で覆われている。わたしたちは焼けた丸太に腰を下ろし、暗澹《あんたん》たる気持ちで顔を見合わせた。気づいたら涙があふれていた。これはほんとうに現実なのか？　美しい森がこんなにも大規模に焼かれ、破壊されている。その目的といえば、地球の裏側の食卓にのせる肉を調達するためだ。

二〇〇〇年代はじめ、ブラジルのマットグロッソ州——英語で言えば「深い森」の意味——の風景は名前とはかけ離れたものとなった(1)。知事を務めるブライロ・マッギの一族は当時、世界最大の大豆生産者として一大帝国を築いており、マッギは「世界の大豆王」とも呼ばれていた。大豆はアマゾンでは新顔の作物だが、この州を最大級の大豆生産地にしようともくろむ彼は、新しい道を通し、森をどんどん切り開いたのである。収穫された大豆はトラックに積まれて次から次へと港に運ばれ船積みされた。行き先はヨーロッパとアジア。そこでは農場の牛、豚、鶏に大豆粕が飼料として与えられ、育った家畜はやがて食肉加工されて人びとの胃袋におさまった。

アマゾン南東部の変わり果てた光景はたしかに痛ましく無惨ではあったが、こうした森林破壊はいまに始まったことではない。昔から何度もくり返されてきた。

はるか昔、北米、ヨーロッパ、アジアの森は人の手によって破壊され、食べたり売ったりできる便利な作物が栽培されてきた。しかし眼前に広がる光景は、入植者が悪戦苦闘しながら家や農場を築くというイメージとはまったく別物だ。チェーンソーが唸りをあげ、ブルドーザーが不要なものを除去し、トラクターがタネを播《ま》き、飛行機が農薬を散布し、農産物をトラックが運んでいく。広大な農地、そびえ立つサイロ、少人数での作業——どちらかといえばアメリカ中西部でおこなわれている、化石燃料をエネルギー源とする現代的な大規模農業に近い。

いっぽう、消滅しつつある熱帯雨林を丸太に腰掛けて嘆いているわたしたちからそう遠くない場所では、まったく異質の光景があった。カヤポ族が自分たちの豊かな森を守っていたのだ。ブラジル政府は一九六〇年代前半、先住民のカヤポ族の居留地として近隣の土地を指定した。それ以来、カヤポ族はそこで昔ながらの暮らしをいとなんでいる。鳥をしとめ、森で狩猟をおこない、川で魚を捕り、木の根と果実と木の実を採集し、サツマイモとキャッサバを育てる。(2) みずからの身体を動かすことと火だけが彼らのエネルギー源だ。トラクターの購入や、生産物を地球の裏側の人びとに売るという選択肢は彼らにはない。

境界線をはさんだいっぽうで化石燃料をエネルギー源とするブルドーザーを運転して開墾し、世界各国の家畜を養うための大豆を栽培する人びとがいる。もういっぽうでカヤポ族が動物を狩り、木の実と果実を採集し、人類史の大半においてヒトがおこなってきたいとなみを続けている。ヒトはなんとも奇妙な種になったものだ。空腹を満たすため自然を活用する方法にこれだけの違いがあり、それがこうして同時進行している。

対照的な光景を目のあたりにすると、身近なものを食べて暮らすカヤポ族は自然と共生しているというロマンチックな考えに傾きがちだ。ありのままの自然と共存する暮らしを美化したがる環境保護論者はいるだろうが、わが子によりよい暮らしをさせたいと奮闘する人びとにとってはかならずしも理想ではない。

目先の利益を優先して壮大な森が切り開かれていくさまはたしかに痛ましい。が、だれもがカヤポ族のように暮らせるはずもない。かといって、ブルドーザーを見て発展の象徴、よりよい暮らしをもたらすものと単純によろこべる気持ちにはなれない。

丸太に座ったまま、頭のなかに次々に疑問が湧いてきた。暮らしかたに優劣はあるのか？　森林の消滅は、ヒトという種の消滅を暗示しているのか？　わたしたちが生命維持に必要な食料を店で購入して浮いた時間を創造的な活動にあてられるのは、先人が食料を大量に栽培する方法を見つけてくれたおかげだと感謝すべきなのか？

ふと、もっと素朴で心躍る問いが浮かんだ。人類はどのようにして今日の栄華を極めるにいたったのだろう？　ヒトは、ごくありふれた哺乳類として出発した。あらゆる種と同じく、周囲の環境に依存して生きていた。それがいまやブルドーザーで森を切り開き、牛、豚、鶏に大豆を与えて飼育し、世界各地に向けて食料を出荷している。もはやありふれた哺乳類ではない。

わたしたちはどのようにして非凡な存在となったのか。多くの人が都市で暮らすようになるまでに文明は自然に大幅に手を加える技術をどのように進化させてきたのか。本書ではその道のりを再現していこう。もともとは身近な動植物を食べて暮らすところから始まった。いまでは遠く離れた場所でつくられたものを食べて生きている人が大多数を占める。こんな種はヒトだけだ。

人類のこれまでの旅路をたどるにあたって、わたしはヒトという種の優位性を主張するつもりはないし、自然を利用し尽くす悪者と位置づけるつもりも毛頭ない。カヤポ族とマツギ知事をくらべて前者の生きかたを正当化しようなどとも思わない。文明が進んだ先には破綻が待っていると脅したいわけでもない。そうした議論を読者が期待しているとしたら、当てがはずれるだろう。もちろん、健康と幸福と繁栄を極めるにはブルドーザーが欠かせないなどというつもりもさらさらない。

本書がめざすのは、人類が歩んだ旅路をなぞり、どのような経緯でここまで到達したのかをあきらかにすることである。いままでをふり返れば、きっとこの地球上でのわたしたちの未来の姿が見えてくるはずだ。

1 鳥瞰図
――人類の旅路のとらえかた

死を目前にしたソクラテスは弟子たちに、もしも「翼を得て鳥のように高く舞いあがる」ことができるなら、眼下に見える「世界はひじょうに広々として」、水、陸地、そして「はかりしれない泥土」以外にはほとんどなにもないだろうと語った。[1] 遠い昔にソクラテスが想像した茫洋たる世界のなかで、人類は取るに足らない存在だ。

それから一〇〇世代後、上空からの眺めはソクラテスの想像とは裏腹なものとなっている。飛行機の窓からのぞいても、宇宙から送られてくる画像を見ても、まったく違う。縦横に走る道路。小麦や米、ジャガイモといったさまざまな作物が栽培されている田園地帯の畑。地平線の彼方まで続く牧草地で放牧されている畜牛と乳牛。都市と街では建物からもれる光で夜も明るい空。ソクラテスが想像した上空からの風景では、人間の存在などほとんど見えてこない。いま上空から見ると人間の影響力はすさまじいばかりだ。いたるところに人間が存在している証しが見つかる。(2)

地球に生息する何百万もの種のひとつにすぎないヒトが、確実に地球の姿を変えている。この惑星にわたしたちが刻んだ跡は遠く離れた宇宙からも確認できる。北米の肥沃《ひよく》な大草原《プレーリー》からベトナム南部のメコンデルタの青々とした水田まで、わたしたちが自然をつくり変えた目的はただひとつ――自分たちのお腹を満たすためだ。

人類がここまではっきりと地球に跡を刻んでいることに対し、反応は大きくふたつに分かれる。

まず、どんな過酷な自然条件を突きつけられても人間の知恵はそれを克服し、ここまで劇的に風景を変えられた、という反応だ。(3) 問題が起きたとしても、かならず技術で解決できる。食料またはエネルギーが足りなくなる? 心配ご無用、だれかが高度な技術を開発して活路を開くはず。この立場に立つアメリカの経済学者ジュリアン・サイモンによると、人が創造力を発揮すれば天然資源を最大限に活用できるばかりか無限になる。究極の資源は石炭、水、銅ではなく、人間の創意工夫の能力だ。自然界にはいっさいの制約はない。未来は安泰である。(4)

それに対し、地球に刻まれた膨大な跡を愚の骨頂とみなし、このままでは人類の未来は危ういと警告する人びとがいる。ヒトがわが物顔でのさばりつづければ、いずれ大惨事、飢餓、破綻を招くだろう。資源は論理的には有限であり、人口が膨れすぎれば、やがて限界に達するか、かなり深刻な副次的影響によって文明は存続できなくなる。多くの研究者がこの立場をとっており、なかでも有名なのが、食料不足を予測した経済学者のトマス・ロバート・マルサスである。最近ではドネラ・メドウズやヨハン・ロックストロームが著作にそれぞれ『成長の限界』[5]、「Planetary Boundaries（地球の限界）」[6]など示唆的なタイトルをつける傾向がある。最終決定権を握るのは自然だと彼らは言う。人類は資源をむさぼり、廃棄物を吐きだし、破滅的な結果を招く存在でしかない[7]。彼らの側に立てば、人間は破壊的な勢力なのだ。

俯瞰した地球の姿が示すのは人間の思いあがりか、はたまた成功か。愚行、それとも勝利なのか。特定の時期や場所など、範囲を限定すればどちら側にも説得力はあるが、範囲を広げて長期的に見るとどうだろう。

サイモンは技術を活用すれば問題は解決できると主張したが、一時的な解決法は次の問題を引き起こすことになりかねない。ロックストロームは破滅的な未来を想定しているが、これまで人間社会は状況に応じてしたたかに変わってきているではないか。人と自然とのかかわり合いはいまに始まったことではない。目の前の風景を正しく読みとり、どう対処すべきなのかを判断するために自然界との長く密接な歴史に目を向けてみる必要がある。

もともとヒトは地球に生息するごくありふれた種のひとつにすぎない。周囲の環境をたくみに利用しながら生息域を広げ、個体数を増やす。そんないとなみを何万年もくり広げてきた。それがいまやすさまじい量の食料を確保し、圧倒的な勢力を誇るまでになった。これが人類の文化の成果であり、地球上での生命の進化の一端を示すものだ。善・悪や正・誤という判断をいったん脇において、より広く長期的な視点に立てば、それがよく見えてくる。

本書では、ありふれた哺乳類であった人類が世界中に勢力を広げ、都市で暮らす種になるまでの非凡な旅路をなぞる。大きなスパンでとらえてみれば、特徴的なパターンが浮かびあがる。微生物から最大の肉食動物まですべての種と同じく、昔から人間は身近なところから食料を調達して生き延びてきた。そして文明はつねに新しい方法を実験しながら自然界から食べものを得ている。試行錯誤をくり返しながら、少ない労力で多くの食料を確保するための新しい方法を模索してきた。ヒトは何世代にもわたって知識を蓄積する能力に恵まれている。そのおかげで実験の成果を重ね、発展を続けることができた。思わしい成果があがらないと挫折を味わうが、そこから立ち直って新しい方法を試してみる。この積み重ねで自然界のしくみをたくみに利用して数十億人もの食料をまかなうまでになった。

実験はいまなお進行中だ。

進化プロセスはざっと次のように進む。まずは、空腹を満たすためにもっとも手っとり早く、かんたんな方法で食料を手に入れようとする。やがてあるとき、食べられる植物を栽培したり、作物に必要な養分を補給したりするなど、自然界に手を加える方法が編みだされる。それは工夫の産物である場合も、偶然の賜物という場合もある。より多くの食料がいきわたると徐々にヒトの数は増え、新天地へと生息の範囲を広げる。だが、どんなイノベーションも、いずれ壁に突き当たる。現状のままでは解決できない新しい要求が出てきたり、ひどい環境汚染を引き起こしたり、予想外の問題が生じたりする。食料が足りなくなるという不安が生まれ、危機感が募る。繁栄の歯車《ラチェット》（累積的に進む進化を不可逆に歯が送られる構造のラチェットにたとえている）の前方に手斧《ハチェット》が待ち構えている状況だ。この、絶体絶命の危機にさらされ、自然のめぐみを活用する新たな方法が登場する。人類の知恵は方向転換《ピボット》を実現し、ふたたび歯車《ラチェット》が前へ前へとまわりはじめる。より多くの食料がもたらされ、文明は人口増加に対応できるようになるのだ。そしてあるとき、さらに大きな壁にぶち当たる。原因となるのは単なる人口増加にくわえ、病気や旱魃《かんばつ》などさまざまな災難だ。前進・破綻の危機・方向転換——このサイクルをくり返すごとに人口が増えて生息域が広がるので、試練はより厳しくなる。一サイクルごとに、新しい壁が立ちはだかる。しかしそのたびに、何千年もの時をかけて、人類はなんとか切り抜けてきた。

見かけは変わっても、いまもこのサイクルは続いている。人類史が過去に経験した破綻の危機はほとんどの場合、飢餓と食料不足だった。後述するが、現在わたしたちが直面している問題はこの食料不足によるものではなく、飽食が原因だ。これは、ヒトが直面する初めての事態である。かつては夢のようなこの状況が新たな危機を生んでいるのだ。肥満の人が爆発的に増えるいっぽうで、豊富な食料がいきわたらない人びとがいる。大気と水のなかに汚染物質が排出されている。破綻の危機はつねに想定外の成り行き、予想外の結果からもたらされるのだ。

読者の大部分が生まれてからこれまでのあいだに、人類はかつてない規模で自然から食べものを得る方法をいくつも編みだした。二〇世紀後半はまさに、「人類大躍進」と呼ぶにふさわしい時期だ。自然界に手を加えて食料を得るスピードは勢いを増し、文明の軌道が大きく変わった。これまでとは桁違いの規模とスピードで歯車がダイナミックにまわりだした。ヒトはもはやありふれた種ではない。

二〇〇七年五月、ヒトが画期的なポイントを通過した。この運命的な日を境に都市居住者が多数派を占めるようになったのだ。過半数が農業をいとなむ状態から、都市暮らしへと逆転が起きた。この進化は、わたしたちの暮らしを根本から変えた——食生活、健康、家族形態、居住場所と仕事、自然との距離感、さらに地球の未来まで。それは一万年前に狩猟採集生活から農耕牧畜生活へと移行したことに匹敵する大転換だった。

二〇世紀後半、世界全体でトウモロコシと米の年間生産量はほぼ三倍、小麦は二倍以上に増えた。牛、豚、鶏の飼料となるトウモロコシが豊富なため、食肉生産量も増加して三倍を突破した。(8) 食料の価格はかつてないほど安くなった。近代に入って以降、家計の総消費支出に占める食費の割合(エンゲル係数)がいまほど低い時期はない。(9) ほんの半世紀前の暮らしと比較すると、すべてとはいわないまでも多くの人びとは教育、車、家、食料にもっとお金をかけられるようになった。彼らは農場で労働するのではなく都市で暮らし、近所の店で食料品を買ったり、祖先が想像もしなかった品揃えの豊富な大型スーパーで買いものをしたりする。

また、世界各地で数えきれないほどの家庭が水洗トイレなどの衛生設備、天然痘など致死率の高い病気の予防接種、感染症を治療する抗生物質、きれいな飲料水、マラリアなどの発生を抑えるための殺虫剤、その他医療の進歩の恩恵にあずかっている。歴史上、人類の平均寿命はほぼ三〇歳で推移してきた。二〇世紀後半に、その統計値が約二〇年伸びた。ただし貧困国での平均寿命は先進国の人びとにくらべ、依然としてかなり短い。(10)

未曾有の変化は、家族の子どもの数にまでおよんだ。遠い昔、人類が定住して農耕をいとなむようになると、女性はそれまでよりも子どもをたくさん産むようになった。ところがこの時期に起きた変化はこれとは正反対である。命を落とす子どもの数が減り、避妊できるようになったことで、出生率が下がりはじめた。とくに女性に教育と就労の機会が増えると、その傾向に拍車がかかった。労働集約的な農場の暮らしから都市暮らしに移行するにつれて、大家族である利点は薄らいだのだ。[11] 晩婚化が進み、出産年齢も高くなった。家系図で数代前から現在まで確認すれば、たいていは大家族から核家族へと徐々に変化しているはずだ。

死亡率と出生率がともに高い状態（多産多死）から低い状態（少産少死）に推移する現象を「人口転換」と呼ぶ。この現象は一八〇〇年ごろに北西ヨーロッパで始まり、やがて二〇世紀後半の爆発的な人口増加につながった。[12] この時期は人類史上、人口動態がもっとも激しい。大部分の国ではいまも急激な人口増加が進行中だ。一八〇〇年、世界の人口は九億五〇〇〇万人だった。一九〇〇年には一五億人をやや上回り、その後、人口爆発が起こって一九五〇年には二五億人、二〇〇〇年には六〇億人になった。二〇一〇年には七〇億人に迫る勢いだ。

人口爆発は今後も続き、二〇五〇年にようやく落ちつくだろう。そのとき、地球の全人口は九〇億人に達している可能性がある。[13] そしておそらく一〇人中約七人が都市で暮らしているだろう。二〇世紀の半ばの時点では一〇人のうち三人なので倍増だ[14]。

二〇世紀後半は、人口の急増に合わせて食料の生産量が増え、以前にくらべて一人あたりの供給カロリーも増えている。現実的ではないが世界中の人すべてに平等に分配した場合、一九六〇年には一日約二二〇〇キロカロリー、二〇〇〇年には一日約二七〇〇キロカロリーに増えている――人口が激増しているにもかかわらず[15]。

ヒトが農耕を開始してからわずか一万二〇〇〇年ほど、それにしてはたいへんな成果である。ただし困ったことがある。この恩恵に浴することができるのは、金銭的に余裕のある人びとに限られる。つまり人類の大半は該当しないのだ。アフリカの貧困国に暮らす人びとの多くは除外される。インドやブラジルなど経済発展のエンジンがまわりはじめた途上国でも、貧困層は疎外されている。

けっきょく一〇億人近い人びとが毎晩空腹のまま寝床に入り、二〇世紀の終わりには地球上で一三人のうちほぼふたりが栄養不良の状態だったのである[16]。そのいっぽうで、消費カロリーの高い人びとが健康的な食生活を送っているともいいきれない。また、地球環境の悪化も深刻だ。

ヒトは狩猟採集生活から農耕牧畜生活へ、そして都市生活への道のりを歩んできた。長期的な視点からその道筋をとらえれば、社会が状況の変化にどのように順応し、学習し、進路を変更するのか、人間がどのように創意工夫を重ねて自然界と密接にかかわってきたのかが見えてくる。文明は自然の一部であり、自然は文明の一部なのである。文明が続くかぎり、ヒトは空腹を満たすために自然のめぐみを利用して食料を確保する方法を模索しつづける。そして現在も含め、飽食の時代は、一時的な解決策が実を結んでいるにすぎないと肝に銘じておく必要がある。

文明を動かす究極のエネルギーとはなにか？

なにをやるにしても、人間にとっての究極のエネルギー源は食べものだ。石炭やガスは機械を動かすための燃料となるが、食べものがなければなにも始まらない。都市、交易、料理、言語、偉大な芸術作品、交響曲、小説、劇場、それ以外にもヒトという種の存在の証しとなるようなものはいっさい存在していないだろう。狩猟採集者が口にした野生植物も、都市生活者が買う箱入りシリアルも、あらゆる食料はこれまでも、そしてこれからもつねに文明を動かすエンジンでありつづけるだろう。

文明について考える場合、文化と技術を軸にとらえがちだが、自然界と人間の創意工夫の組み合わせを軸に考えてもいいのではないか。この組み合わせによって余剰食料が生まれると、人は食料の生産・調理・貯蔵以外の活動を始める。

ひとつ例をあげよう。世界最古の都市と評されるエリコはパレスチナのヨルダン川流域に栄えた。いまの基準で見れば小さな町に毛が生えた程度の規模かもしれない。しかし紀元前八〇〇〇年には、住人はすでに約二〇〇〇人に達していた。近くのオアシスのきれいな湧き水が絶えず小麦と大麦の畑をうるおし、年間収穫量はエリコの住人を養ってもなお余るほどだった。こうした余剰食料のおかげで一部の住人は、陶器や宝飾品づくり、宗教的な礼拝と儀式、秩序維持といった仕事に専念できるようになった。日々、農耕や調理にかならずしも全住民がかかわる必要がなくなったのである(17)。

エリコ以外にも定住型の農耕民の都市が誕生したが、移動しながら狩猟採集で食料を得るという暮らしが主流だった当時は、まだ孤島のような存在にすぎなかった。それでも、文明の未来と、耕作や文字、青銅、近代科学、機械、医学など無数の発明およびその成果はこうした定住生活から始まったのである。また定住生活は、エリート層が支配する階層社会を生みだした。彼らは余剰食料を管理し、不当な分け前を手にした。よくも悪くも、古代都市エリコから今日のサンパウロ、ムンバイ、ニューヨークといった活気あふれる都市まで、さまざまな専門職につく人びとがひしめき合う共同社会は、農業が余剰食料を生みだすことなしには成り立たない。

農耕と複雑な文明との結びつきはヒトだけに限ったことではない[18]。じっさい、農業をいとなむ種に人類が加わったのは比較的最近だ。ヒトが農耕技術を開発したのは、たかだか一万年から一万二〇〇〇年前。いっぽう昆虫は何百万年も前にすでに始めている。いまも中南米とアメリカ南部に生息するハキリアリは、農耕のパイオニアともいえる種で、地下の巣に複雑な迷路を築いて特殊なキノコ農園をつくる。歯で葉を嚙み切って小さく切り分け、地下の農園まで運ぶ。そこでさらに葉を嚙《か》み砕いてドロドロにしたものを溜めておく。それを養分にマッシュルーム状の小さなキノコを育てる。それがアリの栄養たっぷりの食料となる。シロアリの生態も同様で、塚の下の巣にキノコ農園をつくる。養菌性キクイムシは木の幹の奥に複雑な孔道《こうどう》を掘ってキノコを栽培し、それを食べて幼虫を育てる。わたしたちが家畜を飼

育して食肉や乳を手に入れるのも似たようなものだ。

アリ、甲虫、シロアリ、ヒトでも農耕をいとなむ種は、例外なく複雑な社会を築くようになる。農耕が発達するにつれて塚、巣、木の穴、都市で何百もの個体がまとまって暮らせるようになるのだ。それは劇的な転換であり、いったん農耕と複雑な社会へと舵をきった種が農耕をやめたという例はない。

農耕をおこなう種はごく一部だが、どんな動植物でも、その生態は食べものをつくりだすため、個体数を増やすための工夫に満ちている。少しでも生息域を広げ、居住空間と栄養をめぐってライバルと競い合う。深海微生物は海底の熱水噴出孔から生きる糧を得る。植物は光合成によって太陽の光と水と空気中の二酸化炭素から糖を合成して成長のエネルギーを得る。草食動物も肉食動物も、植物を通じて太陽エネルギーを利用している。

ヒト以外の場合、進化は遺伝子だけが頼りだが、ヒトには他の種にはない技——ミームがある。ミームとは、イギリスの進化生物学者リチャード・ドーキンスが提唱した概念で、人から人へと広まり文化を形成する情報を意味する。(19) うまく生き残るミームは進化する。そうではないミームは生存競争に負けた種が滅びるようにたちまち消える。

だから、空腹を満たすために有益なミームは広まり、時とともに文化のなかでより大きくよりすぐれたミームになっていった。食料にできる動植物を選択するミーム、水源のない場所で作物を育てるために灌漑《かんがい》するミーム、空気と岩から肥料を抽出するミーム——どれも自然のめぐみを存分に活かすための発想力豊かなイノベーションの一部だ。わたしたちはこうした方法を何万年も前から連綿と受け継ぎ磨きをかけ、自然から食料を調達し、人口を増やし、地球上での生息域を拡大してきた。今日、上空から俯瞰する景色はその証しにほかならない。

アイルランドの飢饉に学ぶ

アイルランドのジャガイモ飢饉《ききん》は、前進・破綻の危機・方向転換のサイクルを説明するのにうってつけだ[20]。

ジャガイモがアイルランドの主要食物となったのは、一四九二年にクリストファー・コロンブスがアメリカ大陸に到着し、その後南米原産のジャガイモが船で新世界から旧世界へと運ばれたためだ。ヨーロッパ上陸を物語る最古の証拠は、一五七三年にスペインのセビリアの病院が購入した記録である[21]。

ジャガイモは当初、毒性があるのではと疑われたり、でこぼこした形状が敬遠されたりして、すぐにヨーロッパ全域に広まったわけではない。しかしほかの主要作物にはない利点を買われてジャガイモは欠かせない農作物となっていった。栄養価が高くビタミンが豊富で、小麦や大麦などの主要生産物とくらべると狭い畑でも効率よく栽培できた。少量の肉や乳製品を補えば、あとはジャガイモさえあれば食生活をじゅうぶんまかなえた。保存もかんたんで、他の作物との混作もできる。いいことずくめのジャガイモはひっぱりだことなり、一八世紀はじめにはヨーロッパ全土に普及した。

ジャガイモをとるようになって人の身長は伸びた。一七〇〇年代後半にフランスの農村でジャガイモを食べて成長した兵士らは、一〇〇年前の祖先とくらべて約半インチ（一・二七センチ）背が高かった。寿命が延びたのも出生率が伸びたのも、ジャガイモの影響だ。

今日の歴史学者によれば、一七〇〇年から一九〇〇年までのヨーロッパの人口増加のおよそ四分の一はジャガイモを食べたことによる影響であり、それ以外は健康状態と衛生環境の向上が関係しているという。[22] ジャガイモの登場が、力強く歯車をまわす転換点になったのである。

ことにジャガイモに依存したのがアイルランドの貧しい農民だった。産業革命まっさかりの一九世紀はじめ、イングランドの工場生産のあおりを受けて従来の家内制手工業は立ち行かなくなり、アイルランドでは農業以外に生計を立てられない人びとが増えつづけた。それなのに裕福な地主はイングランド向けの輸出で儲かる牧畜と穀物生産に目がくらみ、所有地から小作人を立ち退かせた[23]。土地を奪われた農民たちにとってジャガイモは唯一の命綱となった。彼らは広く普及しているランパー種のジャガイモでかろうじて命をつないだ。貧困にあえぐ人の数は一九世紀前半の数十年で急増した。

ジャガイモはタネイモを植えれば発芽するという便利な特徴がある。だから農民はタネをわざわざ買わずにすんだ。だがこの特徴が仇《あだ》となって悲劇がもたらされる。栽培されたジャガイモはたがいに遺伝子組成が同じクローンだった。畑と畑が近かったこともあって、疫病の格好の標的となった。南米のようにジャガイモに遺伝的多様性があれば、疫病の猛攻に耐え全滅は免れたかもしれない。

一八四五年、ジャガイモ疫病菌がアイルランドで猛威をふるい、大飢饉を引き起こした。ジャガイモで食いつなぐ国民はすでに相当数にのぼっていた。着実にまわっていた繁栄の歯車に手斧——疫病、飢饉、死——が振り下ろされたのである。

畑という畑でジャガイモが腐った。新たに作付けしようにもタネイモになりそうなものはほとんどない。たとえ残っているイモがあっても、じきに疫病菌の餌食《えじき》となった。糊口《ここう》をしのぐための職もなければ、自由になる土地もない。結果的にアイルランドの人口の八分の一にあたる一〇〇万人が飢餓で亡くなった。さらに一〇〇万人が連合王国や新世界へと渡った。

アイルランドの人口は、一八四一年の八〇〇万人という数字には二度と戻らなかったが、これ以後、大飢饉は起きていない。生き延びた人びとを支えたのは、ジャガイモ疫病菌に屈しない新種だった。

ジャガイモ畑が次々に牧場になっていくと、人びとは農業から離れ、工場の仕事についた。ジャガイモ農家はいまもジャガイモ疫病菌に手こずらされているものの、耐性のある南米の野生種を品種改良したものを適度に離して栽培し、農薬を併用することで壊滅的な被害を防いでいる。破綻の危機が訪れ、そのあとに方向転換が起きて、また新しい歯車がまわりはじめたのである。

アイルランドのジャガイモ飢饉を政治的な視点からとらえれば、イギリス人が自分たちの利益のために隣人を利用し、アイルランドで困窮する人びとを見捨てたことがいちばんの問題となる。純粋に生態学的な視点でとらえれば、遺伝的なクローンと疫病菌がいちばんの悪者となる。短期的に見れば、多くの人びとにとって飢饉は大惨事以外のなにものでもない。大惨事どころか崩壊寸前だったのだが。

しかしこうした視点だけでは、壊滅的打撃に直面しても、そこから見事によみがえったアイルランドのケースを正しく理解したとはいえない。社会が変容し、適合し、崩壊を免れたという構図は、長期的な視点に立って初めて見えてくる。アイルランドのジャガイモ飢饉は前進・破綻の危機・方向転換を示す、人類の旅路の縮図であり、わたしたちの歴史の本質なのだ。たったひとつのレンズだけではそれが見えてこない。

歴史を多眼的にとらえて見えてくるもの

アイルランドのジャガイモが一八〇〇年代半ばに全滅した例、そして本書でこのあと取り上げるケースは、人間と自然との密接な関係が一定の限度を超えたあげくに起きた典型例という見方もできるだろう。

社会が巨大化し、養わなくてはならない人数が増えるにつれて、自然界を利用し多くの食料を確保する流れは加速する。そしてあるとき、その限度を超え、自然界からしっぺ返しを喰らうかたちでその社会は崩壊寸前に陥る。このパターンについて、アメリカの社会学者ウィリアム・キャットン・ジュニアは一九八〇年の著書『*Overshoot: The Ecological Basis of Revolutionary Change*』（オーバーシュート［需要過剰］——画期的変化の基盤となる生態系：未訳書）のなかで取り上げている。

短期的な視点でとらえると、一線を超えた例は人類史のなかにごろごろ転がっている。イースター島にあるモアイの石像、マヤ文明の古代都市遺跡、アメリカ南西部の崖に残るアナサジ族の集落跡、カンボジアのアンコール・ワットの寺院遺跡はどれも、かつて栄華を極めた文明が終焉を迎えたことを物語る。

政治闘争、予想外の気候変動、社会変革、地力の低下など、さまざまな要因が複雑に結びついた結果なのだろう。[24]どの文明も高度な技術を背景に着実に人口を増やしたが、社会的な変化と生態学的な変化があいまってすさまじい反動が起こり、それにもちこたえられず崩壊した。

短期的な視点だけでこれらの例を見ると、歴史を客観的にとらえ損ねる。だから長期的な視点に立って見てほしい。するとまったく別の絵が見えてくる。行きすぎは転機をもたらすのだと理解できるのだ。

原始的な社会を研究したデンマークの経済学者エスター・ボズラップは次のように述べる。全員にいきわたるだけの食料が確保できなければ、人は食料をもっとたくさんつくるために除草したり灌漑したりするなど、より多くの労力をかけるようになる。[25]行きすぎて破綻というコースをたどるのではなく、創意工夫のスイッチが入るのだ。社会は繁栄し、その後に滅亡したとしても、ヒトという種は前進と方向転換を延々とくり返している。

ボズラップ流の考えかたは人間の創意工夫の力を重んじる。人間の知恵が方向転換と前進を可能にするという見解だ。いっぽう環境保護主義者は、限度を超えればいずれ自然が方向転換に応じられなくなると主張する。どちらも、ヒトはなぜ地球上で何十億もの人口を誇る一大勢力となったのかをじゅうぶんには説明できていない。また、未来に向けた方針を立てる手がかりとはならない。仮に工夫の余地がなくなれば、あるいは自然界の強烈な巻き返しに遭い、うまく舵がきれなければ、真の行きすぎが起きてもおかしくない。

しかしこれまでの歴史を見るかぎり、概してそれとは正反対の成り行きになっている。人類は自然界に手を加えて地球の姿を変え、人口増加をくり返してきた。個体数の多さと生息域の広さという点から見れば、ヒトはとてつもない成功をおさめた。

しかし二〇世紀後半、わたしたちは大きな矛盾を突きつけられ、ジレンマに陥っている。後述するが、人類史上、これほどまでの飽食の時代を迎えたことは一度もなければ、これほどの人口拡大に成功した時代もない。そのいっぽうで、貧富の差は広がりつづけ、自然界に手を加える規模はますます大がかりになり、糖分と脂肪分の多い食生活で不健康になっている。歴史をふり返れば、たしかに人類は行きすぎの危機から何度となく脱して復活を遂げている。はたして、この先もそうなるだろうか。

ソクラテスが思い描いたようにはるか高みから歴史を俯瞰することができるなら、自分たちの状況を客観的にとらえられる。しかしそれがかなわない以上、一九世紀のドイツの哲学者アルトゥル・ショーペンハウアーが記したように、「各人は、自己の視界の終るところを以て、世界の終るところだと思惟する」(『ショーペンハウエル論文集』佐久間政一訳、

北隆館、二二〇ページ）のだろう。(26)

ヒトはこれまでどのように食料をまかなってきたのか——本書ではこれを長期的な視点から見つめ、いまという時代をとらえたいと思う。創意工夫を積み重ねて繁栄の歯車《ラチェット》がまわる・行く手に手斧《ハチェット》が振り下ろされるように危機が訪れる・解決法を編みだして方向転換《ピボット》するというサイクルをくり返してきた何千年という人類史をたどってみると、ふたつのことがあきらかになる。

第一に、人類の文明があるかぎり、このサイクルは何度もくり返されるだろう。問題の解決策は新たな問題をつくりだし、さらに新しい解決法が生まれるだろう。第二に、いまわたしたちは前例のない状況を生きている。自然に大規模に手を加えて食料を大増産し、人類の大半はみずから食料をつくらずに都市で暮らすようになった。まさに人類の大躍進であり、繁栄の頂点に達した。農耕生活から都市生活への移行はヒトのみならず地球にとっても一大転換点である。この変化のなかでどう生きるのか、わたしたちはまだ学んでいる最中だ。

ヒトがありふれた哺乳類から地球上で一大勢力になるまでの旅路ははるか昔——数十億年とはいわないまでも数百万年前——に始まった。知的で大きな脳をもつわたしたちのような種ができあがったのは、地球が多彩な生命を養っていける驚くべき構造をそなえているからにほかならない。そしてヒトは文化と知識をもつ非凡な種だったからこそ、自然界に手を加えてじゅうぶんな食料をつくりだし、地球上で繁栄することができたのである。

人類と自然界との長い歴史をつぶさに見ていくと、人間は旺盛な創造力を絶えず発揮して問題を解決しては、新たな問題を生みだしているのがわかる。ヒトがありふれた哺乳類から進化するには、豊穣な地球のめぐみとヒトの創意工夫という両輪が欠かせなかった。どんな文明も、その基盤には地球の驚異的なしくみと、それを活用して食料を得るためのヒトの創意工夫がある。人類の文明と地球が密接にかかわり合いながらどんな歴史をたどってきたのかを俯瞰的にとらえれば、問題はかならず解決できるという楽観論とも、危機を警告する悲観論とも違うものが見えてくる。自然界と人間の創意工夫との長く複雑なかかわりを理解して初めて、次の変化にそなえることができる。

2 地球の始まり

金星は温度が高すぎる。火星は温度が低すぎるし、岩石だらけだ。ヒトが創意を凝らし自然界に手を加えて繁栄できる条件をそなえた惑星は、太陽系のなかでも太陽系以外でも、わたしたちが知るかぎり地球だけだ。ありふれた種であったヒトが都市で暮らすまでになったのは、地球の構造が大きく関係している。

イタリアの物理学者エンリコ・フェルミは第二次世界大戦中に活躍し、スカッシュコートに建設された原子炉で核分裂連鎖反応の実験をおこなったことで知られるが、彼はある夏の日、地球の驚異について思いをめぐらせていた。終戦から数年後のことだ。アメリカのロスアラモス国立研究所の同僚と昼食をとりながら、フェルミは素朴な疑問を口にした。[1]なぜいままで宇宙人からの接触がないのだろう？　地球以外にも生命は存在しているはず

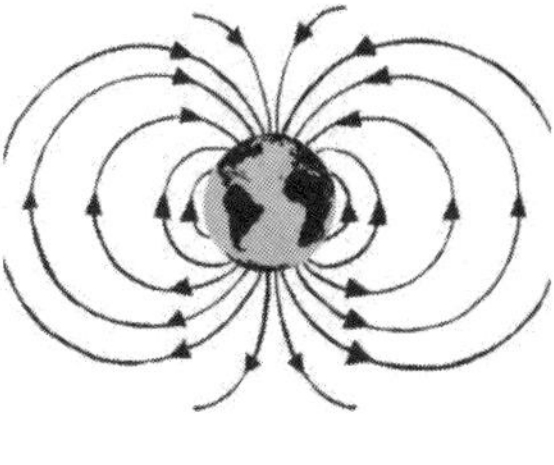

だ。われわれよりも高度な科学技術をもつ種がかならずどこかにいて、われわれと交信するノウハウをもっているにちがいない。昼食の席でのフェルミの絶妙な問いかけ――「みんなはどこにいるんだろうね？」――は、「フェルミのパラドックス」と呼ばれるようになった。(2) 宇宙のどこかに知的生物がいる可能性はきわめて高い。それなのに、なぜいまだに彼らから音沙汰がないのだろう？

フェルミのパラドックスに対して多くの仮説があげられている。そのひとつは、微生物や単細胞生物など単純な生命体が存在できる惑星はほかにもあるだろうが、複雑な生命体が生存できる地球に似た惑星はひじょうに稀《まれ》であるという説だ。(3) これに対し、地球はさほど特殊ではない、太陽系の平凡な、岩だらけのありふれた惑星である、だから宇宙には複雑な生命体はたくさん存在している、時間をかければかならず見つかるという説もある。

フェルミのパラドックスは、太陽系外惑星を探す天文学者と宇宙生物学者を魅了してやまない。彼らが真に探し求めるのは、知的生命が存在できる、つまり独創的な能力をそなえた種が進化し繁栄できる惑星だ。(4) そして宇宙には何百万、おそらく何十億もの惑星が存在していることが続々と判明している。(5) その数が多くなるほど知的生命が見つかる確率は高まる。

宇宙のどこかになにがあるとしても、人類はこの地球で自然と密接にかかわり合い、創造力を発揮してきた。地球に生命があらわれ文明が誕生し、ヒトが地球全体に生息域を拡大できたのは、この惑星に基本的な構造がそなわっていたおかげである。その大部分は、人知のおよぶものではない。太陽からの距離を変えることも、大陸を動かすプレート（岩盤）の移動スピードを速めることも、火山を噴火させることも、オーロラを光らせることもわたしたちにはできない。人類がありふれた種から都市で暮らすまでになる道筋はこうした驚異的な基盤を抜きにしては語れない。

とはいえ、すぐにはピンとこないかもしれない。食料を確保し、多くの人を養うことができどう関係しているのか。じつはわたしたちが、自然界に手を加えて食料を得ることができるのは、多様な動植物が育つ環境と栄養を地球が提供してくれているからにほかならない。どれほど知能が高い種であっても、この条件がととのっていなければ大量の食料をつくりだせない。地球に生命が存在できるのは、複数の基本的な特徴がそろっているからなのだ。

太陽系のなかでの適切な位置、地磁気、温室効果ガスの調整と生態系の栄養（養分循環）に必要な機能、そしてなんといっても長期にわたる安定した気候による多様な生命の進化。これこそがヒトが生息するための三要件――安定した気候、栄養分の循環、多様な生命――だ。どれも人類が登場するはるか以前から地球に存在し、人類が退場したあともずっと存在しつづけるにちがいない。

地球が生まれた幸運——宇宙のなかの一等地

惑星を不動産に見立てると、もっとも重視すべきポイントはロケーションである。太陽からの距離はなによりも大事だ。太陽からの距離しだいで惑星に〝液体の水〟が存在するかどうかが決まるのだから。

液体の水は地球で生命が誕生するうえで欠かせない物質である。宇宙のどこかでは、別の液体が別の形態の生命を支えているのだろうが、その証拠がまだ発見されていない以上、液体の水は生命にとって不可欠と考えるのが妥当だ——少なくとも地球の生命に似た生命にとって。太陽から離れすぎれば、水があっても氷になる。反対に、太陽に近すぎれば、すべて気化(蒸発)してしまうだろう。

太陽系にはこの水が固体になる境目、そして気化する境目が太陽を囲うようにしてリング状に存在し、そこには液体の水が豊富にあるので生命が誕生し成長できる。このリング状の部分が生命生存可能領域「ハビタブルゾーン(HZ)」であり、太陽系では一等地の不動産となる。惑星の軌道がこの領域内に収まっていれば、生命誕生の可能性がある(6)。

そしてもうひとつ、複雑な条件が加わる。太陽から届く熱量は時とともに変わる。地球

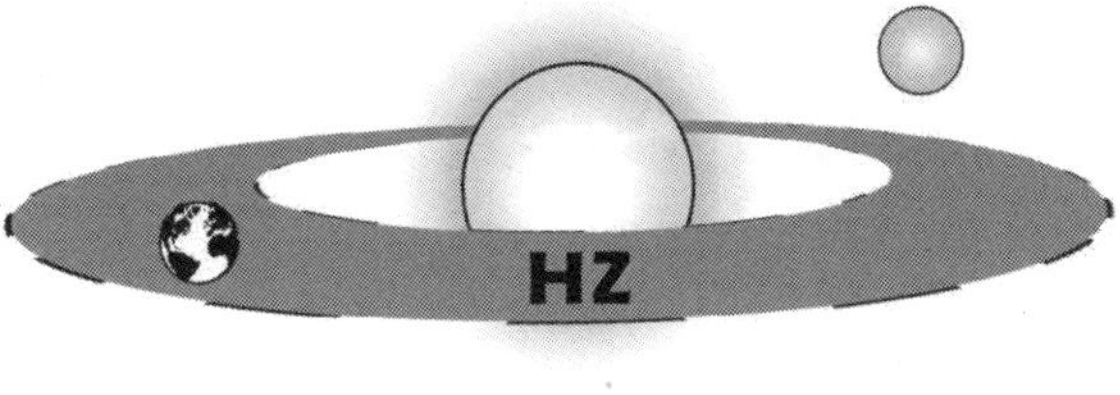

が誕生して間もないころには、太陽の威力は今日の三分の一にも満たなかった。

だが、いまから約一〇億年先、太陽の活動はひじょうに活発になり、地球の表面の水は蒸発してしまうだろう。さらに数十億年後、中心部のエネルギーが使い果たされてしまうと、太陽は膨張を始め赤色巨星《せきしょくきょせい》になり、地球をまるごと呑み込んで崩壊し、白色矮星《はくしょくわいせい》となると考えられている[7]。しかしそうなる前に、太陽の熱によって地球上の水はことごとく蒸発して荒廃し地球は不毛地帯となって寿命が尽きて消滅するのだが、この事象はヒトの時間尺度とは無縁である。太陽エネルギーが強まると、ＨＺは太陽系の中心から遠くにずれるから、境目に位置する惑星はＨＺ内からはずれてしまうおそれがある。生命の進化にはＨＺ内に位置し、しかも複雑な生物が進化できるくらい長い期間、領域内にとどまっていなければならない。地球はこれまでに約五〇億年のあいだ、ＨＺ内に位置し、今後さらに一〇億年はとどまるだろう[8]。

だが太陽からの距離だけで惑星の水の形態が液体、気体、固体に分かれるわけではない。距離だけで決まるなら、地球には液体の水はなく一面凍りついていたはずだ。地球が氷だらけの火星と同じ運命をたどらずにすんでいるのは、地球のまわりを覆う大気が毛布のような役割を果たし、温室効果――この言葉には、人間が引き起こしかねない大惨事のイメージがついてまわる――を発揮しているからだ。大気は日射を通すが、地表からの赤外放射は大気中の温室効果ガスにはばまれて大気圏にとどまる。この温室効果で地球の平均気温は氷点下ではなく華氏六〇度（摂氏一五・六度）という快適な状態に保たれる。この温室効果ガスにもっとも多く含まれるのは水蒸気だ。

太陽に近すぎると地表は灼熱地獄になり、金星のように悲惨なことになる。水が蒸発して温室効果に拍車がかかり温度上昇が加速する、という悪循環に陥って灼熱地獄のようになるのだ。生命はまず存在しない。これがHZより内側に位置する惑星の運命だ。

いっぽう、HZより外側に位置する惑星の場合、たとえ温室効果があったとしても太陽から離れすぎているので、地表の温度は氷点下のままだ。

大気中の温室効果ガスの濃度が高ければ氷で覆われるという絶望的な事態が防げる、とも限らない。そこには惑星の大きさもかかわってくる。惑星を不動産に見立てた場合、大きさはロケーションに次ぐ重要なポイントだ。

地球の隣の火星を見てみよう。火星は、直径が地球の直径の半分よりもやや大きく、質量は一〇分の一。火星の不運は大気をしっかりつかまえておくことができなかったことに始まる。誕生して早々に小惑星と彗星《すいせい》が衝突した衝撃で大気中のガスの大部分が宇宙へと放出されてしまった。火星の重力は弱くてこれらのガスをつなぎとめられなかったので悲惨な成り行きとなった。残されたわずかな大気も徐々に失われ、これまた火星が氷で覆われる要因となったのだ(9)。

太陽からは太陽風――電気を帯びた粒子（プラズマ）――が絶え間なく吹きだし、これがまた火星で生命が生息できない条件をつくった。惑星の大気の上層部には電気を帯びた高温の粒子があり、それを惑星に引き留める力がない場合、太陽風によって大気から引き剝がされる。地球は磁場があるため、これがバリアの役目を果たし太陽風から地球を守っているが、火星にはそうしたものがない。

北極の夜空にあらわれるオーロラの緑色がかった光の帯、そして対極にあらわれる南極光。この現象は、地球が大きな磁石であることの証明である。太陽風の一部は地球の磁気圏に入り込み大気の最上層部の粒子と衝突する。粒子は高いエネルギーを得て励起状態となり、極地に引きつけられ、大気にぶつかって発光する。ちょうど棒磁石の両極に砂鉄が引きつけられるように、プラズマ粒子は地球の磁気に引きつけられる。こうした磁気がなければ、天文学者が「スパッタリング（叩きだし）」と呼ぶプロセスで粒子は徐々に宇宙に流れだして散り散りになってしまう。まさにこれが火星で起きた。粒子は散り散りに飛び散ってしまったのである。(10)

なぜ火星に磁場がなく重力が小さいのか。それは火星が小さかったためだ。惑星の中心核で金属が液状に融解して対流していると、電流が流れ磁場が発生する。その金属の流動には熱源が必要となる。火にかけた鍋のなかのスープのような状態と考えてみてほしい。かつて火星にもそうした熱源があったが、何十億年も前に失われた。というのも、火星があまりにも小さいせいで、内部のエネルギーが宇宙に放散し冷えてしまったからだ。すると内部で金属は液状化しないために対流も起こらず、磁場が発生しない。これでは大気は太陽風に奪われるばかり。水は蒸発して宇宙に吹き飛ばされ、毛布のような温室効果も期待できない。だが地球は中心核の熱源のおかげで磁場が保たれ、大気は太陽風の脅威から守られている。

さらにもうひとつ、外からの脅威を防ぐ特徴が地球にはそなわっている。火星の自転軸が不安定なのに対し、地球の自転軸は二三・五度の傾斜でほぼ安定している。(11) この地軸の角度が変わるたびに氷河期が四万年から一〇万年周期で訪れる。地軸が傾いているため、地球は太陽エネルギーを均等に受けるのではなく、一年のあいだに北極と南極が交互に太陽に近づく。おかげで順々と季節が移り変わる四季が生まれる。地軸がもっと不安定だったら季節の変動はもっと極端になり、焼けるように暑い夏と凍るように寒い冬をくり返すだけで、生命の進化をはばんでいただろう。

地軸がほぼ安定し、地球がほかの惑星に引きつけられずにすむのは、月と引き合うことで地軸の傾きが戻るからだ。その月は幸運ないきさつで誕生した。

地球ができて間もないころの宇宙は、ひんぱんに天体同士の衝突が起きる危険な空間だった。あるとき、火星サイズの天体が地球に激突した。「ジャイアント・インパクト」と呼ばれるこの大衝突で巨大なエネルギーが生まれ、地球の表面が溶け、岩石が蒸発して宇宙空間に飛び散った。その破片が集まってできたのが月である。以来、月は地球に引っぱられ、地球の衛星にとどまっている。

火星と金星のお隣さんにはこうした幸運は起きなかった。火星と金星の自転軸はもっと極端に傾き、その傾斜は別の天体の引力の影響を受けて不安定きわまりない。[12]とはいえ月も、今後数十億年内に地球をめぐる軌道からはずれてしまうと考えられている。すると地軸は揺れはじめ、独楽《コマ》の回転速度が落ちるときのように激しく乱れる。さらに今後、太陽は活動期に入って温度があがり、より明るさを増していくと考えられているから、地球で生命が生息することはできなくなるだろう。

地球をめぐりめぐるもの——炭素と窒素とリン

何十億年も前に誕生した金星と火星は、かつては生命の生息に適した環境だったと考えられている。太陽風から生命を守る磁場があり、液体の水が存在する温度を保っていたようだ。だがそれだけでは生命は生息できない。もうひとつ欠かせないのは、惑星としての調整機能である。

地球には、水や炭素をはじめとする多くの物質を再利用するしくみがそなわっている。このまさに地球ならではの特徴のおかげで、金星のような灼熱の惑星にも、火星のような氷の惑星にもならずにすんだ。これは動植物に必要な栄養分が地上から海洋へ、地中奥深くから大気へと移動し、ふたたび地上に戻るという循環システムだ。脚光を浴びにくいが、このシステムなしには人類の文明は成り立たないくらい重要なシステムである。そして地球の他のいとなみと同じく、このしくみに関しても人間のコントロールはいっさいおよばない。

地球では、炭素が秒単位の短い時間で、あるいは何百万年という長い時間で形態を変えて循環しているという。炭素は他の元素と結びつきやすく、いまわかっているかぎり、地

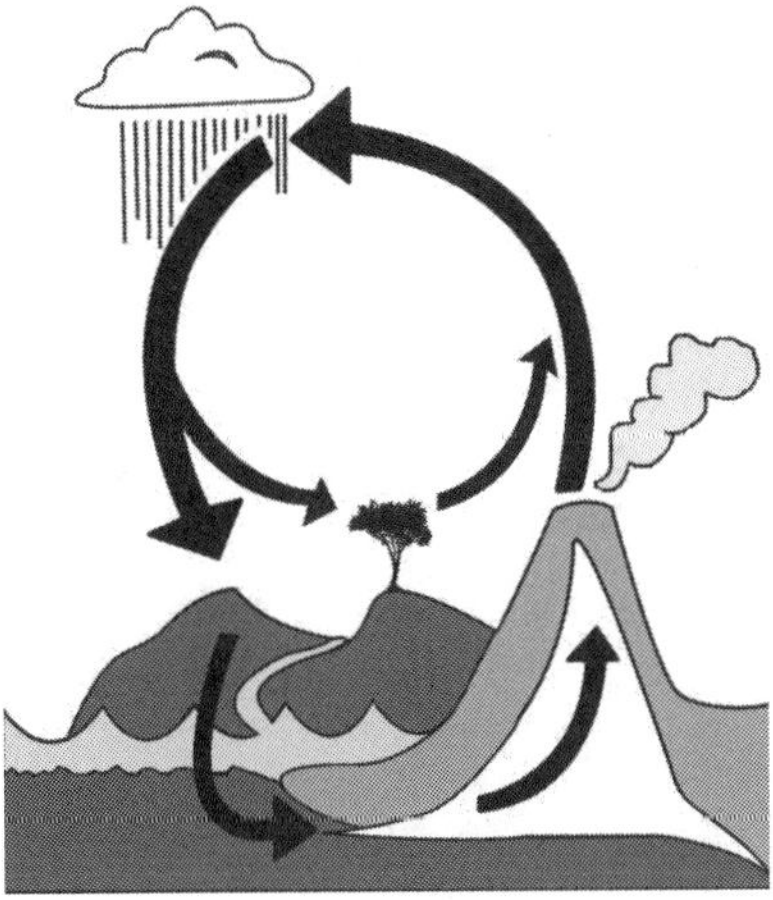

地中奥深くの炭素は火山の噴火で大気中に放出される。そこで炭素は雨に溶け、地表に落ちて生体の一部になる。生体の一部となった炭素はやがてそのまま地球の奥深くに運ばれ、何百万年後にふたたび同じ循環がくり返される。

球上のすべての生命の基盤となっている。それくらいどこにでも存在するありふれた元素だ。一個の原子が、あるときは植物の葉、あるときは動物の体の細胞、あるときは固い岩の一部となり、海に溶けたり大気中のガスの一部になったりもする。

地球は十数枚のプレートに覆われ、それがゆっくりと動くことで大陸が移動し山が誕生する。これが炭素を循環させる動力源になる。プレートを動かすのは、地球内部の熱で対流するマントルだ。こうしたプレートテクトニクスは金星と火星には存在しない。過去に存在していたとしても、それは大昔のことだ。つまり地球の両隣の惑星には炭素循環のしくみがないのである。金星の炭素は大気中にとどまったままでまったく循環しない。逆に火星の炭素は大気に戻れない。炭素が生命の一部になるには、循環システムが必須となる。

炭素循環は地球の地中奥深くでスタートする。放射性元素の熱と上からかかる重さの圧力で押しだされたマグマが地表に向かって上昇する。マグマが膨張した気泡とともに噴きだす。溶岩が流れだし、放出された火山ガスは何千マイルもの上空に達し、風によって大気とまじりあう。こうして大気中には温室効果ガスのひとつである二酸化炭素（CO_2）が含まれるようになる。

火山は地球以外にもある。金星の火山は大量のCO_2を大気中に放出する。温室効果が加速するいっぽう、水は蒸発し液体の状態を維持できなかった。火星でも大昔に火山が噴火し溶岩が流れだした形跡が見られる。しかし両惑星にも、アンデス、ヒマラヤ、ロッキーなど細長く連なる山脈は存在しない。これらの山脈はプレート同士がぶつかって大地がひだ状に隆起（褶曲《しゅうきょく》）してできる。また地球の表面にはジグソーパズルのピースのようなかたちの大陸が複数あるが、これはプレートの移動により、もとはひとつの超大陸が分裂したことを物語っている。もちろん火星と金星にはこのような大陸は存在しない。

地球の循環メカニズムは、二〇世紀後半になってようやく発見された。一九二〇年代に

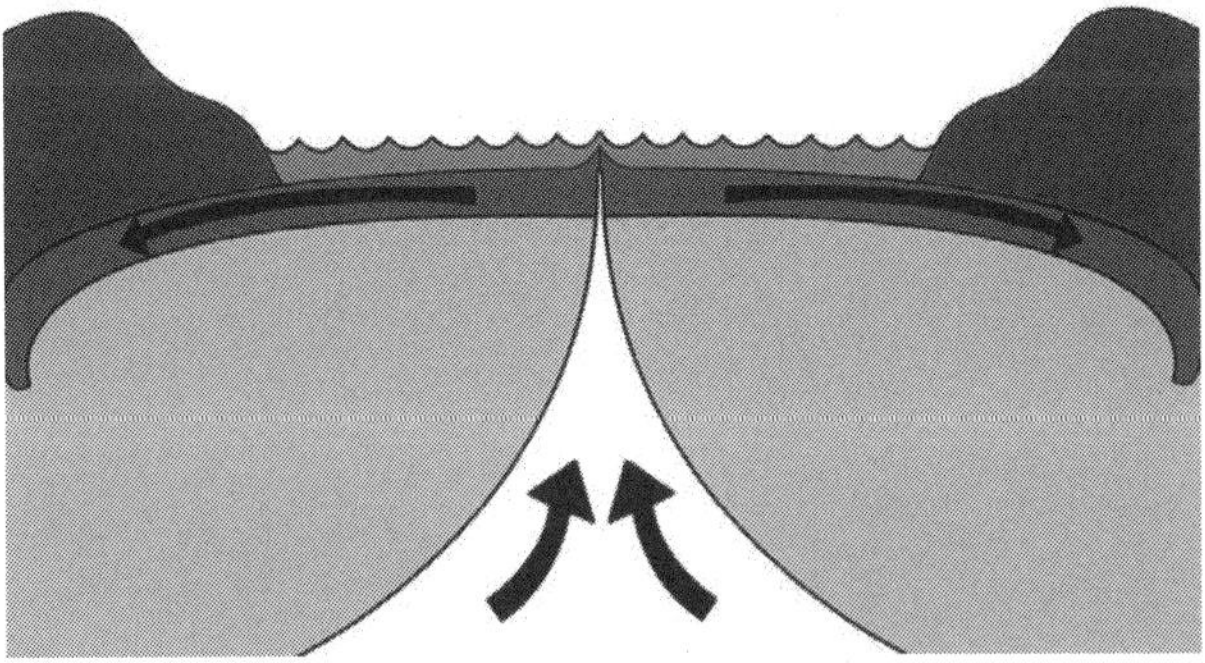

スコットランドの地質学者アーサー・ホームズは、地球内部では絶えず熱い物質が地表に向かって上昇し、冷却されてふたたび沈んでいくという対流メカニズムを詳説した。だが発表当時、周囲からの反応は冷たいものだった。

ホームズが説いたメカニズムによって、なぜ地球に陸地が存在するのかが明らかになった。地球誕生後、数十億年のうちに、地殻に含まれる密度の低い物質が上昇して大陸を形成したにちがいない。高温で上昇してきたものが冷却され、ふたたび高温のものが上昇してくるというプロセスをくり返して大陸は移動し、分裂し、たがいに衝突した。大西洋になぜ海嶺《かいれい》（海底火山）があるのか、なぜそこで地殻プレートが形成されて広がっているのかは熱対流で説明できる。アルプスやヒマラヤなどの山脈が生まれることも地震が起きることもこれで説明がつく。

ホームズの一〇年前にはドイツの気象学者アルフレート・ヴェーゲナーが、かつて大陸はひとつだったと唱えており、両者の主張はみごとにかみ合っている。ヴェーゲナーは単に世界地図を見て大陸の海岸線がぴたりと合いそうだと主張したわけではなく、離れた大陸で見つかる動植物の化石をよりどころに、現在は別々の大陸がかつては地続きだったにちがいないと主張した。大多数の地質学者は彼の主張を認めようとしなかったが、のちに海嶺をとらえた深海写真から、海嶺をはさんで地殻に地磁気の強弱が左右対称の縞《しま》模様となって広がっていることが発見された。こうしてプレートが引っぱられて地殻が割れるとマグマが流出し、海水で冷えた溶岩が新しいプレートとなることが解明されたのである。

プレートテクトニクスは、火山がCO_2を大気に噴きあげるしくみをつくるだけではない。プレート同士の衝突で山が隆起し岩肌がむきだしになると、炭素循環は次のステップへと進む。大気中のCO_2は水蒸気に溶けて弱酸性の雨となる。その酸性雨で岩が風化する。墓石に刻んだ名前と日付が時とともに読みにくくなっていくのは、雨で風化するからだ。地質学的な時間尺度で風化のプロセスが進むうちに、火山の噴火でいったん大気に入ったCO_2が大気から取り除かれる。

炭素循環はさらに次のステップに移る。風化のプロセスで炭素は鉱物と結びつき、それが水の流れにのって川に入り、やがて海へとたどり着く。プランクトンなどの生物の殻はこのようなカルシウムと炭素を含む物質でできている。生物が死ぬと殻の一部は海底に沈み堆積物となる。海底は海洋プレートの動きでもとの場所からゆっくりと遠くへ移動してゆき、それとともに堆積物も別の海洋プレートの縁まで運ばれる。沈殿していた殻は海洋プレートとともに地球内部へと沈み込んでいく（海溝）。

こうして炭素はふたたび地球の奥深くへと戻っていくのだ。水を含んだ海洋プレートが沈み込むことでかなり高い圧力がかかり、CO_2の溶け込んだマグマが発生する。そのマグマが火山の噴火で噴きだし、CO_2が大気中に放出される。この循環が何度もくり返される。一個の炭素原子は何百万年もかけてこの周期を一巡する[13]。

炭素循環は温度に応じてプロセスの進捗速度が変化するという特徴があり、この特徴のおかげで生命が生存できる。温暖期は酸を生成する化学反応が速まり、岩石の侵食が進む。およそ六五〇〇万年前に絶滅するまで栄えた恐竜の時代はちょうどこの時期にあたる。いっぽう化学反応が速ければ、より多くのCO_2が大気から取りだされて温度が下がる。寒冷期にはプロセスはゆっくりと進むので大気中のCO_2が増えて暖かくなる。このようにおのずとバランスをとりながら、火山活動が活発な時期と噴火よりも風化が速く進む時期——これを地質学者は「温室期」と「氷室期」と呼ぶ——を延々とくり返す。何百万年という単位で、風化は地球の気候を調整するサーモスタットの役割を果たす。おかげで地球は金星や火星のようにならなかったのである。

地球の大陸プレートが移動する速度、プレート同士の衝突で山が形成される速度、火山の噴火の頻度は、人間が操作しようにも手出しできない地球のいとなみの一部である。しかし人間が森林を焼いたり、地下資源を燃やしたりすれば、大気中のCO_2濃度が高まり、地球温暖化問題はいっそう深刻になるだろう。

自然界のダイナミズムと循環メカニズムについて、地質学者の理解がつねに正しかったわけではない。一七〇〇年代には、洪水が地表から岩石を削りだしたという説が唱えられていた。スコットランドの農場経営者で、博物学者であり地質学者でもあったジェームズ・ハットンは、土壌、岩石、山の破壊と形成が果てしなく続くと主張し、「始まりを示す痕跡はいっさいない――終わる見通しも立たない」と記している。一七〇〇年代はこれで通用した。じっさい数百万年の単位で見れば、ハットンの解釈も成り立つ(14)。

炭素は生命にとってひじょうに重要な元素だが、動植物はそれだけでは生きられない。成長し生き延びていくにはたくさんの栄養素が必要だ。タンパク質をつくるための窒素や、骨をつくるためのリンは、地球上の生命に欠かせない。植物は土から、動物は植物を食べて養分を得る。地球の基本的なメカニズムは炭素と同様にこの窒素とリンも循環させ、文明を支えている。養分が植物、動物、土壌、岩石、大気とめぐり、ふたたび植物に戻るしくみがあるのは、いまわたしたちが知るかぎり地球だけなのである。

生命に不可欠な窒素とリンはこれまた独自のかたちで循環しているが、ある重要な部分で共通点がある。人類史が始まって以来ほぼすべての時点で、食料供給量は窒素とリンが循環する速度に縛られてきた。両循環に介入しようとする人間のすさまじい努力——中国で都市から農場に大量の人糞を運ぶ、アメリカの温帯草原《プレーリー》でバッファローの頭蓋骨をあさる、産業スパイ活動で企業秘密を入手するなど——はめざましい成果をあげ、文明の道筋を変えた。くわしくはあとの章であらためて取り上げる。

多様な生物が必要なわけ

地球とわたしたちの繁栄をおおもとで支えているのは、地質時代の安定した気候と生命維持に欠かせない養分循環だ。さらに、なくてはならないのが、わたしたちホモ・サピエンスのために役立ってくれるたくさんの動植物である。

食料品店の棚に並ぶ果実、野菜、穀物、乳製品、精肉。その種類はせいぜい二〇、三〇といったところだろう。たいていはトウモロコシ、小麦、米、牛・豚・鶏肉とその他数種類ほど。青果をすべて合わせても、地球上に存在する種のごく一部にすぎない。食品売場に並ぶのは、成長が速くて収穫しやすい、だから大量生産に向いている種だ。こうした食用に向く品種は案外少ない。その点だけを見れば、多様な生物がどうしても必要であるという事実をわたしたちはつい見過ごしてしまいがちだ。

だが食材にならない種のはたらきがなければ、わたしたちは生きていくことはできない[15]。枯れた葉と枝を分解する菌類が存在しなければどうなるか。いずれ枯れ葉と枯れ枝に埋もれてしまうだろう。テントウムシは作物につくアブラムシとダニを食べる。こういう種が存在しなければ作物は害虫にやられ放題だ。ハチ、甲虫、チョウは花から花へ飛んで花粉を運び、アーモンド、リンゴ、カボチャなどの作物の受粉を手伝う。

地球上には、多様な生物があふれるほど——過剰なほど——存在し、さまざまな種が同じ役割を果たしている。気候変動や大災害が起きて一部の種が全滅しても、その種が果たしていた役割は他の種が引き継ぐので、わたしたちは安心していられる。さらに、人間の生存を支えているのはひとつひとつの種の遺伝的多様性だ。多様であればあるほどいい。なぜなら、病気などの問題が起きても、遺伝的に多様であればかならず生き抜くものがいる。

このように食料品店の棚に並んでいなくても、人類を陰から支える種は無数にいる。こうした支えがなければ、わたしたちは食べものにありつくことすらできないだろう。現在わかっている何百万もの種のほかにもまだ無数に存在しているはずであり、どんな役割を果たしているのかはほとんどわかっていない。しかし、わたしたちの食卓に影響を与えているのはまちがいない(16)。

今日の地球はおびただしい数の生物で満ちあふれ、その生息場所もバラエティーに富んでいる。深海や氷河のなかにもいる。はたして地球上にどれだけの種が存在するのか、だれも正確にはわからないが、だいたい五〇〇万から三〇〇〇万種類といわれている。圧倒的大多数を占めているのは、虫のたぐいだ。甲虫だけでも五〇万種類いるかもしれない。小さすぎて見えない種の数も何百万にのぼる。土壌にはわたしたちの排泄《はいせつ》物をリサイクルする微小な生きものが、海中には顕微鏡でしか見えない生きものが生息している(17)。地球にはさまざまな形態の生命が生息し、それぞれの役割を果たしながら地球のいとなみを支えている。いまのところ地球以外にはこんな惑星は見つかっていない。しかし最初からこうだったわけではない。

地球が誕生したばかりのころ、生命は地球のいとなみに組み込まれてはいなかった。渦巻くガスから地球が形成された最初の一〇億年、生命が生息できる場所ではなかったからだ。しかしその時期、生命に欠かせない基本的な元素がなんとかそろった。彗星と隕石が地球に衝突したことで炭素、水、窒素、リンがもたらされたのかもしれないし、生命不在の初期の地球にそれらの元素がすでにあったのかもしれない。いずれにせよ、こうした元素がそろい、長く曲がりくねった道のりをへて今日、多彩な生命になった。地質学的な時間をかけて、地球は不毛の惑星からあふれんばかりの多様な生物に満ちた惑星へと姿を変えた。その道のりは前進・破綻の危機・方向転換のくり返しであり、一サイクル進むごとにひとつ目盛りをあげながら、複雑さの度合いを増していった。[18]

最初の方向転換はおよそ三五億年前。生命に必須の基本的要素がごった煮だった状態から、自己複製能力をもつ単細胞生物があらわれた。[19] いずれも一個の細胞だけからできており、腐敗臭がただよう硫黄《いおう》の沼に生息するものもあれば、地球の内部から逃れた熱エネルギーを利用できる深海の穴に生息するものもいた。[20] その後の二〇億年のあいだ、紫色と緑色のこうした単純なバクテリアが地球に生息する生物の圧倒的多数を占めた。次の方向転換で生命は複雑さを増し、いよいよ多様な生物が登場する軌道を進むことになる。光合成に必要なのは水、空気中のCO_2、太陽エネルギー。つまり日光と少々の水蒸気があれば生物はどこででも生きていける。オーストラリアの西海岸で現在も見ることができるストロマトライトは藍藻《らんそう》（シアノバクテリア）が厚く堆積した層状の岩石だが、数十億年前にこの藻類が世界を変えたのである。

当時、大気中の酸素濃度は低く、その環境になじんだ生物にとっては、光合成がさかんになることは生命の危機に直結した。[21] つまり光合成の副産物として酸素が生まれ、地球の酸素濃度が急上昇したのだ。この環境変化を地質学者は「大酸化イベント」「酸素カタストロフィ」「酸素危機」「酸素革命」などと呼ぶ。手斧《ハチェット》が振り下ろされたのである。無酸素の大気に慣れた生物にとって酸素は猛毒であり、それらの生物は淀んだ水中など空気のない環境に退いた。そのいっぽうで、この危機をチャンスとばかりに利用する生命があらわれた。大気に酸素がある環境で微生物が進化し、生きるために呼吸をし食物をエネルギーに変える複雑な形態の動植物が登場した。また大気中の酸素はオゾン層を形成し、この薄い保護膜が太陽からの有害な紫外線を吸収し、発がんのリスクを防いでくれる。[22]

およそ一五億年前に、さらなる転機が何度か訪れた。生物は有性生殖をするようになる。種の進化のスピードは速まり、環境に適応するために遺伝的形質をもとにかたちと大きさが変化した。植物は光合成でエネルギー源を得るという形態を維持したまま進化を続けた。

約五億年後、海綿、クラゲ、サンゴ、扁形《へんけい》動物が爆発的に出現し、魚、昆虫、鳥、哺乳類もあらわれた。[23] 生きるための戦略はすっかり様変わりした。動物は太陽エネルギーをじかに得るのではなく、動植物を食べて腸管で消化して取り入れるようになった。似たような戦略を酵母、カビ、キノコなどの菌類もとるようになった。ただし胃袋がないので、動植物を食べて細胞壁から吸収するのである。
プレートテクトニクス、山脈、海など地理的障壁で大陸が離ればなれになると、新しい種が誕生した。切り離された個体群のなかで遺伝子交換がおこなわれ、時とともに独特な特徴をそなえた種へと進化していった。[24] また、そばにいた個体同士で繁殖して新しいニッチ（生態的地位）や食料源の開拓も進んだ。[25]
だが多様な動植物が生息するようになるまでの道のりはけっして平坦なものではなかった。とちゅう、地球規模で種の絶滅など壊滅的な事態に見舞われたことは地質学的な記録に刻まれている。生命が存亡の危機に瀕するほどの危機は少なくとも五回。なかでも有名なのは、約六五〇〇万年前に恐竜が絶滅したときだ。二億五〇〇〇万年前にも危機は訪れ、生息種の九六パーセントが姿を消した。絶滅を引き起こした原因はいまだ謎に包まれている。活発な火山活動でCO_2が増え、温室効果で気温が上昇したのかもしれないし、硫黄酸化物をたっぷり含んだ酸性雨が降り注いだのかもしれない。恐竜が絶滅した原因としては、隕石が衝突した衝撃で巻きあげられた粉塵《ふんじん》が太陽光をさえぎったためという説がかなり有力だ。
たしかに壊滅的事態ではあったが、いっぽうでそれはチャンスも生みだした。進化の過程でリセットボタンが押されたのだから。それまで劣勢だった種が主役に躍りでる絶好のチャンスだった。恐竜が君臨した時代が終焉しなければ、哺乳類が全盛時代を迎えることはなかったかもしれない。

こうした経過を再現して多様な種をつくりだすことは人間の頭脳ではとうていできない。光合成のしくみから始まって、エネルギー交換をおこなう多様な動植物まで、最高性能のコンピューターを駆使しても、あまりにも複雑すぎてお手あげだ。これはまさに自然からのすばらしい贈りものというしかない。そのタイミングも絶妙だ。

人類は自分たちに役に立つ種を選びとり、ニーズに合わないものは微調整し、有害とみなせば破壊も辞さないだけのすぐれた知能にめぐまれている。しかしいまもなお、新しい種を一からつくることはできない。わたしたちが生きていくためには生物の多様性がどうしても欠かせないが、これもやはり人間のコントロールのおよばない地球の特徴なのである。

ヒトが繁栄するための基盤は、人知のおよばないところでととのえられている。地球で人類が台頭し、抜きん出た存在となるための不可欠の条件は、長い時間をかけて形成された地質学的な特徴と進化の歴史の上に成り立っている。地球内部の磁場に手を加えたり、プレートテクトニクスを速めたり、ハビタブルゾーンに惑星を押し込んだりすることなどとうてい不可能だ。生物の多様性を一から再現することもできない。原始地球に影響をおよぼした物理の法則、化学の法則、のちの時代の生物の法則を人間がなぞることは無理な相談だ。

それでも、食い込む余地はたくさんある。もっと短期的な部分で、人間は驚異的な地球のいとなみに手を加えてきた。その積み重ねを、人類大躍進にいたる物語と言い換えることもできる。物語の舞台は地球。そこで人間の文化はさまざまな創意工夫を凝らしてきた。

3 創意工夫の能力を発揮する

一八四五年五月一九日、イギリス海軍の軍艦エレバスとテラーはイギリスのグリーンハイスを出港した。遠征の指揮官サー・ジョン・フランクリンに海軍本部が与えた使命は北西航路の完成だった。氷に覆われた北極の海でヨーロッパとアジアを結ぶ航路の開拓は困難を極め、過去に何度も挑戦がおこなわれていた。

フランクリンにとって北極圏への四度目の航海だった。氷山の脅威、暗く冷たい冬、飢餓の危険はすでに経験ずみである。当時は偏見が強く、イギリスのほうが先住民文化よりもすぐれていると一般には考えられていた。しかし北極の過酷な冬を生き抜くイヌイットの知恵にはとうていかなわないことをフランクリンは理解していた。もしも食料が底をついたらイギリス文化の常識などかなぐり捨ててアザラシの脂身を食べ、セイウチを狩るつ

もりだった。遠征を目前に控えてフランクリンは自信たっぷりに、「エスキモーが長年暮らしている場所ですから、ヨーロッパ人も同様に生き延びることが可能であるはずです」と述べている(1)。

遠征隊は下士官兵と士官合わせて一三二人。積み込まれた食料は、ビスケット一万六八八四ポンド（約七六四八キログラム）、ビールはエールとポーター合計二四九〇ガロン（約一万一〇〇〇リットル）、缶詰の肉一万五六六四ポンド（約七一〇〇キログラム）、砂糖六八五九ポンド（約三一〇〇キログラム）、バター一六〇八ポンド（約七三〇キログラム）、マスタード五〇〇ポンド（約二三〇キログラム）、コショウ一〇〇ポンド（約四五キログラム）などだった(2)。遠征隊は大西洋を横断し、その年の冬は北極圏のビーチー島に停泊して過ごした。冬のあいだに隊員三名が結核で命を落とした。

一八四六年、冬の終わりとともにエレバスとテラー両号はキングウィリアム島に向けて南下したものの、氷に行く手をはばまれ、身動きがとれなくなってしまった。しだいに食料が乏しくなり、隊員は壊血病を患い衰弱していった。

翌一八四七年の四月までにさらに二四人が死亡した。フランクリンも同年六月に亡くなった。残りの者は船を捨てて徒歩で南下を続け、グレートフィッシュ川（現バック川）の河口をめざした。そのとちゅうで多くの者が死亡した。わずかな隊員が生き延びたが、そもそもグレートフィッシュ川をめざしたのは失敗だった。猟をしようにも獲物がまったくいないのでイヌイットも避けるほどの場所だったのだ。隊員たちは餓死した。五年前にグリーンハイスを出港した遠征隊の隊員はひとり残らず結核、壊血病、飢餓で死に絶えたのである。

いっぽう本国ではフランクリン率いる遠征隊の消息が途絶えたまま歳月が流れた。フランクリンの妻ジェーンは行方の知れない夫の捜索を重ねて要請した。(3) 何度も不調に終わったあと、いよいよ探検家フランシスコ・レオポルド・マクリントックが一八五七年に出港し、ついに謎を解き明かした。マクリントックは缶詰の残骸と古い衣類、隊員たちが氷上を苦労して歩くうちに亡くなっていったというイヌイットの話、キングウィリアム島で回収した遠征隊の旅の記録を持ち帰った。メモにはフランクリンの死亡した日付が記されていた。

一八五九年一一月一四日、マクリントックは王立地理学協会で捜索の詳細を報告した。フランクリンが隊員とともに出港してから一四年以上が過ぎていた。報告のなかでマクリントックは、「エスキモーが暮らしている場所であれば文明人も生き延びられると考えるのは明白な誤りです」と述べ、フランクリンの出発前の自信過剰な発言を否定した。(4) 大西洋の北方の氷結しない航路を開拓するというイギリスの企ては、これでいったん幕を閉じた。

ここでフランクリンの悲劇を取り上げるのは、勇敢な冒険家の失策について語るためではない。この一件にはヒトに特有の特徴がはっきりとあらわれているからだ。フランクリンの遠征隊員もイヌイットも同じヒトという種である。たがいの祖先は共通なのに、フランクリンの一行には北極で生き延びるための知恵——狩りの方法、カヤックのつくりかた、力を合わせて越冬する方法——が受け継がれていない。イングランドで育った彼らは親や近所の人びとからそうしたことを教わることはなかった。

イギリス人探検家がしかるべき知恵をもち合わせていなかったのは、当然の結果だったといっていい。イヌイットの文化とイギリスの文化はおのおの、世代を通じて受け継がれてきた知識の集積であり、どちらも周囲の環境を反映している。文化は、経験にもとづく知識を蓄積・共有しながら何世代にもわたって時間をかけて築かれていく。

イヌイットが受け継いできた知恵を、フランクリンの遠征隊は受け継いでいなかった。フランクリンらがイヌイット文化の知恵を学びとる前に飢餓が彼らを襲い、その機会を奪った。あまりにも時間が足りなかった。もっと時間があったら、何回も遠征できていたら、隊員の人数がもっと多かったら、イヌイットとの接触がもっとあったら、過酷な北極の環境に適応する知恵をマスターできたかもしれない。厳しい気候で生き延びるための知恵を、イヌイットは何千年もかけて身につけてきたのである。

文化は人類の進化にひじょうに大きな役割を果たしている。これは多くの人びとにとってやっかいな問題だった。進化理論を提唱した、かのチャールズ・ダーウィンも悩んだひとりだ。自然選択（自然淘汰《とうた》）説に人間だけはあてはまらないと主張するわけにはいかない。それではまともに受けとめてもらえないと彼はわかっていた。

自然選択説は、一八三五年に訪れたガラパゴス諸島（東太平洋の赤道下にあるエクアドル領の諸島）で若き自然科学者のダーウィンが注目した鳥、フィンチの独特の姿と大きさについて解き明かすものだった。シンプルでエレガントなフィンチはいまもここだけに生息している。フィンチの祖先種の一群が南米の本土から島にやってきたあと、一部は種子を、一部は昆虫を餌とした。くちばしが固く先端が鋭角的ではないものは地面に落ちている種子を嚙み砕くのを得意とし、くちばしが尖っているものは木についている昆虫を捕らえるのを得意とした。生き延びた地上のフィンチは尖っていないくちばしを、樹上で暮らすフィンチは尖ったくちばしを受け継いでいった。やがて地上のフィンチと樹上のフィンチは別々の種に分かれた。環境に適応した遺伝子が受け継がれ、進化の担い手となったのである。

ところが自然選択説で人間の文化――人類の繁栄に貢献し世代や場所を越えて共有される知恵の蓄積――をどう扱えばいいのか、ダーウィンはひじょうに苦労した。一八七一年に発表した有名な著書『人間の進化と性淘汰』のなかでダーウィンは、人類の文化が複雑になるにつれて自然選択の力は弱まったと述べている。「高度に文明化した国家では自然選択にあまり依存しないかたちで進歩が継続する。進歩を効率的に推し進めるのは、脳の感受性が強い若い時期の良質な教育、そしてきわめて高い水準の達成であると思われる。もっとも有能な人びとが教え、国の法律、習慣、伝統のかたちで具現化され、世論が実行するのだ[5]」

それから約八〇年後、ロシア出身の生物学者テオドシウス・ドブジャンスキーとイギリス系アメリカ人の人類学者アシュリー・モンタギューは、人類の文化の進化について、「他の生物は反応が遺伝的に固定されているが、ヒトは自分自身の反応を発明する。ヒトの文化を生みだしたのは、反応を発明し、即興で反応できる非凡な能力である」と結論づけた[6]。

人類の文化の進化をつかさどるものとは何か。それを見出そうとダーウィン、ドブジャンスキー、モンタギューは心血を注いだ。

今日でも、一部の人類学者、生物学者、心理学者はこの難題に取り組んでいる。なかでもピーター・リチャーソンとロバート・ボイドは、現代の数理モデルと研究室での実験の両面から遺伝子と文化が絡み合いながら共進化するしくみを解明しようとしている。ふたりがめざすのは、類人猿であるチンパンジーやボノボではなく、なぜヒトが抜群の創意工夫の能力を発揮し、世界を牛耳るようになったのかを探ることである。

イヌイットが北極の過酷な環境に適応できたのは、彼らの文化の習慣、伝統、社会規範などが知恵を伝えていたからだ。長く暗い冬という環境でフランクリン率いる遠征隊とイヌイットたちの命運を分けたのは文化の力だった。

文化はヒトの運命をどのように切り開き決定してきたのか。これは、人類史のなかでもっとも興味深い問いかけといえるかもしれない。リチャーソンとボイドの言葉を紹介しよう。「文化が進化できたのは、遺伝子にできないことをやってのけたからだ！」(7)

非凡な能力——遺伝子から創意工夫へ

コミュニケーション、情報の共有、知識の伝達——このうちのひとつでも欠ければ、どんな文化も成立しない。すべての生命の基盤といってもいい。はるか昔、生命はDNAで遺伝情報を子孫に伝える機能を獲得し、環境のなかで生き延びるための情報を次世代に継承できるようになった。親から子に受け継がれた遺伝子は、生き延びるために有効な形質、つまり身体のかたちや色を「教える」役目を果たした。こうして親は成功体験をわが子に伝えられるようになったのだ。

遺伝子を通じて次世代に情報を継承するという初期の生命のすぐれた発明を、いまもあらゆる生物が利用している。もちろん、ヒトを含めたすべての類人猿も例外ではない。このしくみのおかげで親側の負担は最小限ですみ、子孫側にとっては大幅な節約となる。なにしろ時間と労力を費やして一から環境を学ばなくていいのだ。

遺伝情報は遺伝子に組み込まれている。環境が激変して遺伝情報が役に立たないということでもないかぎり、遺伝子に遺伝情報を載せて伝えるという戦略は最強だ。多くの種は環境が変化する時間よりも早く寿命が尽きる。ウイルスなど単純な生物ばかりかハエなどの複雑な生物までこの戦略だけに頼っている。

しかし遺伝子戦略にも弱点はある。一九八〇年代前半、ガラパゴス諸島は例をみない豪雨に見舞われた。雨のおかげでたくさんの実がなった。が、豊作となったのは大きくて固い実ではなく小さくて柔らかい実だったせいで、大きな実を食べるフィンチの個体数はしだいに減っていった。生き延びたのは、比較的小さなくちばしのフィンチだった。大きなくちばしのフィンチにとっては不運なめぐり合わせだった。くちばしの大きさは親譲りで、変えようがなかったのだ[8]。

遺伝で受け継いだ部分は変更がきかない。それを補うのが、学習する能力だ。カギとなるのは脳のはたらきである。くちばしの大きさといった特徴だけでなく知能の高い脳を遺伝的に受け継いでいれば、いつもの食料がなくなったときでも、代わりの食べものを見つけられる可能性は高い。フィンチに学習能力があったら、大きさの違う実を噛み砕く方法を考えだし、遺伝に縛られることはなかっただろう。自然選択のプロセスよりもすばやく、環境の変化に追いついていけたにちがいない。環境変化についていけずたちまち絶滅、などという悲劇は防げただろう。

学習能力を発揮して食料を調達し、繁殖の相手を選び、危険を回避する。そんな知能をそなえているのはヒトだけではない。ネズミは迷路のゴールに到達する道順を学習する。象は協力することをすみやかに学習する。二頭の象がロープの両側を同時に引っぱれば食料を得られるという実験で実証されている。(9) アメリカガラスは罠をしかける人間の顔を覚えて、敵に向かって「カー」と鳴いて威嚇《いかく》する。(10)

たいていの場合、試行錯誤を重ねて学習していく。パターン化された行動が招く危険を回避するには試行錯誤の戦略は有効だが、それなりのリスクをともなう。失敗の代償だ。冒険心あふれるフィンチが誤って毒の実を食べてしまったり、食べものにありつけなかったりすれば取り返しがつかない。また学習には大きくて複雑な脳がいる。エネルギーの消耗も激しいから、そのぶん食べなくてはならない。骨折り損になる可能性もある。(11) 試行錯

誤を通じた学習と遺伝の費用対効果を数理モデルを使って比較すると、寿命に対し環境の変化が早い場合には学習のメリットがあるという結果が出る[12]。

むろん試行錯誤ばかりが学習の方法ではない。仲間や親から学ぶほうがはるかに手っとり早い。たとえば、おとなびた赤い顔でふさふさとした毛に覆われたニホンザルについて考えてみよう。一九五〇年代、日本人の研究者がニホンザルの複雑な社会的行動に注目した[13]。くわしく研究しようと、彼らはサツマイモ、小麦、大豆で餌づけをした。数年後、〝イモ〟という名の若いメスザルが、砂のついたサツマイモを近くの川で洗うようになる。やがてほかのニホンザルも同じ行動をとるようになり、数年のうちに集団内に広まった。

ニホンザルたちはあきらかに仲間から学んでい

た。ただし、イモを洗う行為をまねただけなのか、イモを洗おうと考えて試行錯誤していたのかはわからずじまいだ。

魚のグッピーは泳ぐルートを仲間から学び、バンドウイルカの母親は魚の群れをとり囲んで狩りをする方法をわが子に教えるなど、ニホンザル以外にも多くの種が社会的学習をすることもあきらかになった[14]。

遺伝や試行錯誤を通じた個別学習など、より単純な戦略にはそれぞれ長所と短所がある。同様に社会的学習にもメリットとデメリットがある。食料を調達する方法や危険を回避する方法がすみやかに広まる点では、じつに効果的だ。各個体が一から考案していれば、サツマイモを洗うという複雑な行動を目にする機会はめったになかったはずだ。バンドウイルカの子が試行錯誤で狩りの技術を身につけるとしたら、どれほどの時間がかかることか。社会的学習にくらべて狩りの成功率ははるかに低いだろう。

遺伝子を通じて親から遺伝情報を得る以外に仲間から情報を得られることも社会的学習のメリットだ。新しいアイデアがすみやかに広がるという効果がある。ただし、負の面もある。望ましくないアイデア、つまり試行錯誤の〝誤〟の部分を学習する場合もある。夜、なかなか帰ってこないわが子を待つ親は、ひょっとしたらいまごろ喫煙やドラッグの使用などを覚えてしまっているのではないかと思うと気が気ではないだろう。

社会的学習の費用対効果については、数理モデルを使ったシミュレーションで次のような答えが出ている。環境の変動が一〇世代から一〇〇世代の幅で起きているとすると、ゆるやかな変動期には遺伝が有効であり、急速な変動期には個別学習しなくては間に合わない。その中間地点で社会的学習がもっとも有利な戦略となる。変化があまりにも激しいと、前の世代に学ぶ意味はない。ほとんど変動がなければ遺伝情報で事足りるので、エネルギーを消耗する大きな脳をもつ必要もなければ維持する必要もない。このどちらでもない場合、社会的学習が功を奏し、親や隣人、聡明な知人から新しい知恵を学んで柔軟に対応できる。

人類は社会的学習の達人だ。身体の割に大きすぎる脳は情報処理をするための複雑な構造をそなえ、社会的学習を支える。[15] どういう理由から脳がこのような進化を遂げたのか、科学者の見解は分かれる。

たとえば、先史時代の気候変動がおだやかだったからという説がある。人類が出現した時代である更新世（約二五八万年前〜約一万年前の期間）は氷期と間氷期をくり返して寒暖・乾湿の変動が激しかった。そのため人類の祖先はどこでどんな食料を手に入れたらいいのかを臨機応変に対応するようになったのだろう。変動する気候に際して柔軟な脳で学習し、みごとに適応したにちがいない。気候変動の激しい更新世に、脳は急激に大きくなっている。[16]

さまざまな時代に複数の要因が相互に影響したのはまちがいない。[17] わたしたちの脳はエネルギー消費が激しく、消化器官は比較的短い。このふたつの臓器は歩調をそろえて進化したとも考えられる。人類が火を使いこなすようになると、肉をはじめ、さまざまな食料の調理が可能になった。

火を通したものは生で食べるよりも栄養価が高く、あまり嚙む必要もなく、消化もしやすくなる。進化とともに胃腸の表面積は小さくなり、同じ体重の哺乳類の三分の一にも満たなくなった。それはつまり、消化のために使われるエネルギーも少ないということだ。[18] 大きな社会集団で協力して狩りをするには記憶力、計画性、コミュニケーション能力が求められ、短い消化器官と学習に適した大きな脳へとじりじりと進化を遂げたのかもしれない。[19]

進化のいきさつはともかく、人類の脳は大容量で高度な社会的学習向きであることは確かだ。身体の割に脳が小さくても社会的学習に長《た》けた種はほかにもたくさんいるが、それでも、活発で順応性が高く世界中で文化を発展させるまでになったのは人間であり、親戚筋にあたる類人猿ではなかった。それはなぜか。

一九三〇年代にウィンスロップとルエラ・ケロッグ夫妻は大胆な方法でこの問いに答え

ようとした。[20] 夫妻は、息子のドナルドが生後わずか一〇カ月半のときに、ある実験を開始した。ドナルドの三カ月後に生まれたメスのチンパンジー〝グア〟とともに育てることにしたのである。

結果的にグアよりもドナルドのほうが相手から多くを学んだ。ドナルドは指の関節を突いて歩き、歯で壁をこすり、チンパンジーに似た低いうめき声を出すようになった。グアは自分の髪をとかせるようになった。ドナルドは驚くほど正確にチンパンジーの行動をまねた。それにひきかえグアは人間の行動をまねるのが不得意だった。実験は九カ月続いた。

近年おこなわれた実験は、高度な社会的行動ができる三種類の集団――オマキザル、チンパンジー、人間の子ども――にパズルを解かせるというものだ。[21] 箱についている複数のダイヤルをまわしたりボタンを押したりして開けられるかどうかを観察した。ご褒美は食べもの。正しいダイヤルとボタンを操作して箱をあけたのは三五四匹のチンパンジーのうち一四、オマキザルはゼロ匹、三五人の子どものうち一五人だった。子どもたちはじつに正確におたがいのまねをして、集団のメンバー同士の協力ができていた。チンパンジーとオマキザルはそうではなかった。

「猿まね」という言葉がある。チンパンジー、ゴリラ、オランウータン――人間は含まれない――は、模倣が得意であるという発想からきている。しかしじっさいは、人間こそが模倣の達人であり、子どもたちはみんな模倣の天才だ。情報伝達の機能に人間ならではの模倣、学習、協力の非凡な能力が結びつくと、最強の戦略が誕生する。それが「累積学習」だ。

人から人へとスキルが伝えられながら発展していくのは累積学習の効果である。イモと名づけられたニホンザルは砂のついたサツマイモを川で洗うだけの高い知能を示したが、それ以上の発展はなかった。ほかのニホンザルもイモを洗うようになったが、改良を加えたりするニホンザルはいなかったし、当然ながら改良して仲間に教えたニホンザルもいなかった。スキルをそのまま次世代や同世代に伝えるだけではなく、改良や変更を加えてもっといいものにして伝えてゆくのが累積学習だ。累積学習を通じてイノベーションはすみやかに定着する。

それに対し自然選択は変化への対応に時間がかかり、試行錯誤での個別学習は次世代に受け継がれない。また社会的学習はごく狭い内輪にしか広がらない。累積学習は種の絶滅につながりかねない危機的な変化にも柔軟に対応し、繁栄の歯車を格段に速くまわすのである。

累積学習はヒトだけに与えられた特権ではない。けれども遺伝、試行錯誤、社会的学習にくらべれば、ごく少数の種に限られる。たとえばウグイスなどの鳴禽《めいきん》類が独自のさえずりを変えながら受け継いでいくのも、コンゴのチンパンジーがシロアリ塚に頑丈な棒を突き刺して穴をあけたあと細い枝でアリを釣るのも累積学習だ。[22] いっぽう人類の累積学習はほかのどんな種も歯が立たないレベルに達している。ヒトは臨機応変に創意工夫の才能を駆使して世界中に勢力を広げた。

累積学習は文化やさまざまな制度を生んだ。法律や結婚、貨幣、マスコット、象徴なども。リチャーソンとボイドによれば、文化とは「同じ種に属するメンバーから教わる、相手を模倣する、社会的コミュニケーションを通じて情報を得ることで影響を受け、行動が変わる」ものであり、これはまさに累積学習の上に成り立つ。[23] イヌイットとフランクリンの遠征隊は同じ種に属していたにもかかわらず、過酷な環境で前者は生き延び、後者は死に絶えた。その理由は累積学習にある。

人類の文化は累積学習と強力に結びついている。自然選択の方向性にも影響を与えているほどだ。[24] その一例が、乳糖（ラクトース）を消化する能力と文化の関係である。

一般的に哺乳類は生まれてから母乳を飲む数年間だけ、乳糖の消化酵素であるラクターゼを体内でつくりだす。酵素をつくる能力を失うと、乳製品をとったあとに消化不良や下痢などの症状が出る。乳製品をとる習慣のない文化では幼児期を過ぎればラクターゼは不要になるから、ふつうであれば離乳後、体内ではつくられなくなる。大多数の成人はラクターゼをつくる能力を失うが、一部の人びとは乳糖耐性を有している。その割合は一〇〇人中およそ三五人[25]。こうした乳糖耐性をもつ成人は北ヨーロッパ人の子孫と、アフリカおよび中東の牧畜文化出身の人びとに多い。

幼年期を過ぎてもラクターゼをつくる能力のもとをたどれば、ヤギ、羊、牛を家畜とし、酪農をおこなっていた文化に行き着く。遺伝子の突然変異により成長してもラクターゼを体内でつくることができれば、より多くの栄養をとれるので有利だ。生き延びて子孫に受け継がれる可能性も高い。乳糖耐性を有する人びとが増えるにつれて牧畜がさかんになり、乳製品を多く摂取する文化となる。するとさらにラクターゼをつくる遺伝子がより多くの子孫に受け継がれていく可能性が増す。やがて乳糖耐性のある人びとが人口の大半を占めるようになり、酪農が文化の一部として定着した。

いまではフランス人はチーズを、東アフリカのマサイ族は搾乳したての原乳を、スカンジナビアの人びとは多彩なサワーミルクを常日頃から食べたり飲んだりしている。文化と進化が影響をおよぼし、刺激を与えた結果だ。文化は遺伝子を変え、遺伝子は文化を変えた。累積学習は酪農文化を生み、ヨーロッパの人びとや中東とアフリカで牧畜をいとなむ人びとの進化の道筋を変えたのである。

累積学習はわたしたちの暮らしにあまりにも密着しているので、ことさら意識したりはしない。「車輪の再発明（すでにあるものを一から発明する）」の必要はなく、「巨人の肩の上にのる（先人の積み重ねた発見にもとづいてなにかを発見する）」ことはもはや常識だ。累積学習が人間の文化の中心にあるのはまちがいない。

累積学習で文化を築く第一歩を人類が踏みだしたのは、およそ八〇〇万年前。ヒト、チンパンジー、ボノボ、ゴリラの共通の祖先がアフリカで樹上生活をしていたころのことである。[26] それから四〇〇万年のあいだに、ヒト（ホモ）属が地上に降り立ち直立二足歩行を始め、ありふれた哺乳類から世界中に勢力を広げる種になるまでの旅路を歩みだした。

繁栄への道ならし――道具、火、言葉

ヒト科に属し体重に対して脳がひじょうに大きいという共通の特徴をそなえたヒト（ホモ）属は、わたしたちホモ・サピエンス以外に過去二五〇万年のあいだに少なくとも五種類存在していた。[27] 彼らはアフリカを起源として中央アジア、東アジアへ、さらにヨーロッパとオーストラリア、そして南北アメリカ大陸へと広範囲に移動した。

もっとも早い時期にあらわれたのは「器用な人」という意味のホモ・ハビリスだ。一〇〇万年間存在したあと、約一五〇万年前に絶滅した。「直立（二足歩行）する人」という意味のホモ・エレクトスはもっとも長期間存在した。彼らは初めてアフリカを出てユーラシ

アに移住し、絶滅したのは約一五万年前である。現生人類とネアンデルタール人、ホモ・ハイデルベルゲンシスの共通の祖先は、寒冷な気候のヨーロッパに最初に移り住んだ。ホモ・フローレシエンシスは「アジアのホビット」という愛称をもち、絶滅した時期はいちばん遅く、一万七〇〇〇年前である。人類の系統で現存しているのは、わたしたちホモ・サピエンスだけだ。いまから約二〇〇万年前に登場し、現時点での存在期間はホモ・エレクトスの約九分の一にすぎない(28)。

ここにあげた原始人類は、知識と文化を徐々に蓄積することができた。化石記録にもとづくと、ヒト属出現以前の最古の石器と考えられているものは、小さめの脳をもち二足歩行をする猿人アウストラロピテクスが存在した時期と重なる。その世界最古の石器は、現在のエチオピアのゴナ川流域、乾燥した気候の渓谷で発見された。二六〇〇万年前のものと思われる。タンザニア北部のオルドバイ渓谷では二〇〇万年前の石器も見つかっている(29)。石と石を打ち当てて尖らせ、肉を切ったり骨髄を取り除いたりするのに使われたようだ。さらに古い石器が存在していたという証拠も発見されている。ゴナ川からさほど離れていない場所で考古学者が発掘したふたつの骨は道具を使って肉を切り離したと思しき痕跡があった。現代のヤギと牛ほどの大きさの動物の骨だ。これは三四〇万年前にすでに道具が使われていた可能性を示している(30)。

ヒト（ホモ）属*最初の種の発生と消滅のおよその時期

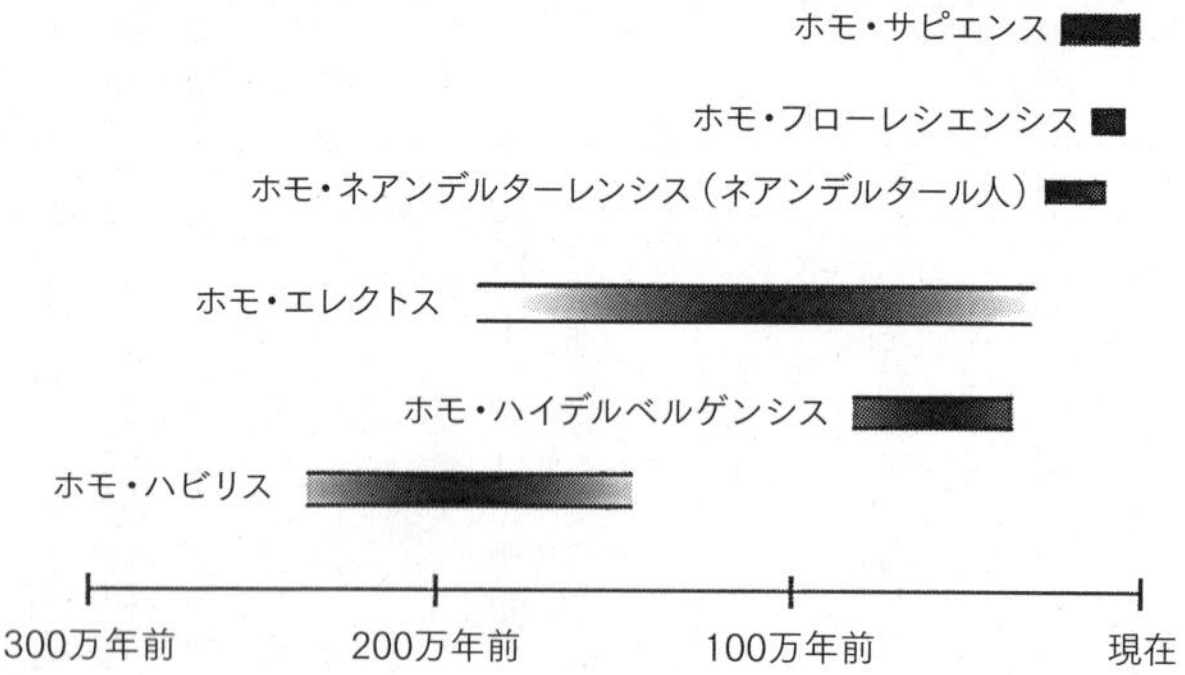

＊ヒト属は哺乳類霊長目（サル目）ヒト科の属のひとつである。

道具を使う種は、もちろんヒトだけではない。著名な霊長類学者のジェーン・グドールが一九六〇年代にタンザニアのゴンベ国立公園でおこなったチンパンジーの研究結果からもあきらかだ。[31] チンパンジーは小枝の葉を落として釣り竿をつくり、一口分ずつシロアリを釣るのだが、グドールの研究でそれが初めて世に知られることになった。その後も、石で木の実を割って中身を取りだす、地中のハチの巣を棒で掘る、棒を尖らせて獲物を突くといったチンパンジーのさまざまな技術がわかってきた。[32] このように道具を使うのはわたしたちの近縁の類人猿だけではない。カラスは木の巣穴から昆虫の幼虫を引きだすのに小枝を使うし、海では岩にウニをぶつけて殻を砕く魚がいる。[33]

ホモ・ハビリスはそれ以前のチンパンジーに似た種よりもより人間に近い脳をもち、石器をつくったり、現存はしていないが木を使って道具をつくったのだろう。わたしたちホモ・サピエンスの祖先は石で手斧、包丁、つるはし状の道具、へら状の道具、ナイフをつくった。約三万五〇〇〇年前には道具の使用が爆発的に増えた(34)。骨や象牙、貝、石、木を削って槍、釣り針、弓矢をつくり、狩りの効率がアップした。まとまった人数が北へと移動すると、骨でつくった針で防寒服を縫った。彼らが洞窟に描いた壁画や彫刻からは、文化が急速に発展したようすが手にとるようにわかる。こうして知識の蓄積から出発して、人類は金属、機械、道具なしには成り立たない複雑な社会へと着実に歩みを進めた。

くすぶっている枝の燃えさしを最初に拾ったのは、おそらくホモ・エレクトスだったのだろう。それを境に、わたしたちの祖先は好きな場所で好きなときに火を熾《おこ》せるようになった。火を使いこなしていた最古の証拠は南アフリカの洞窟から見つかっている。一〇〇万年前に焼かれた骨と灰だ[35]。わたしたちの祖先ホモ・エレクトスが初めて火を扱った時期と場所は不明だが、火の使用は彼らの暮らし全般に影響を与えた。

栄養面でのメリットはもちろんのこと、調理して食べることは累積学習のきっかけとなった。火を囲んでともに過ごすひとときは社会的な交流を生みだしたのである。食料を集める者、調理をする者、動物の襲撃にそなえたり仲間の食べものを盗まれないように見張る者など、役割分担もうながした。こうして調理して食べる暮らしへの移行とともに協力とコミュニケーションが生まれた。

火を操ることを覚えると、たいまつで森に火をつけて獲物を追いだしたり、獲物をおびき寄せるために野焼きをして草の成長をうながしたりと、狩りの方法も新しくなった。火を利用して寒さ、暗さ、天敵から身を守れるようになったわたしたちの祖先は、類人猿のように安全を求めて森に退くのではなく、ひらけた場所に出て暮らそうと思いついたのかもしれない。

人類以外も道具は使うが、火を使えるのは人類だけだ。ほかに火を使いこなす種はいない。わたしたちはさまざまな方法で自然を自分たちに都合よく利用してきたが、火がもたらした恩恵は格段に幅広く奥深い。単に、ほかの種よりも優位に立ったとか、調理して食べられるようになったというだけにとどまらない。開墾して農耕をいとなむようになったのも、産業化時代が幕を開けたのも、火を使えたからこそだ。石炭を燃やしてエネルギーを得ることを学び、それが蒸気機関など文明を開化させるイノベーションへとつながっていく。

火を操るのは動物界でヒトだけであるのに対し、道具づくりは動物界全体で見られる。記号と言葉を使ったコミュニケーションは、おそらくそのあいだのどこかに位置するはずだ。多くの動物はいろいろな方法で意思疎通をはかる。ザトウクジラは超音波で歌をうたって求愛する。ミツバチは翅《はね》を振動させながら尻を振るダンスをして仲間に花蜜のありかを伝える。アフリカに生息するサバンナモンキーは、三つの警戒音を使い分けて天敵の種類を仲間に知らせる。

危険を知らせる、食料のありかを伝える、求愛する。こうしたコミュニケーションと、言葉による人間のコミュニケーションとでは大きな違いがある。わたしたちがやりとりするのは複雑で、かなり抽象的な思考や感情だ。

文化の発展を支える累積学習に欠かせないのは、親から子に知恵を受け継ぎ、子どもが正しい知識を身につけるためのコミュニケーションだ[36]。言葉という手段は、無駄のない学習を可能にする。また、望ましくない情報を子どもが取り入れないように、親は言葉で伝えることができる。試行錯誤や仲間を通じて得た有害な情報や不十分な情報から子どもを守れる。ケロッグ夫妻は、チンパンジーのグアが行儀のいい社会人になることを期待してはいなかっただろうが、息子のドナルドには期待をかけていたはずだ。子どもはやすやすと言葉を獲得する。文法や語彙を教えなくても、なんなく使いこなすようになるのは、これまでの進化の道筋で、言葉を使ったコミュニケーションがとても有利にはたらいて生存率を高めた証拠だ[37]。

初期人類は言葉の原型ともいえるごく単純な音声で食料のありかを伝えたり、子どもに危険を知らせたりした。脳が大きくなって情報処理能力があがり、舌を使ってさまざまな音を使い分けられるようになると、有限の言葉を組み合わせて無限の意味を伝える話し言葉が人類のツールに加わった。

初期人類は骨を削ったり地面に印をつけたりして日にちを数え、狩りでしとめた獲物の数を勘定することでコミュニケーション・ツールを増やしたのだろう。記号の誕生は、高度なシステムが生まれる土壌となった。南米の古代インカ帝国の人びとは色分けした紐に結び目をつくって、どの地所がだれの所有であるのかを記録した。記憶力に頼る代わりに

後々まで残るかたちで情報を蓄えるようなイノベーションの数々は、やがて官僚制度を支えることになる。(38)

ヒト科の種はホモ・サピエンスを除いてすべて絶滅してしまったが、道具、火、言葉を操った彼らは末裔《まつえい》のための道ならしをしてくれた。なぜ彼らは地上から姿を消したのか。気候の変動、資源をめぐる競争、適応の失敗、その他の災難などが重なったためなのか。興味深い謎として残る。ともかく、彼らの知識と文化を受け継いだわたしたちは一大勢力となり、自然界に手を加えながら食料を調達して人口増加に対応してきた。過去からの積み重ねのうえに、わたしたちはヒト科で唯一、農耕をおこない地球のめぐみを活かす種となった。

重大な一歩——狩猟採集から農耕へ

初期人類は何世代にもわたって狩猟採集生活で木の実や果実、肉を得ていた。やがてあるとき、とある場所で、地球上にあらわれて間もないヒト科の人物が重大な一歩を踏みだした。チグリス川、ユーフラテス川、ヨルダン川の周囲の峡谷と丘陵を含む弧状の地域を「肥沃な三日月地帯」と呼ぶ。そのどこかで、食料を採集していたある人物が手に入れた二種類の野草のタネが、のちに小麦となった。いまもシリア北部とトルコ南東部では、このときの草、ヒトツブ小麦とエンマー小麦が自生している。

小麦の親戚にあたる野草を見るかぎり、栽培に向いているようには思えない。食べられる種子の部分は小さく、風でかんたんに散ってしまう。これでは大量に収穫するのは難しいだろう。おそらく、遠い昔のその人物は風でも飛ばされず茎についたままの種子に目を留めたのだろう。

これは人間にとって貴重な特徴だった。最初は手で、のちには鎌を使って種子を収穫した。風で飛ばない種子をくり返し集めて植えていくうちに、風に強い種子ができる確率が高まった。ほかにも、種子が大きい、脱穀で籾殻《もみがら》がかんたんにはずれる、実《み》る時期が同じなど、人間にとって都合のいい特徴をそなえた種子が選ばれた。何千年という歳月をかけてヒトツブ小麦とエンマー小麦は進化して栽培種となったのだ。(39) 栽培時期と場所は人間がコントロールし、風まかせではなくなった。

同じような経過をたどって大麦、ヒヨコ豆、レンズ豆、エンドウ豆、亜麻、イチジク、デーツ（ナツメヤシの実）、そしてあまり広くは知られていないベッチ（マメ科ソラマメ属の総称。カラスノエンドウやスズメノエンドウなど）が栽培されるようになった。

のちに、人間は動物を繁殖させて家畜化し、野生種よりも飼いやすい羊、ヤギ、豚、牛をつくりだした。家畜は人間から与えられる餌で育った。飼い主は世話をし、餌を与え、天敵の脅威から守る代わりに家畜の肉、乳、労働力を利用した。人間が動植物の自然選択の舵を握ったのである。祖先は自分たちに都合よく改良を重ね、動植物をそれぞれ栽培用・家畜用の品種に変えていった。これがけっきょく、人間をも変えることになる。狩猟採集していた人びとは農耕と家畜の世話に転じた。これが農業のはじまりである[40]。野生種から栽培用・家畜用の品種、家畜への改良は約一万二〇〇〇年前から世界各地でおのずと始まり、続けられてきた。そうして生まれた種子と技術は人間の移住とともに周辺部へと広がっていった。

遺伝学者と考古学者の研究が進むにつれて、その伝達経路があきらかになりつつある。現在判明しているのは、植物の栽培品種化と動物の家畜化が最初におこなわれた時期は約一万二〇〇〇年前から四五〇〇年前のあいだ[41]、場所は肥沃な三日月地帯、中国、南アジア、地中海沿岸、エチオピア、メソアメリカ（スペイン征服以前の中米の文明）、アンデス、北米東部、そしておそらくニューギニアとアマゾンである。それは数千年がかりの方向転換だった。だが、地球上にヒトがあらわれてからの二〇万年という長さ、累積学習をわたしたちに引き継いだ祖先たちが地球に存在していた何百万年という長さと比較すれば、ほんの一瞬だ。

今日、何十億人もの食生活を支える稲（米）はもともと、中国の揚子江流域の峡谷に自生していた野草だった。稲の親戚にあたるこの野生種を、人間は時間をかけて遺伝的に種子が大きく、剛毛が少なく、収穫まで種子が茎から落ちない品種へと変えていった。黍《きび》や粟《あわ》などの雑穀類、大豆、モモも、遠い昔に中国の採集生活者たちが野生種を栽培化し、いまでは数多くの品種がそろっている[42]。

トウモロコシ（コーン）は、メキシコ南西部の乾燥した森林に自生していた野生種が改良されたものだ。近縁の野生種であるテオシントは、今日、食用や飼料用に使われるトウモロコシとはまったく似ても似つかない。テオシントは丈が低く、実の数は十数粒程度とひじょうに少ない。実を包む皮は固く、粒はばらばらな時期に穂軸から落ちるのでやっかいだ。植物育種家のパイオニアが野生種のテオシントから栽培種へと改良するのには数百年から数千年かかった可能性がある。

新大陸では、北米大陸とメソアメリカでカボチャ、インゲン豆、ヒマワリが、南米大陸でジャガイモとキャッサバが栽培種に改良された[43]。数千年前のあるとき、メキシコ南部か中米北部の丘の斜面でひときわ大きな野生のトマトがなっているのを、当時採集生活をしていたわたしたちの祖先が見つけたらしい。彼らはそのトマトのタネを植え、収穫のたびにいちばん大きくて肉厚な実のタネをとって翌年植えたのだろう。翌年も翌々年もひたすらその作業を続けたにちがいない。やがて、コートのボタンほどの大きさで苦かった野生

近縁の野生種（左側）と栽培種（右側）

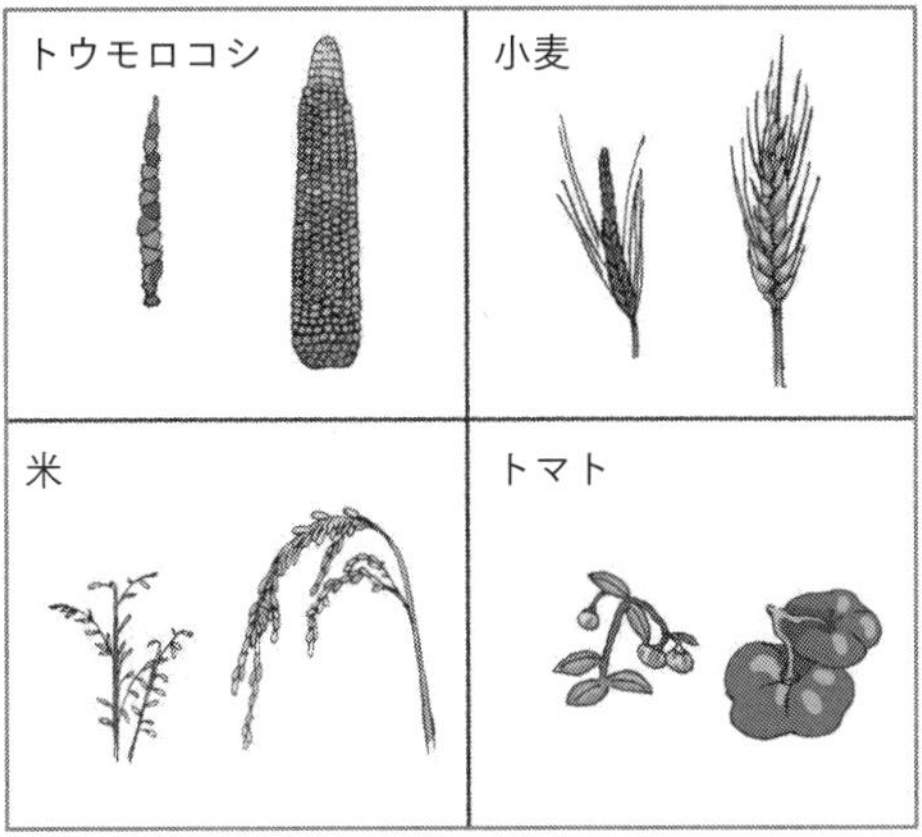

種のトマトとはまるで別物のような栽培種が完成した[44]。

遺伝をうまく利用して野生種から栽培種をつくったのは、人間の創意工夫の力だった。成功するたびに食料になる栽培種のリストは長くなった。といっても、限りなく長くなったわけではない。自生する無数の野生種のうちおよそ一〇〇種と、大型の陸生哺乳類約一五〇種のうち一四種が人の手で改良を加えられた。今日、人類が食料としているものとほぼ変わらない。なかでも米、小麦、トウモロコシはわたしたちの食生活になくてはならないものとなっている[45]。

狩猟採集から農耕牧畜へと舵をきった動機については、あくまでも推測の域を出ない。ただ、その決断が未来にどんな影響をおよぼすかなど考えもしなかったにちがいない。人為的な選抜をおこなった結果、人間の歴史の道筋ばかりか地球まで変えることになるとは、まったく予想していなかったはずだ。

農耕が始まると、一カ所で集中してたくさんの食料を生産できるようになった。より多くの人を養うことができるし、貯蔵しておけば不測の気候変動にも耐えられる。人間は町と都市で定住する方向へと歩みだした。少しずつ社会のなかに階層ができあがってくる。と同時に結核、麻疹（はしか）、天然痘、インフルエンザのような病気の脅威にもさらされるようになる。集団が大きくなるほど、家畜の牛、豚、犬などから病原菌が一気に広まりやすくなる。新しく栽培するようになった穀類は種類が少なくデンプン質が多いので、木の実、種子、ベリー類、肉を主食にしていたころよりも栄養状態が悪くなった。現存する頭蓋骨、骨、歯を調べると、炭水化物の多い食生活は、狩猟採集していた祖先にくらべて虫歯が増え、鉄分が不足がちになり、平均身長が低くなっている(46)。

ライフスタイルは激変した。食料を探して移動していたころは集団のメンバーはみんなほぼ平等な立場だった。そんな暮らしから、一カ所にとどまって畑にタネを播き、穀物を脱穀し、食料を貯蔵する暮らしに変わったのだ。どちらの生活がいいのかは、一概にはいえない。ただ、この転換が健康面と栄養面にマイナスの影響をもたらしたのは確かである。

狩猟採集生活から農耕牧畜に切り替えた背景には、おそらく気候変動があったのだろう。約一万三〇〇〇年前に氷河の後退が始まり、比較的温暖で安定した気候の完新世に入った時期（約一万一七〇〇年前）にちょうどこの切り替えが重なっている。気候が安定すると、複雑な構造の大きな脳をもつ人間が農業を発展させ複雑な文化を築くための条件がそろったとの見方もある。[47]

それ以前の更新世の乾燥した気候、そして氷期と間氷期をくり返す激しい気候変動は、農耕牧畜への進化を事実上はばんでいたのだろう。予想外に湿度が高かったり乾燥していたり、寒かったり暑かったりという状況では、狩猟採集から農耕牧畜へのゆるやかな適応には不向きだったにちがいない。氷期が終わって気候が安定すると、適応のプロセスは順調に進んだのだろう。[48] 寒冷で乾燥していた時期には身を潜めていた植物が、温暖になるにつれて元気に生い茂り、弾みをつけたのかもしれない。そうした草を使っていくらでも実験できたはずだ。

農耕牧畜に転換した理由としては、植物と獲物にもっとも恵まれた場所で人口が増えすぎた可能性も考えられる。狩りの技術が向上して大きな獲物をしとめればしとめるだけ、獲物は少なくなっていく。そして人口が増えれば食料は不足する。人口圧によって、一部の人びとは狩猟採集に適した場所から周辺へとじりじりと追いやられたのだろう。難民となった彼らは、苦手な穀物を食べるしかなかったのかもしれないし、貯蔵食料を管理する役割は狩猟採集生活にはない権威ある立場と考え、社会的地位に結びつけた者が積極的に農耕を推し進めたのかもしれない。逆に、地域社会で協力しあって食料を確保できるという理由から定住生活を望む人びとが推進したのかもしれない。おそらく理由はひとつではないだろう。栽培化と家畜化が徐々に進み、その要所要所でさまざまな力がはたらいたにちがいない[49]。

理由はともかく、移行によって世界はがらりと変わった。農耕と牧畜の生活がすっかり定着すると人口増加率は五倍に跳ねあがった。たとえばアフリカ西部では、約四六〇〇年前――考古学的証拠から農業が始まったとされる時期に一致する――に人口が急増し、以後何世紀にわたってずっと増えつづけた[50]。病死と餓死は増加したが、女性はより多くの子どもを産んだ。柔らかい食べもので幼児の離乳時期が早まり、子どもを産みやすくなった。子どもの数が多いほど、家事や畑仕事などの働き手が増えるから歓迎されたのかもしれない。女性は幼い子どもを連れて移動する必要がなくなったので、より多くの子どもの世話に時間をあてられるようになった。子どもの数を抑制する動機がほぼないうえに授乳期間が短くなったので、多くの子どもを産み育てるようになって農業人口が増えた[51]。

気候と地形が農耕牧畜に適した土地では農耕をする人びとが増え、狩猟採集をおこなう人びとは自然と押しだされるかたちとなったのだろう。肥沃な三日月地帯で栽培種になった小麦や大麦などの作物は急速に広がり、数千年のうちに東はパキスタンから西はギリシャまで達し、そこからさらにヨーロッパにも伝わった[52]。完新世の安定した気候は小さな変動――たとえば一四世紀のヨーロッパ、ユーラシア、北米は寒冷な期間が続く小氷期に入り、冷夏が数百年続いた――をはさみながら、今日まで続いている[53]。最初に非凡な試みを実行して自然界に手を加えた人物から農業が始まって途絶えずに続いてきたのは、比較的安定した気候があったからだ。

いまも地球上に残る狩猟採集社会はごくわずかにすぎない。彼らは、乾燥した土地、寒冷な気候、農耕に適さないので人が寄りつかない森に追いやられている。動植物の遺伝子のしくみを利用する知識はわたしたちの祖先から受け継がれ蓄積し、いつしか人類史上最大で決定的な方向転換を果たした。しかし定住生活によって人類は新しい難題を突きつけられ、新たな累積学習が始まった。

4 定住生活につきものの難題

人類の定住生活は自然界に多くの負担をかける。そこから新たな問題が発生し、文明はその対策に追われる。作物を一回収穫すれば、土壌から養分が失われる。窒素やリンをはじめ、植物の必須栄養素の種類は一〇にものぼる。使われた養分を補ってもとの土壌の成分構成に近づけなければ、生命維持に必要な養分を使い果たしてしまい、取り返しがつかなくなる。この問題は農業を始めてからずっと文明にとって悩みのタネだった。人間は知恵を絞って解決策を生みだしてきたが、すぐにまた壁にぶつかる。一八世紀末には、危機感を募らせたイングランドの経済学者トマス・ロバート・マルサスが緊急警告を発した。そしていまもなお、わたしたちの取り組みは続いている。

もっとも古い解決法は、現在でも熱帯地方でおこなわれている。たとえばアマゾン熱帯

雨林の西の端、雪を頂くアンデスの山々を仰ぎ見る低地に湿度の高い森林がある。近年、親しい同僚とともにその森を訪れる機会があった。彼のふるさとである。木々やつるがうっそうと生い茂る森のなかの村で彼は育った。森は村の人びとに豊かなめぐみをもたらす――果実と木の実、川魚、食用になる齧歯《げっし》類や小型の哺乳類。まさによりどりみどりだ。

しかしジャングルの土はやせていて、ここで農業をいとなむのはかなり厳しい。住民たちはトウモロコシなど主要作物を栽培するのでさえ苦労している。ある農場主が地所を誇らしげに案内してくれた。一家の住まいは、大きくはないが木造のこぎれいな家で、果実の木に囲まれた家庭菜園はとても美しい。彼らは農園で収穫し、余ったぶんを売って生計を立てる。

整然と並ぶトウモロコシのあいだを歩きながら、ペルー人農園主はサトウキビに切れ目を入れて、吸ってごらんなさいと勧めてくれた。かつて畑だったという場所にも案内された。いまは木々が背高く育っている。何年もかけて伸び放題にした木々は伐採され、自然乾燥したあと、雨季の前に燃やされる。その灰でふたたびトウモロコシを栽培するのだ。

彼の説明は、まさに昔ながらの焼畑農法である。原始的で野蛮だと強く批判されがちな焼畑農業は、じっさいはすぐれた戦略である。地球の元素循環メカニズムに入り込んで定住生活の難題を克服する有効な方法だ。農耕が始まってから採用されてきた焼畑は、いまもなお熱帯地方で農耕をしている何百万もの人びとのあいだでおこなわれて効果をあげている。作物によって土壌から吸収された窒素やリンなどの養分をどれだけ早く補給するかという難題に対し、焼畑農法はひじょうに理にかなった解決法なのである。

大いなる皮肉

炭素やリンなどの地球の化学的循環のメカニズムは人間の生存に不可欠だが、なかでも窒素循環はわたしたちに都合よくできていない。

たとえば、西アフリカのガーナで「弟や妹が生まれたために乳離れさせられた子どもに起きる病気」を意味する「クワシオルコル」と呼ばれる栄養失調がある。罹患《りかん》した子どものお腹は膨れて突きだし、脚はやせ細る。筋力低下と発育不全の原因は単なる食料不足ではない。トウモロコシ、キャッサバ、米などデンプン質や炭水化物中心の薄い粥《かゆ》は飢えをしのぐのに最適かもしれないが、毎日それだけでは身体をつくるタンパク質をじゅうぶんにとることができない。人類が狩猟採集生活から農耕牧畜生活に移行すると、食生活は穀類中心となった。お腹はいっぱいになっても、タンパク質が不足すれば身体に深刻な影響が出る。母乳は栄養分が豊富だが、乳離れ後にデンプン質ばかりでタンパク質の不足した食事が続くと、心身の発達に重大な影響をおよぼし、生涯苦しめられるおそれもある。器に微々たるタンパク質しか入っていない食生活では、子どもたちの創造力も創意工夫の力も伸びようがない。皮肉にもタンパク質を構成する窒素は子どもの食料よりも空中に多く存在している。この現実を、いったいどうしたらいいのか。

人間も含めあらゆる動物が体内に窒素をじゅうぶんに取り込む方法はただひとつ。乳、肉、魚、卵、豆、ナッツ類、種子などの食べものからタンパク質を摂取するしかない。ジャガイモや米などのデンプン質の食品はエネルギー源になるが、炭水化物が多くタンパク質は少ない。タンパク質の分子を構成する窒素が大きなはたらきをするのである。

タンパク質はわたしたちの筋肉をつくる。生きている細胞にはすべてタンパク質が使われている。血中で酸素を運ぶはたらきもする。食べものの消化から病気の撃退まで、人間の体内では何百種類ものホルモンと酵素がはたらいているが、その材料として欠かせないのがタンパク質なのだ。クワシオルコルに苦しむ子どもたちと、すこやかに成長できる子どもたちの差はタンパク質が握っているといってもいい。

人間も他の動物も、体内に窒素を溜めておくことができないから、つねに窒素を補充しつづける必要がある。植物は根を通じて土から窒素を取り込み、細胞と組織をつくる。その植物を食べることでわたしたちは窒素を体内に取り込む。もしくは草食動物あるいは肉食動物を食べる。つまり食物連鎖を通じて窒素を取り入れるしかない。

栄養失調の子どもはじゅうぶんなタンパク質さえあれば細胞に必要な窒素をまかなえるし、強く健康に成長していける。それは一見、たやすいことのように感じられる。なんといっても地球という環境には窒素がふんだんにある。大気中の成分でもっとも多いのは窒素だ。空気を一回吸えば、そこに含まれる気体の八割は窒素なのである。

だが皮肉なことに、気体の窒素は動植物の役に立たない。空気中の窒素は、窒素原子が二個つながった窒素分子（窒素ガスN_2）として存在する。窒素原子の結合力は自然界ではいまのところ最強の部類に入る。その結合が解けないかぎり不活性ガスの状態であり、水に溶けにくく常温では化学反応を起こしにくい。植物はそれとは異なる化学形態の窒素を利用する。たいていは窒素原子ひとつ（N）と酸素原子三つ（O_3）をもつ硝酸塩という窒素化合物だ。窒素ガスと違い、硝酸塩は土の粒子と粒子のあいだにある水に溶けて硝酸イオンとなり、植物は根からその窒素を吸収し葉へと運ばれる。

窒素原子が大気から土壌、植物、動物、ふたたび大気へとめぐる旅のくわしい行程は、一八〇〇年代半ばにようやく解明された。窒素が脚光を浴びるきっかけとなったのは、ドイツの化学者ユストゥス・フォン・リービッヒ男爵が提唱した基本概念だった。作物の成長に必須な栄養素のひとつでも欠ければ、他の栄養素が足りていてもうまく育たない（リ

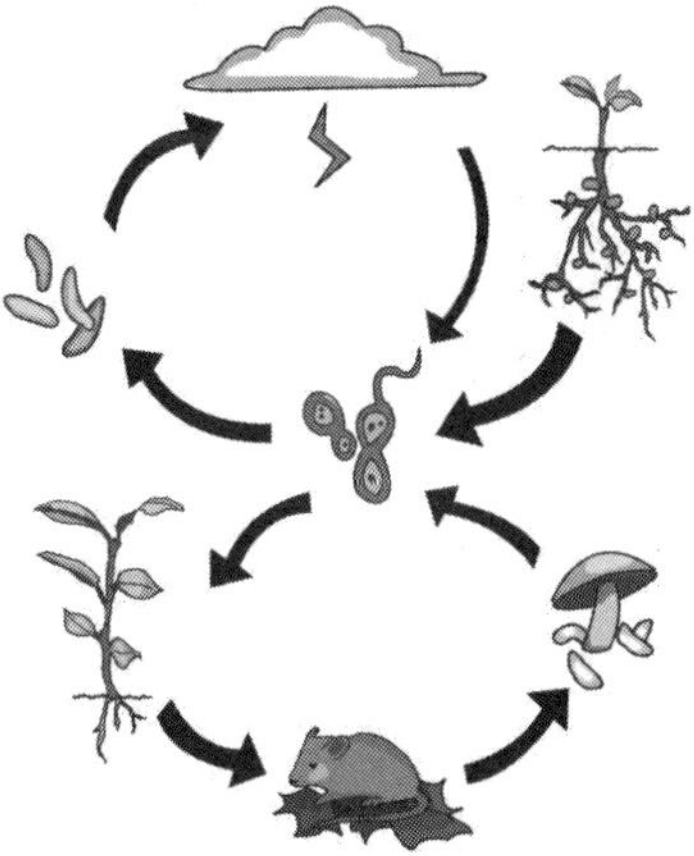

ービッヒの最小律）。「農芸化学の父」と称されるリービッヒはそう主張し、必須栄養素はリンであると指摘した。

英国の地主ジョン・ベネット・ローズ卿と化学者ジョゼフ・ヘンリー・ギルバート卿はハートフォードシャー近郊のロザムステッド農業試験場——世界最古の農業試験場で、いまも現役——で実験をおこない、リービッヒの主張には誤りがあることを証明した。土壌に窒素が含まれていなければ作物が育たなかったのだ。両者の論争はその後何十年も続いた。

窒素ガスの原子どうしの強い結合を切り離して植物が養分として吸収できるようにするにはどうすればいいのか。これもまた難題だった。ここでもリービッヒは解釈を誤った。

植物は空気から直接、窒素を吸収すると考えたのである。一八四〇年、ネイチャー誌に彼は「自然界は植物が順調に成長するために必要な窒素を大気から与える」と記している。[1]

この見解についてもロザムステッドでの実験が重要な事実を提供した。土に窒素を加えなくてもクローバーと豆類の収穫量は増加したにもかかわらず、それ以外の作物の収穫量は増えなかった。この結果から、マメ科植物は空気中から窒素を取り込めることが判明した。さらに、窒素を多く欲しがる大麦や小麦を、以前にマメ科植物が育った土に植えるとよく成長した。クローバーをはじめとするマメ科植物のこの性質について、何千年も昔、古代ローマと中国の農耕民らはすでに知っていた。魔法のようなそのからくりを、のちに西洋の科学がようやくつまびらかにしたのである。[2]

クローバーやインゲン豆などのマメ科植物には、大部分の植物がもっていない貴重な特性がある。マメ科植物は地中の細い根に根粒《こんりゅう》がいくつもできる。この根粒のなかに微生物がたくさん生息し、重要な役割を果たす。

土壌微生物の一種である根粒菌（リゾビウム）は、窒素ガスの原子の強い結合を切り、水素原子三つ（H^{3}）と窒素原子ひとつ（N）のアンモニア（NH^{3}）に変換するはたらきをもつ。植物の根粒にはつかず土壌でのびのびと暮らすアゾトバクターという微生物も、同じ技の持ち主だ。水田や湿った土壌で生息する青緑色の藻類も、やはりアンモニアを生成する。微生物が死んで分解するとともに体内のアンモニアが土壌に入る。このアンモニアが他の微生物によって硝酸に変えられて植物の栄養となるのだ。まずニトロソモナスという微生物がアンモニアから酸素原子ふたつ（O^2）と窒素原子ひとつ（N）をもつ亜硝酸塩（NO^2）に変え、さらにニトロバクターが亜硝酸塩を硝酸塩に変える。

　空気中の窒素分子が、動植物の一部として有効にはたらくように窒素化合物へと形態が変わることを「窒素固定」と呼ぶ。気体から個体をつくりだすという錬金術からの発想だ。微生物以外の方法でも窒素固定は可能だ――雷の放電で窒素分子を形成していた固い結合が解け、自由になった窒素を雨が土壌に運ぶ――が、自然界の窒素循環で固定の大部分は微生物がおこなっている。結果的に土壌が肥沃になり、文明はその恩恵を受ける。

　だが微生物はそのためにはたらいているわけではなく、窒素固定のプロセスで得をするからこそ、せっせとやってくれるのだ。ニトロソモナスとニトロバクターは成長するためのエネルギーを窒素固定のプロセスから得る。他の生命に役立っているなどとは夢にも思っていないにちがいない。

　しかし、それにしてはマメ科植物の根にいる微生物のはたらきはじつに複雑だ。根粒菌は植物から恩恵を受けるが、植物も恩恵を受けている。根粒菌は、植物が光合成でつくった糖をもらってエネルギーにする。このお返しをするように根粒菌は窒素固定をおこなってアンモニアをつくり、植物はその窒素を養分にする。まるで両者合意のうえで共生関係を築いているみたいだが、もちろんそうではない。おたがいが必要なものを獲得するための戦略を極めた結果なのだ。

いったいいつから、こんなことが地球でおこなわれるようになったのかは謎だ。微生物が窒素ガスの結合をどのように切り離すのかも、やはり謎に包まれている。なにが不思議といって、微生物はごくふつうの温度と気圧でそれだけの技をやってのける。後述するが、人間が同じことをやろうとすれば、高温と超高圧、そして大量のエネルギーがいる。なんたる違いだろう！　微生物がやすやすとこなす窒素固定は、優秀な化学者ですら歯が立たない問題なのである。

窒素固定の問題が解決しないかぎり、作物を育てる土壌を肥沃に保つことはできない。その意味で、これは農耕が始まって以来の難題《ボトルネック》となっていた。だがその難題が解決できたところで、窒素循環のサイクルは終わらない。この先、窒素は大気に戻らなくてはならない。窒素固定で空中から取りだされるばかりでは、生命の生存に必要な窒素はやがて尽きてしまう。そこで登場するのが、先ほどとは別の微生物だ。そのはたらきで循環がつながる。細菌と菌類が、糞尿や動植物の死骸を分解し、硝酸塩はふたたび土壌に戻る。最終ランナーとしてバトンを受けとるのは緑膿菌《りょくのうきん》などの微生物だ。呼吸のために硝酸塩を使って脱窒をおこない、窒素原子ふたつ（N_2）まで還元する。こうしてできた窒素ガスは振出しの大気に戻り、新しい窒素循環がスタートする準備がととのう。

人間がどれほど知恵を絞っても地球の窒素循環のメカニズムをまるごと再現することはできないが、それでも介入の余地はいくつかある。もっとも古くからおこなわれているのが焼畑農法で、その後、さまざまな対処法が登場した(3)。

だがタンパク質を構成する窒素を土壌に補給するだけでは難題は解決しない。ここでリービッヒが提唱した最小律を思いだしてみよう。作物の成長に必須の栄養素がひとつでも足りなければ、ほかの栄養素が足りていたとしてもうまく育たない。まさにその指摘どおり、土壌の窒素量を補うだけではじゅうぶんとはいえず、おそらくリンが不足するだろう。ふたつの栄養素の足並みをそろえるのは並大抵のことではない。ちょうど穴だらけのバケツを満たすようなものだ。ひとつ穴を塞《ふさ》ぐと、別の穴から漏れてしまう。それをくり返しながら、ようやくバケツの縁までいっぱいになる。問題をひとつ解決すれば別の難題が出てくる。そのたびに人間の知恵が試されるのだ。

もうひとつの栄養素――リンをどう補うか

生化学者でSF作家のアイザック・アシモフは一九五九年に、「生命のボトルネック」と題するエッセイを書き、「リンが尽きるまでは生きものは増えていけるが、リンが尽きてしまえば、どんな力をもってしても頭打ちとなる」と述べた(4)。

リンは窒素と同じく、生きとし生けるものにとって必須の栄養素だ。植物の細胞を構成し、光合成をするために必要なエネルギーの受け渡しをするATP(アデノシン三リン酸)に使われる。動物の骨と歯にもリンは不可欠だ。わたしたちが食事から得たエネルギーは細胞でかたちを変え、成長と活動に使われる。人間も人間以外の動物もリンを得るにはリンを含む植物を食べたり、リンを含む植物を食べた動物を食べたりするしかない。窒素を得る場合と同じだ。

生命の生存に欠かせない要素だと知られる前には、リンの興味深い特徴が注目を浴びていた。一六六九年、ドイツの錬金術師ヘニッヒ・ブラントは、燐光《りんこう》を発するリンを偶然に発見した。鉄、胴、その他の卑金属を金に変える伝説の賢者の石を探していたときのことである。彼は次の手順でリンを抽出した(5)。

● 尿を煮詰めてシロップ状にする。
● それを熱し、少しずつ出てくる赤い油分を取り除く。
● 残りを冷ます。すると上部は黒海綿状に、下には塩分が溜まる。
● 塩分を捨て、黒い物質にさきほど取りだした赤い油を混ぜる。
● 混ぜたものを強火で一六時間熱する。
● 最初に白い煙があがり、次に油、それからリンがあらわれる。
● リンを冷たい水に移して固めることもできる。

ブラントはこの手順でバケツ五〇杯分の尿から純粋なリンを抽出し、白いロウ状に固めた。金属を金に変える魔法の石ではなかったが、暗いところで緑色にぼうっと発光するという興味深い性質があった。この神秘的な特徴から、「フォスフォラス（phosphorus）」と名づけられた。ギリシャ語で「phos」は「光」、「phorus」は「運ぶもの」という意味だ。燃焼するという特徴が珍重され、リンは何世紀ものあいだ各方面で利用された。マッチ棒から爆弾まで、リンを使った商品は儲けを生みだした。一八世紀半ばになると、それまで尿を原料としてつくられていたこの独特の元素は、炭化した動物の骨からつくられるようになった。(6)

リンは生物にとって必須の物質だが、その循環システムに人間が介入することは難しく、知恵を絞って土壌に補給しようとしてもなかなかうまくいかない。窒素のように微生物が空中から取りだしたり戻したりしてくれるわけではない。なによりリンは空気の構成成分ではない。空中に存在しているのは、塵粒子にくっついて風で飛ばされている微量のリンだけだ。

リンは独自のしくみで自然界を循環している。たとえば、植物の成長に必要な糖をつくる際に重要な役割を果たすリンの原子に注目してみよう。植物はやがて枯れてしまうか、動物に食べられてしまう。そしてその動物もいずれは死ぬ。すると土壌中の生物が動物の死骸を分解する。リンの原子はふたたび土壌に戻り、水に溶け、植物の根から吸いあげられ、新たなサイクルがスタートする。短時間で一巡する場合もあれば、何年もかけて、ときには一〇年単位でめぐることもある。

だがすべてのリンがこの閉鎖的なループのなかにとどまっているわけではない。雨が土壌を洗い流し、川に運ばれ、海に行き着くリンもあれば、風が吹いて土の粒子とともに遠くに飛んでいくリンもある。こうして徐々に土壌から失われる分を補給するシステムがなければ、生命にとってかけがえのないリンはやがて激減してしまう。

漏れだしたリンが土壌に戻る方法はひとつだけある。それは地質学的な時間をかけてゆつくりとおこなわれる。この果てしなく長い周期で進む循環のカギを握るのはリン灰石——リンを含む発光性の岩——だ。

土壌から浸出したリンは海まで旅をして、その一部は海底に沈む。その上に堆積するものの重みでリンは岩に押し込まれる。リン灰石としてこのまま海底にとどまっていれば、循環はそこで終わりだが、ここでもプレートテクトニクスが力強く循環をうながす。ちょうど、長い時間をかけた炭素循環の場合と同じように、気候を制御しながら後押しするのだ。海底プレートの移動とともにリンもゆっくり移動し、プレート同士がぶつかって山ができると、リン灰石は海水面から出て高いところまでもちあげられる。風化のプロセスが始まり、解放されたリンを植物が利用する。ここまで一巡するには一〇〇万年以上かかる。土壌に養分を補って作物を育てたい人びとには、気が遠くなるような時間だ。

地質学的な時間で進むリン循環と、土壌にリンを補給したいという人間社会の欲求はどうしてもかみ合わない。農耕が始まって以来、この難題を解決するために人間は知恵を絞ってきた。どうすればリンの気長な旅に割り込んで循環をスピードアップさせられるのか、人間の知恵が試された。

そして編みだされた方法は基本的に二種類。ひとつは、糞尿と枯れた動植物の死骸に含まれるリンを短期間で循環させること。もうひとつは、リンを掘りだして運んでくること。

後者は、貴重な岩を掘りだして輸送する手段がととのってようやく実現した。これについてはあとの章でくわしく述べる。ペルーの農園主がトウモロコシ畑で実行していた焼畑農法が前者の方法だ。
窒素は土壌、植物、大気を循環し、リンは土壌、植物、岩を循環する。こうした地球の循環メカニズムに割り込むのが焼畑農法だ。木の幹、枝、葉は窒素とリンを含んでいるが、そのままでは作物の養分にはならない。農耕をする者に必要なのは、トウモロコシを育てるための養分だ。森を開墾し、切り倒した木を燃やしてできた灰、半分燃えた葉と枝は土壌に窒素とリンをもたらし、それを養分として作物は育つ。トウモロコシやサトウキビの収穫を何度かくり返すと、土の養分が減って収穫量が落ちてゆく。そこで、ふたたび木を植える。木々がすくすくと成長すると、新しい循環が始ま

る。伐採して燃やして養分を土に与えて作物を育て、土の養分を使い尽くすまで収穫を続ける。

地球本来のメカニズムでは、木々がやがて枯れれば微生物と菌類が分解し、栄養素はふたたび土壌に入り、木々を成長させる。一巡するのに何百年とはいかないまでも数十年はかかるだろう。そして、養分は木に戻るだけで畑の作物にはいかない。

焼畑はこの循環を速め、木や野生植物にいくはずの養分を作物のために使うのだ。これは元素循環メカニズムに介入する方法としてはごく一般的で、森林地帯では伝統的な農法である。刃物、火、ノウハウさえあればできる。ところ変われば名前も変わり、この伝統農法は、中米では「ミルパ」、インドでは「ジュム」、マダガスカルでは「タヴィ」、インドネシアでは「ラダン」、英語では「焼畑農業」「移動耕作」「スラッシュ・アンド・バーン（切り倒して燃やす）」などさまざまな呼びかたがある。それだけ広く実践されているということだ。

焼畑がどのような経緯で始まったのかを記した記録は残っていないので、正確に知るすべはないが、最初に農耕がおこなわれた場所から森へと規模を拡大する際には、焼畑がもっとも効果的な戦略だった。現代では焼畑農法といえば熱帯雨林を想像する人は多いだろう。しかし中近東やヨーロッパ全域では、焼畑で何千年もかけて森が切り開かれてきた。

農耕のための開墾は約九〇〇〇年前から始まり、じりじりと中近東に広がる。さらに数千年のあいだに地中海沿岸の森は伐採され、南欧と中欧にも広がった。(7) 人口が増加するにつれて森はほぼ姿を消した。かつて森林だった場所には人びとが定住し、農業を始めた。

古代文明──川がもたらす豊かな生活

定住生活には、土壌から失われた養分をどう補うかという難題がついてまわる。ひとつの対策として、世界各地で川が利用されてきた。そもそも、作物を育てるには水がいる。水の豊かな土地で文明が生まれたのはけっして偶然ではない。余剰食料ができた土地だからこそ、複雑な社会へと発展を遂げた。住民が役割を分担し、権力者が権限を握り、官僚制度を維持できるだけの余裕があったからだ。

五〇〇〇年以上前にインダス川、ナイル川、チグリス・ユーフラテス川、黄河それぞれの流域の峡谷で暮らしていた人びとは、川の水を利用するための際立って高度な技術をものにしていた。町が成長して都市となり、官僚制度がととのい、階層社会が出現したのはそういう土地だった。(8)

ところが川は水をもたらすだけではなかった。川は高地から、生命の源となる栄養を含んだ沈泥《ちんでい》（シルト）と土を運んできた。ギリシャ語で「ふたつの川のあいだの土地」を意味するメソポタミアでは、太古の時代から川の水と養分を畑に引いていた。現在のイラクとイランにまたがる地域である。チグリス川とユーフラテス川はほぼ並行して流れ、トルコ、シリア、イラクの高地から雨と雪解け水を南方に運ぶ。二本の川はペルシャ湾の手前で合流し、海に流れ込む。河口付近の三角州（デルタ地帯）では川が少なくとも年に一度は氾濫し、メソポタミアの民に肥沃な土という贈りものをもたらした。しかし洪水は試練でもあった。水はすぐには引かず、畑は水浸しになった。さらに洪水が起きる四、五月は、気候が暑くて作付けには適さなかった。

古代メソポタミアの人びとは運河と堤防を築き、川の水を引くための複雑なシステムを考案した。運河は土地を縦横に走り、小麦と大麦の畑を川の水でうるおした。こうして適切なタイミングで作物に水と養分を運ぶことに成功したが、いっぽうで新たな問題が浮上した。川が運んできた重いシルトは運河に詰まりやすく、つねにさらわなくてはならない。さらに、水はけの悪い土地から水が蒸発すると地表に塩が溜まった。これは灌漑がおこなわれる地域にとっていまだ頭の痛い問題である。

その後、侵略者と征服者の手でさらに運河、堤防、土手がつくられ、何世紀ものあいだに灌漑システムはいっそう精巧なものとなった。だが運河をさらい土地の水はけをよくするための労力と費用は、そのときどきの支配者に重くのしかかった。

一三世紀半ば、治水と灌漑の設備は決定的な打撃を受けた。モンゴルからの侵入者がこの地を征服すると、情け容赦なく運河と堤防を破壊したのだ。ふたつの川のあいだの土地の運河は詰まり、土は塩で覆われ、政治は崩壊し、偉大な文明の揺りかごとしてのかつての繁栄は二度と戻らなかった。(9) 地力の低下の問題は山から運ばれた養分豊富なシルトで解決されたが、そのことが新たな問題につながったのである。

古代エジプト人は悠久の大河ナイルの水と上流から運ばれてくる養分を畑に導いた。さほどの弊害はなかった。ナイル川の洪水による水量の増減に合わせて古代エジプトの暮らしはいとなまれた。毎年、夏にエチオピア高原に訪れる雨季の雨を、ナイル川は何千マイル先の地中海沿岸の肥沃な三角州、ナイルデルタに運んだ。洪水の水が引くと、メソポタミアと同様にその年の作物を育てる肥沃な土と水分が残った。しかしこの土地は水はけがよく、壊滅的な洪水と旱魃に見舞われることはめったになかった。

エジプトの人びとはナイル川の水源を神秘的にとらえ、天上の大きな海からくるのだろうと考えた。ナイル川こそが自分たちに富をもたらしているのだと、彼らはしっかり認識していた。ナイルデルタの上流にダムを建設してナイル川の氾濫を防ぐという構想は一一世紀にはすでにあった。イラクの数学者イブン・アル・ハイサムは水力を利用した事業を提案したが、カリフはそれを却下した。[10]

提案が実行されたのは何世紀もあと、当時エジプトを植民地として支配していたイギリスによって石積みのアスワン・ロウ・ダムが建設された。のちに、独立を果たしてまもないエジプトは数マイル上流にコンクリート製のアスワン・ハイ・ダムを建設した。ふたつのダムは栄養を豊富に含んだ上流からの水をせき止め、毎年リズムを刻むようにくり返された洪水はなくなり、エチオピア高原と下流のナイルデルタの収穫の関係が途絶えた。

定住生活につきものの土壌の養分補給という難題は、かつては事実上無料で解決できていた。いまはそれを高価な化学肥料で解決している。なんとも皮肉だ。

川が運んできたシルトで地味を豊かにする方法はチグリス・ユーフラテス川、ナイル川、インダス川、中国の黄河流域で栄えた古代文明で始まり、人口増加と都市生活を支えた。古代エジプトの首都テーベは三〇〇〇年前に一〇〇万人以上が暮らす世界最大の都市だった。[11]川が運ぶ養分たっぷりのシルトがなければ、それだけの人口をまかなうことはとうていできなかっただろう。

難題につぐ難題——労働力をどうするか

川の流域で栄えた古代文明も、森の焼畑農法も、土壌の養分が枯れないための方法を編みだした。だが、もうひとつ定住生活への移行がもたらした大きな問題があった。

狩猟採集生活を送っていたころには、自力で、つまり食べもので得たカロリーを体力として獲物を追い、魚を捕り、果実や木の実や根を集め、収穫したものを野営地に運び、食事を用意していた。当然ながら、労働で消費するエネルギーよりも、得るカロリーのほうが多かった。[12] 自分の体力だけが頼りなので、摂取エネルギーよりも消費エネルギーのほうが多いと命がもたない。人類史の大半を占める狩猟採集生活は、少ないエネルギー消費で多くのエネルギーを得て生き延びる暮らしだった。

農耕社会では、開墾をはじめたくさんの労働をこなさなくてはならない。畑を耕す、植えつけ、雑草や害虫の駆除、収穫、貯蔵、調理、料理を運ぶなど、ひとつひとつの作業にエネルギーが必要だ。人間以外の労働力を利用する場合でも、やはりエネルギーは消費される。町に定住して農耕以外の仕事に携わる人びともカロリーを必要とする。農作業をする人びとは、みずからの消費カロリーを補充するため、そして町の人びとのお腹も満たすために食料をつくる。その労力をどう捻出するのか。この難問へのひとつの解決策は、家

畜の労働力を利用するというものだ。人間が消化できない草を家畜に食べさせ、仕事をさせた。(13)

六〇〇〇年前あるいは七〇〇〇年前に川の流域に生まれた古代文明では、動物に装具をつけて犂《すき》を引かせるようになった。(14) アードという木製の原始的な犂を引く牡牛の姿は、きわめて重要な移行を示している。動物の労働力が人類のツールに加わったのだ。

強靭な牡牛は成人男性六人から八人分の労働をこなし、人が鍬《くわ》で耕すよりも速く畑を耕すことができた。(15) 牛を労働力として使う際のコストは繁殖と飼料だ。牧草で餌をまかなえれば、じゅうぶんに元をとれる。家畜は耕作のスピードアップに貢献し、ものを牽引し、のちには穀物を挽くために水車もまわした。

労働を肩代わりするエネルギーとして人間は牛、ラバ、石炭、石油を使ってきたが、もとをたどればエネルギー源はすべて太陽エネルギーだ。食料も文明も、太陽エネルギーが原点だ。植物、草食動物、肉食動物……その先に網の目状に広がる連鎖のすべては太陽エネルギーなしには生命を維持できない。

連鎖の始まりは光合成である。空中の二酸化炭素と水を使って太陽エネルギーを糖に変える驚異的なプロセスは、何十億年も前から存在する。植物はその糖を使って葉、茎、根を成長させる。動物はその植物を食べてエネルギーを得るが、その大半は成長、体温維持、移動、繁殖などの生存活動のために消費する。おおざっぱに見積もって、摂取カロリーのおよそ九割がそうした活動に使われて残りのわずか一割だけが次の連鎖へと伝えられる。草食動物を食べる肉食動物も、やはり摂取カロリーの九割を消費する。一〇〇のエネルギーのうち、植物から肉食動物に移動するエネルギーはわずか一だけという計算になる。

植物を食べる草食動物、草食動物を食べる肉食動物、肉食動物を食べる肉食動物という食物連鎖のピラミッド構造がせいぜい四、五層なのは、一ステップごとに消滅するエネルギーがあまりにも多すぎるからだ[16]。窒素、リン、水と違い、活用できるエネルギーは循環しない。あくまでも一方通行で、ある草食動物が肉食動物に食べられれば、そのエネルギーは永久に失われてしまう。

人類が直面する問題は、太陽エネルギーの不足ではない。太陽エネルギーを、どうしたら食料に変えられるかという部分だ。植物はふんだんにあるが、大部分の木と葉は消化できない。わたしたちが消化できる動植物を確保するためには労力と大量のエネルギーが必要だ。動物が農耕の力仕事を担えば、人は労働で体力を消耗せずにすみ、より多くの食料をつくりだせる。動物が従順で餌がじゅうぶんに足りていれば、定住生活がもたらすエネルギーの問題はひとまず解決できる。古代の町はこの方法で余剰なカロリーを確保し発展した。動物の労働力で太陽エネルギーを食料に変え、難題を乗り越えたのである。

古代中国人の一流の知恵

定住生活とともに浮上したふたつの難題——土壌の養分をどう補給するのか、労働力をどう補充するのか——をたくみに解決したのが古代中国だ。西暦紀元が始まるまでに、農耕は河川の氾濫によってできた土地周辺でもおこなわれるようになっていた。土地不足は深刻だった。もはや開墾する場所はなく、焼畑農業を続けるのは不可能だった。都市の人口密度は高まるばかりで、ふたつの難題を避けて通ることはできない。人口増加に対応するために新しい対策を講じ、それがさらに人口増加に拍車をかけるという、いたちごっこになっていた。

最終的な解決策として考案された中国のシステムは、のちにユストゥス・フォン・リービッヒから「中国人は真に植物を知り尽くした一流の園芸家である。もっとも適した肥料をどのように準備し、どのように与えればいいのかを熟知している。中国は世界一の完璧な農業をおこなっている」と称賛を浴びた(17)。

リービッヒが誉め称えたのは、中国の農業が土壌の養分の問題を解消した方法だ。彼らは窒素とリンの循環をみごと人為的に起こした。クローバー、大豆、小豆が土壌の地味を肥やし、米の収穫量を引きあげることを、おそらく三〇〇〇年前に彼らは理解していた。そしてマメ科植物の根に生息する根粒菌という微生物のはたらきを活用して窒素ガスの結合を切り離すことに成功した。マメ科植物を畑に鋤き込んだり溜めたりしたものを使って土壌の窒素を補給し、発展途上の国家の何百万もの住民を養った。

それから一〇〇〇年後の中国では輪作がおこなわれていた。あるシーズンには黍や粟などの雑穀類、次のシーズンには大豆などマメ科植物、その次にはゴマなど油料作物を植えるという方法だった。輪作のおかげで土壌の窒素は補給され、収穫量が落ちることはなかった。

古代中国では、膨れあがった人口の食料を確保するために、重要な戦略をもうひとつ実行していた。養分が土壌から植物へ、さらに動物へ、そしてふたたび土壌へとめぐる地球の基本的なしくみを忠実に再現したのだ。彼らは水牛、牛、豚、ヤギ、その他あらゆる家畜を循環に組み込んで役立てた。動物の排泄物には窒素やリン、その他の養分が豊富に含まれている。それを微生物のはたらきで土壌に戻し、作物の成長に再利用する。畑に残った作物は動物の餌になる。このくり返しだ。糞尿を集めて畑に戻すという方法で循環をつくりだしたのである。

古代中国人は人の排泄物に含まれる養分すら無駄にはしなかった。都市住民の屎尿《しにょう》と種々雑多の生ゴミ、それ以外の廃棄物を集めるシステムはじつに見事だった。中国の徹底した屎尿リサイクルについて、ヴィクトル・ユーゴーは小説『レ・ミゼラブル』のなかで、「中国の農民は町に行って戻るときにはかならず竹竿の両端に下げたバケツのなかに、わたしたちが汚物と呼ぶものをたっぷり満たして持ち帰った」と書いている。[18]

彼らはありとあらゆるものから養分を再利用した。運河からヘドロをさらって畑に撒《ま》けば、大河の洪水で肥沃な土が運ばれるのと同じ効果があった。[19] 何世紀もかけてこのリサイクルシステムは完成し、作物の種類に応じて廃棄物の組み合わせを変えて畑に撒いた。マメ科植物には灰、野菜には養分豊富な豚の糞尿と人間の排泄物といった具合に。[20] 農業システムが高度になるにつれて、畑をうるおすための灌漑設備が充実し、社会制度と政治組織も発達した。平野に通した運河は実りをもたらした。[21] また、竹に鉄製の小さなドリルをつけた掘削装置で地下数フィートの水脈を掘り当てた。[22] これで川沿いなどの水源から遠い場所でも、農耕ができるようになった。

こうして農業システムは高度に発達したものの、古代中国は病気、旱魃、飢饉で苦しんだ。ほぼ毎年、国内のどこかが飢饉に見舞われ、何百万とも知れない人びとが命を落とした。[23] 畑を肥沃にした人糞は住血吸虫症などの病気をもたらしたのだ。巻貝のなかで寄生虫が成熟し、裸足の農民の皮膚から体内に侵入して感染する。人と動物の排泄物で汚染された水からはコレラが発生してあっという間に広がった(24)。

また人口密度が高く、食肉用の家畜を育てる土地も餌も乏しかったことから、中国では肉をあまり食べることがなかった。そのため、動物から栄養をとる際のエネルギーの難題は避けることができた。肉から得るタンパク質は貴重だが、肉食の場合には食物連鎖のとちゅうで失うエネルギーがひじょうに多い。家畜の飼育、食肉加工、運搬にかかるコストが、その肉を食べて得られるカロリーよりも高くつくとしたら、エネルギーの面では採算割れとなる。古代中国人は、食べて得るカロリーとつくるために消費するカロリーの収支がマイナスにならない動植物を食べていたのである。

何千年ものあいだ、飢饉と病気に襲われながらも、中国は灌漑システム、排泄物のリサイクルシステム、肉の少ない食生活で何百万もの都市の住人と、農民自身の食料をまかなった。ヨーロッパの人びとがなんとか中世を生き延びたころ、世界最大の都市といえばそれは中国にあった。八〇〇年には上海、一二〇〇年には杭州、一四〇〇年には南京、一五〇〇年には北京が最大都市であり、周囲を肥沃な土地に囲まれていた(25)。それはつまり、都市で出た屎尿を一日のうちに運搬できる距離の土地だった(26)。

土壌を肥沃に保つために人の手で栄養素を循環させ、動物の排泄物で土壌の養分を補い、動物の力を農作業に役立てたのは、古代中国文明だけではなかった。古代エジプト文明の初期には、一年おきにクローバーを栽培して土壌に窒素を補給し、家畜の餌にもしていた。そしてクローバーと交互に大麦か小麦を栽培した。日本の版画には畑に肥やしを運ぶ農民の姿が描かれている。中世のイギリスでは羊の糞は養分たっぷりの肥料として珍重され、領主は自分の土地から農民がそれを持ち去ることを禁じた。だが、定住生活で生じた難題を中国のように何世紀にもわたって乗り越えた社会はどこにもない。

ヨーロッパの試行錯誤

川の流域に栄えた古代文明で動物を労働力として使うようになってから何世紀もあとに、ヨーロッパでも動物が使われるようになった。馬用の頸環《くびわ》の発祥は五世紀の中国だ。ヨーロッパにもち込んだのは、中央アジアからの侵略者だったのかもしれない。それが西暦一〇〇〇年ごろまでに広範囲に広まった。(27) ローマ時代の輓具《ハーネス》をつけて馬に重い荷を引かせると、喉をつまらせ、牽引する力が弱かったが、頸環を使えば動物の肩全体に重さが分散して牽引力が増した。これで牛だけではなく馬にも重い犂を引かせられるようになった。馬は牛より作業効率がよく餌が少なくすんだので、一回の収穫につき餌として消費されるカロリーの割合は下がり、人間はより多くの作物を得られるようになった。蹄《ひづめ》の損傷を防ぐために馬の足に蹄鉄《ていてつ》を釘で打ちつけるようになったのは九世紀ごろ、ヨーロッパで始まった。これで湿った土でも一年を通じて馬が働けるようになったので、ますます効率があがった。中国で発明された撥土板《はつどばん》のある犂は硬い土に深く食い込むので、アード（引っ掻き犂）に取って替わった。馬と牛のほかにロバとラバも労働を担った。

中世のヨーロッパでは撥土板つきの犂の使用で、畑の収穫量は大幅に増えた。動物の労働力を主軸とした農耕技術は、ヨーロッパ北部の森と湿地帯の粘土質の土地を畑に変えた。飢饉に襲われる頻度は減り、食生活にはマメ科植物、乳、卵、肉が多く含まれるようになった。重い荷を引いたり運んだりする労働を動物が担うようになって、穀物の収穫量はほぼ倍増した。[28] ヨーロッパの人口は増加し、都市と町はますます稠密《ちゅうみつ》となった。[29] しかし、この状態は長くは続かなかった。

一四世紀、食料の供給が追いつかないところまで人口が膨れあがり、破綻の危機が訪れた。中世ヨーロッパの農民の暮らしは、つねに過酷なものだった。墓地に埋葬された彼らの遺体の骨格からもそれはあきらかだ。脊柱が変形し、関節炎をわずらい、関節が拡大している。これはつまり、重い荷を運び、犂を押し、大鎌で穀物を収穫するなどの重労働をしていたことを物語る。苦しい労働に耐えて短い生涯を終えたのだろう。

そうした苦難にくわえ、一四世紀に入って二〇年ほど経つと気候が変わった。それまで

約一〇〇年続いた温暖な気候から、厳しく寒い冬が訪れるようになり、春の豪雨の時季には壊滅的な洪水が起きた。作物と牧草は水に浸かり、穀類は畑で腐った。

たび重なる戦争も荒廃に拍車をかけた。そのひとつが一三三七年から一四五三年までの百年戦争だ。当時、農村は襲撃を受けて食料を根こそぎ奪われ、統治者からは重税を課された(30)。

ヨーロッパ全土でひんぱんに飢饉が発生し、何百万もの命が奪われた。フランスのある県は一三二一年、一三二二年、一三三二年、一三三四年、一三四一年、一三四二年に飢饉が起きた(31)。一三四七年にはヨーロッパからアジアにかけてノミを媒介して腺ペストが広まり、すでに衰弱していた人びとに襲いかかった。「黒死病」と呼ばれたこの腺ペストでヨーロッパの全人口の約三割が命を落とし、経済はずたずたに破壊されてしまった。

荒廃後、何世紀もかけて進化の歯車は方向転換した。その基盤となったのは、動物の労働力、そして魔法のようなクローバーの窒素固定だ。当時は三圃《さんぽ》式農業がおこなわれていた。農地を三つに分け、一年ずつずらして小麦や大麦やライ麦などの冬穀物、二年目はオート麦やエンドウなどの春穀物、三年目は牧草地にして草を生やすという輪作である。家畜を草原で放牧すると糞尿が肥やしになり、穀類が土壌から吸収した窒素を補給できた。この方法でたえず畑の三分の一は放牧地になっていた。

この三圃式農業は、それまでの二圃《にほ》式にくらべ、収穫量を伸ばした。二圃式の場合は一年おきに穀類をつくり、その間は草を生やしてつねに土地の半分を休閑地にした。ヨーロッパ北部では他の地域よりも数世紀先んじて三圃式への切り替えがおこなわれた。牧草地となっている部分で家畜の数が増え、そのふんだんな肥やしで窒素固定がすみやかに進んだ。だがつねに畑の三分の一を作付けしないまま草を生やして遊ばせておくのは経済的ではなかった。その部分も利用すれば、もっと生産できたからだ。

旧来の農法をがらりと変えたのは、一八世紀半ばに登場した四輪作法だ。ノーフォーク農法の名で知られるこの方法は、オランダからイングランドに伝わったクローバーが決め手となった。クローバーには窒素固定能力があり、土地を休ませる必要がなくなった。ノーフォーク農法は、イングランド東部ノーフォーク州で始まったことからこの名がついた。四輪作は同じ土地で四年周期で秋播き小麦、カブ、大麦、クローバーが栽培された。クローバーを植えることで飼い葉が増え土壌が肥えた。食肉用の家畜が増え、肥やしも増えた。

イギリスの政治家で一八世紀前半に国務大臣を務めたチャールズ・タウンゼント——第二代タウンゼント子爵の称号で知られる——は、政界引退後にこの農法を熱心に提唱した。自身の地所での農業に関心を寄せ、新しいノーフォーク農法に心血を注ぎ「カブのタウンゼント」と異名をとった。イングランドでは穀物の生産量は増大した。それを可能にしたのは、窒素を増強するクローバーと肥やし、深く耕せる農機具、肥やしと労働力を提供してくれる家畜の増加、食用部分が多い作物ができる新しい種子、その他もろもろの改善だった。これらがあいまって絶大なインパクトをもたらしたので、この時期は「農業革命」と呼ばれている。

革命で余剰食料が生まれた。はたしてそれが一八世紀のイングランドの産業革命に拍車をかけたのかどうかはなんとも言いがたい。時勢が一気に革命を推進したのか、それともゆるやかな進化だったのか、これまた議論の余地がある。(32)しかし余剰食料のおかげで、急増する都市の住人と織物工場などで機械を稼働させる労働者は食べていくことができた。産業の成長には余剰食料が欠かせない。となれば農業をいとなむ側はさらに増産をめざす。

複数の要因が重なって農村部から人が流出して都市へと集まった。毛織物工業の繁栄で裕福な地主は地所を柵で囲い羊を飼うようになり、それまでその土地を自由に移動して草を食《は》んでいた動物は閉めだされてしまった。多くの農民は自分の土地を持っていなかったから、家畜に草を食べさせることができなくなり、肥やしをあてにできなくなった。彼らは町に移るよりほかなくなる。森の木は伐採されて丸裸になり、材木は船の建造に使われたり窯や炉にくべる燃料になったりした。木材が不足すると石炭が注目され、これで一気に産業革命が進んだ。

石炭を燃料とする蒸気機関が登場すると、都市はさらに成長した。それまで水力を利用していた織物工場が水辺に限定されなくなったからだ。蒸気機関車は都市部と農村部を結んで食料と物資を輸送した。石炭——太古に太陽エネルギーを蓄えた木々、葉の多い植物の残骸が地中で炭化した燃料——は工場の機械を動かし、農村部で生産された食料は工場労働者に活力を与えた。こうしたすべての要因が都市の拡大と工場の増加を推し進め、イングランドの経済は農業中心から工業中心へと構造的転換を果たした。革命のスイッチが入った。畑にクローバーを植えて窒素固定をおこない、肥やしと労働力を提供する家畜を活用する。こうした転換が社会に大革命をもたらすこととなった。もはや後戻りという選択肢はなかった。

しかし飢饉と飢餓から逃れられたわけではない。一四世紀にはアイルランドで大飢饉が発生した。今日でも油断はならない。一八世紀の終わり、イングランド全土を旱魃が襲った。一七九四年には小麦生産量が平均を下回り、一七九五年にふたたび下回った。イギリス政府の作柄報告の記録によると、一七九四年にデボン州では一エーカー（四〇四七平方メートル）あたりの小麦収穫量は一四ブッシェル（約三八〇キログラム）、一七九五年には一〇・五ブッシェル（約二八〇キログラム）。ちなみに他の年の平均収穫量は一八ブッシェル（約四九〇キログラム）だった。[33] 不作は食料難をもたらし、主食の穀類が値上がりした。価格急騰にくわえてフランスとの戦争がすさまじいインフレを引き起こし、小麦、大麦、オート麦は過去三〇年間にくらべて二倍から三倍に値上がりした。旱魃のあいだ、食料暴動、農民と穀類取引業者と治安判事への暴力がたびたび起きた。一七九六年には豊作だったが一七九九年にはふたたび凶作となり、さらに暴動と暴力が頻発するようになる。

一八世紀末期のこうした厳しい情勢は、定住生活から生じる難題の解決が文明の大きな課題であることを浮き彫りにしている。古代中国とヨーロッパで蓄えられた知恵の数々は世界各地でさまざまなかたちで実践されたが、土壌の養分をどう維持するか、労力をどう補うのかという点はみな共通していた。たびたび飢饉が発生し、わずかな排泄物に含まれる養分も利用せざるを得ない状況からは、いかに問題の解決が難しかったのかがうかがえる。余剰食料で人口が増加し都市が拡大すると、今度は農業に従事しない人びとのための食料生産に追われることとなった。

一四世紀にフランスで発生したたび重なる飢饉と一八世紀後半のイングランドの食料暴動は異常気象が引き金になったが、市場と政治がうまく機能せずに状況が悪化したことも一因である。食料が乏しい時期に都市住民にいきわたるだけの余剰食料を生産できず、蓄えられた食料が飢えた人びとに届かなかったのは、市場と政治に原因があったからだ。

大飢饉ののち、ゆっくりと方向転換が起きて産業革命を迎えた。しかし従来の歴史観が示すような停滞した時代だったわけではない。だれが屎尿を再利用しようと思いついたのか、だれが馬に頸環をつけて牽引させる方法を考案したのか、その人物の名は歴史のなかに埋もれてしまった。農耕と畜産をいとなみ、地球の循環メカニズムを利用する方法を思いついては試したにちがいない。うまくいけば広まり定着した。試行錯誤で知恵を蓄積し、新しい知恵を共有するのはヒトの専売特許だ。それが本領を発揮した。ともかく、自分たちに可能なあらゆる範囲で難題の解決を試みたのだ。

一八世紀後半の危機的状況に対し、緊急警告を発したのが著名な経済学者トマス・ロバート・マルサスだ。一七九八年に著した古典的な著作『人口論』で「人口増加の力は地球が食料をもたらす力に対して圧倒的に優勢である」と主張している。[34] それはあくまで、マルサス自身が生きた時代というレンズを通してとらえた状況である。収穫量の増加が何世紀も続いた時代だ。食料の供給量が増え、人口過密になり、利益を追求する産業がいとなまれる都市が拡大を続け、それを支えるための食料がさらに必要となる。マルサスは一八〇三年に第二版を著したが、そのなかでは注目を浴びた初版の重苦しさは弱まり、「人口の原理が引き起こす諸悪の軽減に関する見通しは、さほど明るくはないかもしれないが、さりとて絶望するほどのものではない」と述べている[35]。しかし、繁栄の歯車がまわりつづける先にはかならず手斧が待っていると見抜いていたのだ。

マルサスは、その先に方向転換が起きるとは明快に見通すことができなかった。それでも彼は、人間は創意工夫の力を発揮してかならず定住生活の難題を解決するだろうと、一七九八年の初版と一八〇三年の第二版のあいだに薄々とは感じたのだろう。

5 海を越えてきた貴重な資源

一九世紀初頭のイングランドはまだ国民の多くが農民だったが、経済の急速な発展で農村から都市に流入する人の数は増えるばかりだった。新世界（アメリカ大陸）からは栄養価の高いジャガイモとその他の作物が入り、肥やしと家畜の労働力を大いに使い、窒素固定はカブのタウンゼントの方法でマメ科植物を用い、同じ広さの土地でより多くの人を養えるようになった。そうして生まれた余剰食料は都市労働者の活力源となり、彼らは産業革命を牽引した。一九世紀半ば、国民の半数以上が都市と町で暮らすようになった。都市は巨大化するいっぽうで、畑の土はどんどんやせていった。昔からの難題がふたたび顔をあらわしたのである。(1)

産業革命前のイングランドでは、「夜の人びと《ナイトマン》」と呼ばれるくみ取り人が、家庭から出る屎尿と、町と都市の肉屋から出る食肉解体くずを集めるというきつい仕事をしていた。中国と同様に、養分豊富な廃棄物は農村に運ばれ、肥やしとして農民が購入した。こうして都市と農村が双方向で結ばれて養分は循環し、土壌の養分が補給されて次の作物が育った。

都市の人口が過密になるにつれて排泄物の量も増えた。そのあまりの量にくみ取りが追いつかなくなった。これでは屎尿の一部だけしか農村部に戻らない。窒素とリンは小麦、大麦、肉、乳、野菜になって、片道切符で都市に移動していく。リン循環に徐々にほころびが生じ、しだいに大きな穴がぽっかりと空いた。土壌はますますやせていくばかりだ。

屎尿が回収されないことで水洗式便所に人気が集まった。だが、そのせいで汚物処理の問題はいっそう深刻になってゆく。まだ下水設備のない時代、水で流した排泄物は、道路の排水溝、汚水溜め、裏庭からあふれた。悪臭ただよう不潔で汚い町の姿は、チャールズ・ディケンズが描いたロンドンそのものだ。小説『オリバー・ツイスト』に描かれているように、通りは「ひじょうに狭く、ぬかるんでおり、空気は……胸が悪くなるほどの悪臭に満ちていた(2)」。異臭がぷんぷんただよう不快な状況であるにもかかわらず、ロンドンの政治家は汚水溜めの対策に力を入れようとはしなかった。

一八五四年、ロンドンでまたしてもコレラが大流行した。一九世紀になって三度目の大流行だった。コレラはまたたく間に広がり、毎週一〇〇〇人が命を落とし、死者は約一万四〇〇〇人にのぼった。(3) 当初コレラは空気感染すると考えられていた。しかしロンドンのジョン・スノー医師はコレラの感染経路をたどっていき、ブロード街の共同井戸ポンプが感染源であるとみごとに突きとめた。だが地元の行政機関は、悪臭を放つ汚物の一掃になかなか本腰を入れなかった。政治家たちの鼻も日常生活も、なにひとつ影響を受けていなかったのだろう。

ところが一八五八年、ついに事態が動いた。例年にない夏の猛暑がきっかけで、汚物だらけのテムズ川から「大悪臭」が発生したのである。尋常ではない悪臭は庶民院内にも立ちこめた。タイムズ紙の社説ではこのようすを次のように皮肉っている。「じつに喜ばしいことである……われらが国会議員たちはこれまで公衆衛生を軽視していた代償を、心身ともに健やかな状態で感じることを余儀なくされた」。論説委員はさらに、「数人の議員たちは……この課題を詳細に調べようと意を決して図書室に入ったものの、各々ハンカチーフを鼻にあててすぐさま部屋から退散した」とつけ加えた。(4)

さすがの政治家たちも公害をこのまま放置できなかった。一八六五年、ロンドンの地下にようやく下水道が通され、健康被害をもたらす原因がひとつ取り除かれた。これでロンドンは、偉大なインダス文明、古代ギリシャとローマ文明に肩を並べることができた。どの文明も上下水道の設備はとっくの昔に考案されていたのだ。[5]ロンドンの下水はテムズ川に垂れ流すシステムで、川の流れと潮流が海へと洗い流した。[6]

こうした下水設備のおかげで、コレラ、腸チフス、赤痢などの人間と動物の排泄物で汚染された水を感染源とする病気から、何十億人とはいわないまでも何百万人もの人びとが救われた。現在でも、公衆衛生対策の遅れている途上国では、じつに多くの人びとが健康的な生活の機会を奪われている。肥溜めと人糞肥料の時代に人類は逆戻りすべきだ、などとはだれもいいださないだろう。

とはいえ、水洗トイレと下水には欠点もあった。窒素とリンの循環から人間の排泄物が排除されてしまうのだ。それまでは土壌から作物へ、そして人間の排泄物からふたたび土壌へという閉鎖的な循環ループだったものが、土壌から川と海に向かう一方通行の流れになった。これもまた、ひとつ問題を解決すると別の問題がもちあがるパターンだ。都市は清潔になったが、屎尿は土壌に戻らないため養分が補給されなくなってしまったのである。

当時、有識者のなかには循環が途切れてしまうことを危惧《きぐ》する人びとがいた。ロンドンのファーマーズ・クラブの創設者ウィリアム・ショーは一八四八年に「下水に流される糞尿がじつはどれほどの価値を秘めているのか、わたしたちはあまりにも無頓着すぎるのかもしれない。愚かにも、宝の山を日々無駄にしてしまっている」と記している。[7]ヴィクトル・ユーゴーは、排泄物をセーヌ川に垂れ流しにするパリの下水設備について同様のコメントを残している。「この状況はふたつの結果をもたらす。土地はやせ、水は汚染される。畝と畝のあいだからは飢餓が、流れからは病気が生じる」[8]。ユストゥス・フォン・リービッヒはロンドン市長に論文を送り、「農民がトウモロコシ、肉、野菜というかたちで都市に送りだした分を糞尿として取り戻し、畑に与えて現状回復させることができるならけっして収穫量が落ちることはないでしょう」と訴えた[9]。

結果的に、行政側がショー、ユーゴー、リービッヒの提言に耳を傾けることはなかった。途切れた循環をふたたびつなぐ方法を見出す必要性がなくなったからだ。新しい解決策が登場したのである。といっても、けっきょくは一時しのぎにすぎなかったのだが。新たな解決策をもたらしたのは風だった。大航海時代、風は船の動力となって種子や動植物を世界中に運んだが、今回は排泄物を運んできた。ただし、ロンドンのナイトマンたちとは違い、おそろしく長い距離を旅してやってきたのである。

海鳥からの贈りもの

南アメリカ西海岸沖の栄養豊かな海にはアンチョビとイワシがたくさんいる。それをめあてに集まる海鳥によって新しい解決策が生まれた。「グアノ」と呼ばれる鳥の糞には、肥料のふたつの重要な成分である固定窒素とリンがふんだんに含まれている。このグアノさえあればイングランドをはじめとするヨーロッパ中で、作物に使われる養分が農村から都市に一方通行で移動する問題が解決できる。

南米の古代インカ帝国の農民はグアノが作物にとって大切な肥料だと知っていた。内陸の山の段々畑では肥料として人糞を作物に与えていたが、海のそばの畑では沖の小島に蓄えられた養分の宝庫を活用した。

海水が深層から表層に湧きあがる湧昇流は栄養分豊富なため魚がよく育ち、その魚をめあてに大量のカツオドリとウが群がった。それだけの鳥が上空を飛んだり岩に降りたりするのだから、消化器官から出る糞も並大抵の量ではない。海上に突きだした岩だらけの島には何千年もの長い年月をかけて鳥の糞が堆積し、乾燥した空気にさらされた。窒素とリンをたっぷり含んだグアノは雨に洗い流されることもなく、まるで真っ白い雪のように一〇〇フィート（三〇メートル）もの厚さになった。

早くも一五六〇年には、インカの皇女の息子とスペインの征服者《コンキスタドール》ガルシラソ・デ・ラ・ベガがインカのグアノの利用に関する規定を発表している。鳥の繁殖期にグアノをとれば死刑、海鳥を殺せば重罪が科された。グアノをだれが、どれだけの量、どの地点から採取できるのかを統治者は厳密に定めた。ガルシラソ・デ・ラ・ベガがグアノの肥料としての価値をいくら説いても、スペイン人たちはたいして重視しなかった。南米での彼らのおめあてといえば、金《きん》であって鳥の糞ではなかったのだ。だがやがて、グアノはその真価を発揮することになる。インカの農民にとって海鳥からの贈りものだったグアノは、いったん船で大西洋を渡ると、ヨーロッパのみならず北アメリカでも農業にめぐみをもたらした。

一八〇〇年代前半、マルサスが人口増加にともなう食料不足に警鐘を鳴らしてからほどないころ、ドイツの探検家アレクサンダー・フォン・フンボルトはインカで使われている秘密の肥料に出会っている。フンボルトは南米の探検旅行の日記に、ラバのキャラバンが「さまざまな新しい鉱物」を大量に運んでいたことや、その一部はペルーの沖合の島から採取したグアノであったことを記録している（ほかにも石灰岩、各種の岩、竹、マラリア治療に使う樹皮も運ばれていた）(10)。ヨーロッパの科学者たちはこうしたサンプルを調べ、グアノに窒素とリンがふんだんに含まれていることを突きとめた。

フンボルトによって見出されたグアノは、一八四〇年にはすでにさかんに取り引きされるようになっていた。ペルーの労働者が採掘したグアノは、船積みされてヨーロッパや北米に輸出された。この交易でペルーは好景気に沸き、仲介者のふところもうるおった。

じっさいイギリスの仲介業者ギブス&サンズ社は実質的に販売権を独占し、巨万の富を築いた。同社は一トンあたり一五ドルでグアノを仕入れると、イギリスとアメリカの市場で五〇ドルで販売した(11)。輸入品のグアノを買う資金さえあれば、土壌の養分の問題はひとまず解決した。それだけの余力がない農民はあいかわらず、堆肥、ぼろになった毛織物、煤《すす》、食肉解体のくず、毛髪、その他窒素を含むあらゆる廃棄物で畑を肥やした(12)。

グアノの利権争いは熾烈《しれつ》を極めていった。利益を生みだすこの資源を得たいがためにアメリカの連邦議会は一八五六年にグアノ島法を制定した。それは「他国政府の法的管理下にない島、岩、サンゴ礁に堆積するグアノを米国市民が発見した際には……その島、岩、サンゴ礁は米国大統領の裁量で米国が領有したと判断できる」と定めていた(13)。こうした保護を受けてアメリカの起業家たちは世界各地の島と環礁の領有を主張した。南太平洋の彼方のサンゴ礁島のジャービス島とベーカー島、カリブ海に浮かぶ石灰岩の小島であるナヴァッサ島、オーストラリアの海岸沖にあるクリスマス島をはじめ、多くの島々がこの連邦法のもと、領有権を主張されたのである(14)。

グアノの利権をめぐって戦争すら起きている。ペルー沖のチンチャ諸島は大量のグアノが堆積しており、輸出向けの貴重な肥料を船積みするための主力拠点だった。一八六三年八月、その波止場でスペイン人と地元民とのあいだで衝突が起きた。それを機にスペインは島の領有をもくろみ、ペルー、チリ、エクアドル、ボリビアの四国同盟との紛争となった。一八六四年から一八六六年まで続いた戦いはスペインの敗北で終わると、ペルーはグアノ景気を取り戻した。

グアノ取引が最盛期を迎えた一八五〇年代後半、イギリスは年間約三〇万トンを輸入し、イギリスで消費されない分がヨーロッパ諸国に出まわった。いっぽうアメリカの最盛期の輸入量はイギリスの半分あまりに達していた[15]。アメリカ国内ではべらぼうな高値がついた。ペルーの販売権独占とワシントンでのロビー活動によって価格が吊りあげられていると農民は口々に不平を漏らし、「せっかくグアノを買ったのに、買ったことを毎日後悔している。グアノをたっぷり撒いてやせた畑を懸命に耕したいけど、ここまで値が張るとそうもいかない」と嘆いた[16]。

ところが数十年も経つとこの貴重な資源は底をつきはじめ、出荷量が激減した。五〇年後にはすっかり取り尽くされてしまった。海鳥はいままでどおり糞を落としていたが、白く厚い堆積物は消えて岩肌が露出した。一八八〇年代末、イギリスの輸入量は年間二万トンにまで落ちた。

グアノは減少したからといって、南米の肥料貿易が途絶えたわけではない。南米の西海岸の乾燥した気候で守られていたのはグアノだけではなかった。内陸の砂漠には窒素の第二の宝庫が眠っていた。硝石だ。アンデス山脈の雪解け水の沈殿物の塊から、窒素を含む化合物が見つかった。グアノ景気にかわって、今度は硝石が肥料の原料としてヨーロッパと北米に向けて輸出された。さらに硝石は火薬と爆発物の材料としてもとても珍重された。

またしても硝石の争奪から戦争が勃発した。硝石の鉱脈がある砂漠地帯の支配権をめぐってチリがペルーとボリビアに宣戦布告した。これは「太平洋戦争」、または「硝石戦争」と呼ばれている。一八八三年にチリが勝利し、ボリビアは沿岸部の領土を失って完全な内陸国となった。グアノが枯渇していたペルーは硝石の採掘権も失い、経済は崩壊した。国家破綻の憂き目を見たのである。

一九世紀のグアノと硝石の交易によって大量の養分が、乾燥した温暖な南米からじめじめして寒いヨーロッパへと移動した。それらの養分は最終的にヨーロッパの各都市で働く工業労働者の滋養となった。窒素とリンは文明を養う二大栄養素とはいえ、なんという遠い道のりだろう。人糞を直接畑に戻す代わりに、その土壌から取りだされて都市を養った栄養素ははるか彼方の南米から補給された。

当時、その不条理に気づいている人びともいた。カール・マルクスは、都市と農村の分裂が「人間と大地のあいだの物質代謝を攪乱《かくらん》する、つまり土壌成分を人間が食料や衣料というかたちで消費したものが土に戻れず、豊穣な土壌を永続させるための自然条件を妨げ

る」と述べている。(17)

大西洋を横断する移動が不条理かどうかは別として、この解決策が長続きすることはなかった。南米産のグアノと硝石の大当たりで定住生活の難題が解決したのは一時のことだった。打ち捨てられたグアノの採掘場は、その名残をいまにとどめている。今日、ペルーのグアノ市場は全盛期とはくらべものにならないほどささやかな規模で、鳥の糞に気前よく大枚をはたく有機栽培農家のニーズに応えている。グアノが激減して硝石の貿易に切替わると、硝石の価格はしだいに高まった。採掘しやすい鉱脈を掘り尽くしてしまったという理由以外に、売り手が高い利益を維持しようとして供給量を調整したという事情がある。ヨーロッパでは新たな資源探しが始まっていた。(18)

交易によって変わる世界

グアノと硝石を海外から運んでヨーロッパと北米の土壌に補給したところで、養分の問題はいったん収まった。海を越えての交易は人類のツールとしてしっかり定着した。太陽エネルギーで起きる風を利用して海を渡る方法はけっして目新しいものではない。ペルーの海岸からグアノが初めて船積みされる何世紀も前から、動植物を積んだ船が行き交い、世界中の人びとの食生活だけでなく風景をも変えてきた。これは、太陽エネルギーを食料のカロリーと動物の労働力に変換して、海を越えて移動させたことを意味する。

何億年も前にプレートテクトニクスがじりじりとパンゲア大陸、つまり超大陸を引き裂いて以来、新世界と旧世界に分かれた動植物は別々の進化をたどった。中世期にはどちらの世界も人間の高度な文明と蓄積された知恵が進化すると、各世界に生息する動植物を食料やエネルギーとして利用した。かの有名なコロンブスの航海を境にグローバル化の波が押し寄せるまでは、新世界のアステカ文明とマヤ文明ではトウモロコシ、豆類、カボチャを、インカの人びとはジャガイモとキヌアを食べていた。いっぽう旧世界では、中世ヨーロッパの人びとは小麦、大麦、ライ麦を、アフリカではヤムイモ、バナナ、トウジンビエ、ソルガムを(19)、東アジアでは粟や米を常食としていた。旧世界の一部で馬と牛が労働力となった。新世界では、完新世に入った時期に馬が絶滅したので、労働はほぼ人間が担った。バッファローを飼いならすことは難しく、リャマ、アルパカ、犬も力が弱く荷役には向かなかった。

一四九二年八月、クリストファー・コロンブスはニーニャ号、ピンタ号、サンタ・マリア号で乗組員とともにスペインから出港した。これによって長らく断絶していた新世界と旧世界の大陸はふたたびつながったのである。当初の目的である東インド諸島の発見は果たせなかったものの、コロンブスの航海は文明の道筋を変え、自然界を再調整した。それは、人類が狩猟採集から農耕牧畜へと舵をきり地球の風景を変えたことと並ぶ大規模な転換をもたらした。

大規模な交易の動力源は、やはり太陽だった。太陽エネルギーの起こす貿易風はコロンブスと乗組員を大西洋の先へと運んだ。

地球は球体のため、赤道付近の空気は太陽光をさかんに受けて熱せられる。暖められた空気は密度が小さくなって上昇し、上空を両極に向かって移動するうちに冷され、密度が高くなり、下降してきて赤道付近に流れ込む。地球は地軸を中心に自転しているが、もし自転していなければ空気の下降と上昇は赤道から南北両極に向けて巨大なベルトコンベヤーのような循環を起こすだろう。しかし地球の自転速度は空気の移動より速いので、巨大なベルトコンベヤーではなく三つに分かれて、それぞれが車輪のように循環する。こうして赤道をはさんで両側に貿易風——この風を利用して旧世界と新世界の貿易が可能になったことに由来する——が生じるのだ。

貿易風をつくりだす循環はイギリスのアマチュア気象学者ジョージ・ハドレーの名前にちなんで「ハドレー循環」とも呼ばれる。ハドレーは一七三五年に、当時の交易路と地球の自転との関係に着目した。[20] 貿易風はコロンブスを西へと運び、一四九二年一〇月にバハ

マ諸島に上陸させた。帰路は、ハドレーの北循環の東風に乗ってヨーロッパに戻った。
　大航海時代、コロンブスが風を動力として新大陸を発見すると、そのあとに続けとばかりにエルナン・コルテスやフランシスコ・ピサロといったコンキスタドールや、探検家のバスコ・ヌーニェス・デ・バルボアらがアメリカ大陸をめざしたが、新世界は旧世界とは似ても似つかなかった。復元されたコロンブスの当時の日記には次のような観察記録が残っている。「木々はどれも、昼と夜ほどの違いがあり、果実も草も石もなにもかもが異なる」[21]
　だが、この違いはそう長くはもたなかった。コロンブスの航海後、東半球と西半球のあいだで起きた動植物をはじめとするさまざまな交換は「コロンブス交換」と呼ばれ、アメリカの歴史学者アルフレッド・クロスビーによって提唱された。クロスビーは、コロンブスがバハマ諸島の浜に上陸した日を指して、「著しく異なるふたつの世界はその日を境にそっくりになった。生物学上の均質化が進んだことは、大陸氷河の後退以来、地球の生命史において重要な現象のひとつに数えられる」と述べている(22)。

太陽を動力源として進んだ均質化は、意図的におこなわれたものもあれば、偶然もあった。新世界に向けてスペインを出港する船は、王室の役人の意向で牛や羊などの家畜に、小麦、大麦、ブドウの種子などを運んだ。旧世界からは米、大豆、オレンジ、黍、砂糖、コーヒーなどが新世界へと運ばれた。王室の指示で新世界から旧世界へもちこまれたものもある。一五二五年、船長たちは新世界からスペインに動植物を持ち帰るように命じられた(23)。最盛期にはトマト、トウガラシ、ピーナッツ、カカオ、バニラ、ナス、タバコ、ジャガイモ、キャッサバ、トウモロコシ、サツマイモが、ハドレー循環の風を帆に受けて東へと運ばれた。

同時に、害をもたらす積み荷も新しい土地へと移り住んだ。水夫たちは知らぬまに、天然痘、結核、麻疹(はしか)、百日咳、腺ペスト、腸チフス、マラリアといった病原菌を旧世界から西へと運んでいた。伝染病に対する免疫のない新世界の住人に一気に感染し、人口が激減した。もともと伝染病は旧世界で定住生活で飼っていた家畜から人間に広まったものだった。南北アメリカ大陸の死者は膨大な数にのぼり、その犠牲者はヨーロッパを黒死病が襲ったときを上回った可能性がある。梅毒は新世界から旧世界に渡ったと考えられているが、学者の見解はかならずしも一致していない[24]。

こうして伝染病でバタバタと人が死んでいくのを目のあたりにして、イギリス人は神の意志だと解釈した。一六二〇年、イングランド王ジェームズ一世は勅許状をプリマスのバージニア会社（プリマス会社）に与え、「アメリカのニューイングランドで作付け、支配、指図、統治する」ことを許可した[25]。そして「神の天罰により驚嘆すべき伝染病が大流行し……利害関係を主張したり、異議申し立てをしたりするような者は……もはやだれも残っていない」と述べた[26]。さらに、「いまや約束のときが到来したのだとわたしたちは確信している。先住者によって放棄されたあの広大な美しい土地を、わたしたちと国民が所有することが適切であると、全能の神が慈悲深いお考えにより決定をくだされた」と、疫病の流行で無人となった土地の所有を認めた。

一五年後、ニューイングランド地域のプリマス植民地の立役者ジョン・ウィンスロップは、故国に向けた手紙のなかでプリマス入植者のための食料調達について、次のように報告している。「あらゆる根菜類、カボチャ、そして果実も、イングランドのものにくらべて味もよく栄養分もはるかに勝っています。また、わたしたちの育てたブドウはおいしいワインになります」。そして天候、税、その他日常生活のもろもろについて述べたあと、「先住民が天然痘でほぼ全滅したのは、わたしたちの所有権を神が証明してくださったということです」と締めくくった。(27)

ヨーロッパから新世界への進出は、やがてすべての大陸の人びとの食生活を変えることとなった。中国人の食事は、新世界からのトウモロコシ、ピーナッツ、サツマイモ、ジャガイモなど栄養価が高くやせた土地でもかんたんに育つ作物で改善された。(28) 新世界のトウモロコシとキャッサバはアフリカの何百万もの人びとの主食となり、食生活を一変させた。(29) ヨーロッパに渡ったジャガイモとサツマイモとトウモロコシは栄養価の高い主食として、小麦、大麦、ライ麦を補った。

海を越えてきた嗜好品でヨーロッパの人びとの食生活はバラエティー豊かになった。コーヒーと砂糖は旧世界から新世界に運ばれて輸出品となるまでに成長し、ヨーロッパの庶民も安価で楽しめるようになった。中国からヨーロッパにお茶が到来したのは一七世紀前半、チョコレートはコロンブスが三度目の航海の際に新世界から持ち帰った。すると、この温かく甘い飲みものは文化の一部になり、なくてはならないものとなった。一八世紀後半、イギリスの習慣を目にしたフランス人はこう書き記している。「もっとも身分の低い農民も金持ちと同じように一日に二度、ハイティーを楽しむ。その紅茶の総消費量たるや膨大である」[30]。一七世紀半ばのイングランドにおける一人あたりの砂糖消費量は平均で約二ポンド（約九〇〇グラム）だった。それから一世紀経たないうちに一二ポンド（約一〇キログラム）に急増した[31]。砂糖を使ったジャムとママレードで一年を通じて果実を味わえるようにもなった。一八世紀前半になると朝食の内容も変わり、ポリッジ（オーツ麦の粥）とコールド・カット（調理済みの肉の冷製を薄くスライスしたもの）にワインかビールという組み合わせはめっきり減って、パンとジャムに、甘いコーヒーか紅茶が主流となった。

旧世界からアメリカに渡った作物と動物は新天地にすっかり定着した。羊、馬、牛、豚は広大な土地で草を食み、天敵はほとんどいなかった。一五一八年、役人がスペイン国王に宛てて送った書簡に「家畜は驚異的な勢いで繁殖しています」と書き、さらに多くの動物を船で運んでもらいたいと要請している[32]。新世界では馬に犂を引かせたり、荷物を運ばせたりして、人間の労働を助けた。数世紀後には北米の平野に小麦、トウモロコシ、大豆の畑が一面広がることになる。あとの章でくわしく取り上げるが、それも馬の労働力があって初めて可能だった。

旧世界の作物は新世界でよく育った。成長を妨げる病害虫がほとんどいなかったし、先住民たちはほぼ一掃されて無人の大地が見渡すかぎり広がっていた。サトウキビはもともとアジアで栽培種がつくられ、一〇世紀にアラブ人がヨーロッパにもたらした。ヨーロッパでの砂糖の需要が伸びていたので、つくれば確実に儲かるはずだった。

しかしアメリカの熱帯地域でそれだけの生産量を確保するのは人間の労働力だけでは無理だった。先住民を駆りだそうにも病気にかかってすぐ死んでしまうので労働力としてあてにはできなかった。アフリカの人びとは旧世界の病気に対する抵抗力があった。一六世紀から一九世紀にかけて大西洋をはさんで奴隷貿易がおこなわれ、コロンブスを運んだ貿易風は約一二〇〇万のアフリカ人を新世界に送り込んだ[33]。足りない労働力を補うために食費と輸送費だけ払って奴隷を買い、強制的に働かせ、砂糖生産者は巨大な利益を手にした。人類史上、暗黒の時代だった。

大航海時代はつかのまではあったが、太陽光を風として帆に受けて動力とした点で、人類が知恵をはたらかせ自然に手を加える歴史において、きわめて画期的な時代のひとつと考えられている。この時代、食生活も、エネルギー源も、世界中の文化もがらりと変わった。想像できるだろうか。トマトのないイタリア料理、唐辛子のないインド料理、キャッサバをつぶしたフフのない西アフリカの食生活を。ヨーロッパから北米に入植した人びとが幌馬車に乗っていない、フランスのカフェでコーヒーを扱っていないという光景を。

生物学的な均質化が進み、自然界にも大きな影響を与えた。フランドルの医師で植物学者のカロルス・クルシウスはオランダのチューリップ・バブルのきっかけをつくった人物として有名だ。彼は探検家が世界各地からヨーロッパに持ち帰る個性豊かな動植物に魅了された。彼自身は一度もヨーロッパから出ることはなかったものの、広い人脈を活かして各地に出かけた人びとから何千通の手紙を受けとった。そこにはさまざまな説明、絵、種子類、球根、塊茎、生の植物も同封されていた。

一六〇五年に出版されたクルシウスの挿絵つきの解説書『*Exoticorum Libri Decem*』(Ten Books of Exotica) は、遠い土地の動物、植物、芳香植物といった自然界の産物の歴史と活用法が幅広く紹介されている。南米のアルマジロ、東インド諸島の風鳥、東南アジアのトビトカゲをはじめ、何百もの動植物が数冊にわたって紹介されていた。[34]とはいえ、大航海時代の幕開けで生物界に起きた一大転機のほんの一部にすぎない。

交易は食生活を変え、農耕技術を変えた。ヨーロッパでは新しく入ってきた作物のおかげで効率よく栄養をとれるようになった。新世界は馬などの家畜を使って労働力を補った。ただしコロンブスの交換による負の面も見逃せない。砂糖、コーヒー、タバコ、綿が旧世界に運ばれた陰には、奴隷貿易の隆盛があり、そのせいでアフリカの文化は無惨に破壊された。また、南北アメリカ大陸の先住民文化もはかりしれない犠牲を強いられた。

このように、とてつもないスケールの交換は人類に大きな痛手をもたらす。人類は強制的な手段で得たエネルギーで食料を調達することに成功したものの、人口は増加の一途をたどり、それを養うためにさらに食料を確保するといういたちごっこから文明は逃れられなくなった。

水をどうやって確保するか

太陽エネルギーを動力にした航海は食生活を飛躍的に豊かにした。見方を変えれば、果実、野菜、穀類といったかたちで水が移動したともいえる。船が荷を積んで定期的に往復し、陸路をラクダと馬で行くキャラバンの時代から、共同体が抱える生態学上のジレンマの解決に大陸間の交易は役立っていた。

たとえば水が乏しい場所では、栽培や飼育に大量の水がいるリンゴ、アボカド、トウモロコシ、肉などを交易で得ることができた。水が姿を変えて移動しているようなものだ。作物の成育に必要な大量の水——穀物一ポンド（四五〇グラム）を生産するのに約一〇〇〇ポンド（約四五〇キログラム）、気温が高ければ五〇〇〇ポンド（約二三〇〇キログラム）——が、交易でひっそりと運ばれていたともいえる。[35]

農・畜産物は交易を通じて別の土地に運ばれ、仮想水（バーチャルウォーター）の再配分がおこなわれた。[36] 大量の水を出荷するのは無理だが、水からつくられた農・畜産物なら出

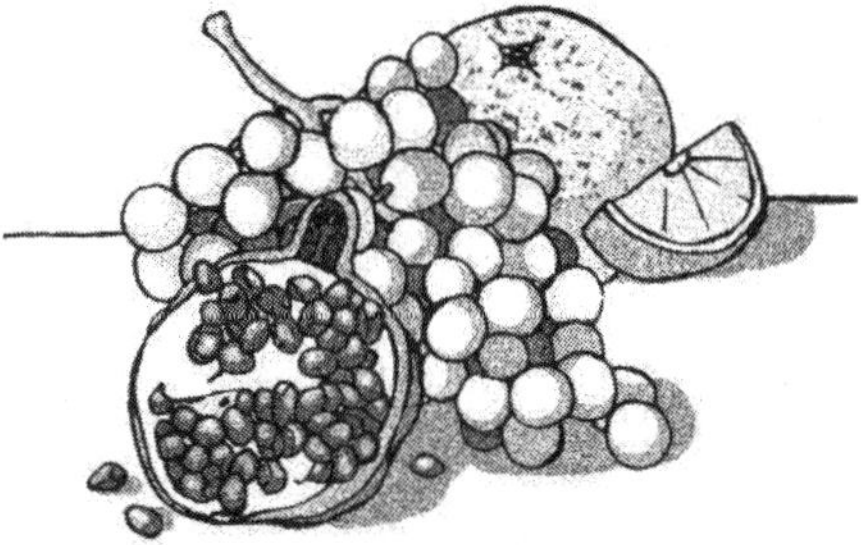

荷できる。交易の副産物として水が送られた歴史はシルクロードよりも古く、商人のキャラバンでみずみずしいオレンジ、ブドウ、ザクロが運ばれていた。

水をどうやって確保するか――は、人類が生き延びるためにどうしても避けて通れない課題だ。水が海から大気へ、さらに陸地、そして海へと循環するしくみを現代科学が解き明かす前から、学者は水循環は地球という惑星の驚異的な現象であるとにらんでいた。古代中国の古記録には、円環として水の動きが記されている。「雲は西に移動しながら雨になり、地面に降り、大地を西から東へと流れて海に注ぐ、「そして」海水はふたたび蒸発して雲になる」[37]。またギリシャの哲学者クセノパネスは紀元前五世紀に水循環の概念をこう述べている。「海は水の

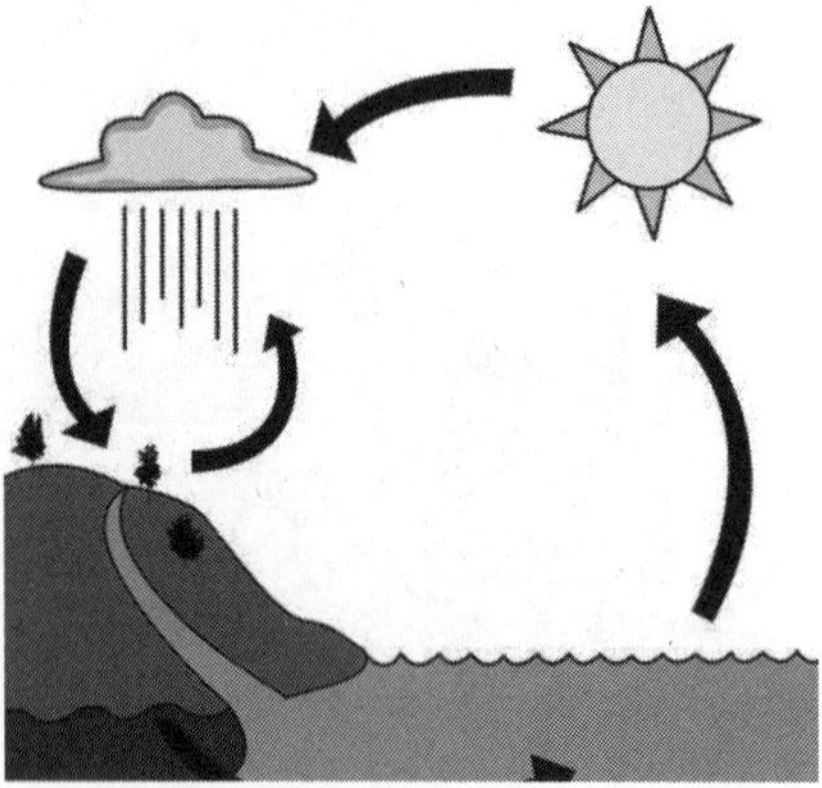

源であり、風の源である。偉大な海がなければ雲から川の流れが生じることも、天上の雨が降り注ぐこともない。偉大な海は雲、川、風の父である[38]」

いまでは小学校で地球のメカニズムの基礎を教えているので、水は液体から氷という個体になり、水蒸気から水にかたちを変えるしくみについて子どもでも知っている。スコットランド出身の地質学者ジェームズ・ハットンの言葉を借りれば、そこには始まりもなければ終わりもない。あえてスタート地点をあげるなら、それは太陽だ。海面から水が蒸発するのは太陽があってこそ。水蒸気は雲に姿を変えて長距離を移動し、雨や雪となって陸地と海に降る。そこから蒸発してふたたび大気に戻ったり川などに注ぎ込んだり、地表から染み込んで地下水になったりする。地下水は土のなかを流れ、岩を伝い、滴り落ちてふたたびせせらぎや川に流れ込み、やがて海に注ぎ込む。海に戻ると、その過程がふたたび一から始まる。一巡するのにかかる時間は一概にはいえない。水の分子が海面から蒸発して雨になって地面に降り注ぐのにかかる時間は数日だが、地下や氷や深海に閉じ込められた場合には果てしない年月となる。

植物は土壌から水を吸いあげて大気に放出するという役割を果たす。もしも水蒸気が見えたなら、植物は泉のように水を噴出させているにちがいない。小麦、トウモロコシ、米、トマトなど人間の食料となる植物にとって、このメカニズムはとても重要だ。根が吸いあげる水のなかには土壌の養分が溶け込んでいるので、植物はしおれずにすむ。

農耕の幕開けから、作物のためにどうやって水を確保するかという課題に人類は知恵を絞って挑みつづけてきた。地球上に存在する水のうち、あまりにも塩辛いもの、氷に閉じ込められているものを除くと、たしかに微々たる量にしかならない。が、ほんとうの課題はその点ではない[39]。そもそも次のふたつの問題を解決できれば、水は豊富にある。

まずはタイミングの問題だ。たとえばインド亜大陸などモンスーンによる雨季が訪れる地域では、わずか数カ月のあいだに集中して大雨が降るが、それ以外の乾季には畑は干上がってしまう。こうした雨季・乾季のような雨のタイミングの問題を解決するのがダムである。ダムの起源は古代までさかのぼるが、これについてはあとであらためて取り上げるとしよう。

もうひとつは、大量に蓄えられている地下水をどうくみあげるかという問題だ。まだ井戸がないころは、古代都市エリコのように、自然に湧く泉の近くや、小川や河川沿いの土地で暮らすしかなかった。人びとが井戸を掘るようになったのは、少なくとも農耕が始まるよりも前のことだ。当時の人びとは手とシャベルで掘り、地表近くの地下水面には届いた。中国では約四〇〇〇年前に掘削技術が飛躍的に進歩し、硬い岩盤を尖った工具で叩き割って何千フィートもの深さの地下水脈に到達した[40]。

地下水を利用するための古代の知恵としては、ペルシャ人が紀元前一〇〇〇年紀に発明した「カナート」がある。水をくみあげるポンプが登場するはるか前から、カナートは山岳地帯から乾燥した平野に水を引いた。

カナートのシステムは、高地で垂直に竪穴を掘って地下水脈に貫通させ、そこから横にゆるやかな傾斜をつけて地下水路を通し、重力を利用して水を平地へと運ぶ。平野に出ると水路は網状に分かれて畑と都市をうるおした。カナートのおかげで水を継続的に供給できるようになった。

この驚異的な技術はパキスタンからエジプトにかけて、のちには中国やスペインの乾燥

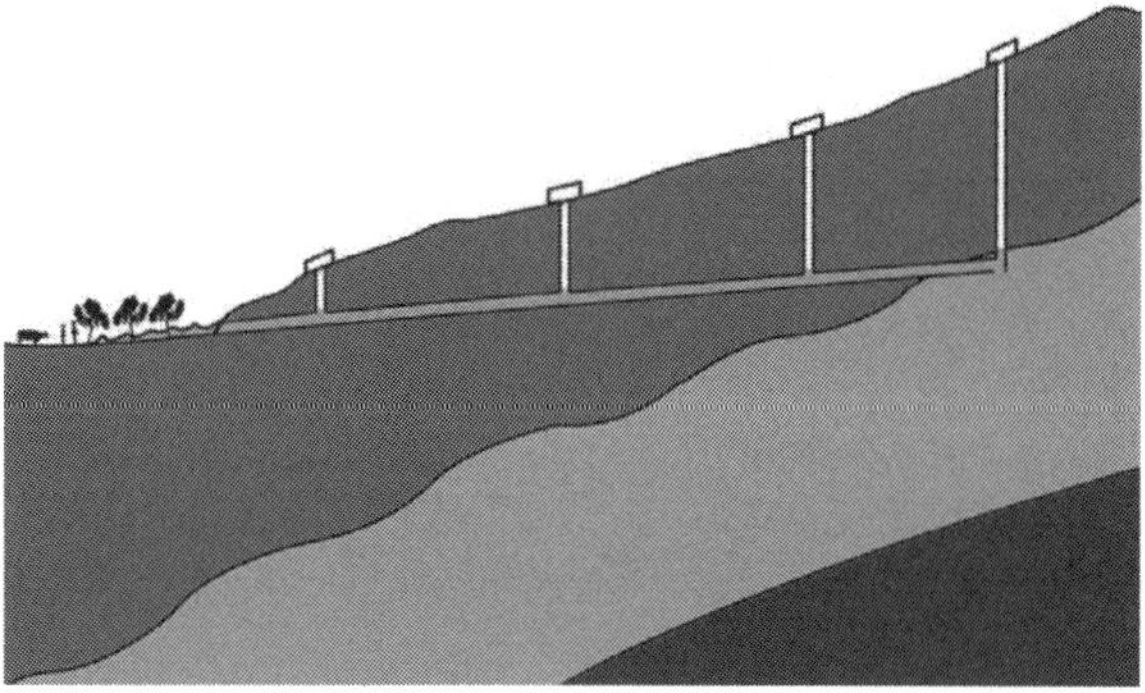

地帯にまで広まった。中国新疆《しんきょう》では「坎児井《かんじせい》」、サハラ砂漠の言葉では「フォガラ」や「ハッターラ」など土地ごとに呼びかたはさまざまだ。もっとも古くて大きなカナートのなかには、いまだ現役のものもある。たとえばイラン北東部の都市ゴナバッドにあるカナートは、四万人近くの人びとにいまも灌漑用水と飲料水を運んでいる[41]。

だがカナートで運べる水の量にも限りがある。ダムを建てたり井戸を掘ってもうるおうのは周囲の土地だけだ。しかしさまざまなものに姿を変えて交易で運ぶのであれば、もっと離れた土地にだって届けられる。太陽エネルギーを動力にした航海はコロンブス交換を可能にし、グアノの貿易は人類が地球上で勢力を広げるために欠かせなかったが、これは同時に仮想水の交易の後押しもしていたのである。大量の水を要した農・畜産物を運ぶというかたちで水を移動すれば、メソポタミアの灌漑用水路やカナートではおよばないはるか彼方まで貴重な資源をいきわたらせることができた。交易という手段で、砂糖、コーヒー、お茶、オレンジ、米、小麦など、水と日光がふんだんにある場所で栽培された作物が、もっと条件の悪い場所に住む人びとのもとへと運ばれた。

農耕の開始と時を同じくして仮想水の移動はおこなわれていたが、交易で食料、動植物、排泄物、仮想水が遠隔地に運ばれることで世界中の食生活が変わった。さまざまなアイデアを組み合わせたり、知識が伝播《でんぱ》したりすることで、定住生活の難題を解決する人類の能力はさらに磨きがかかった。アレクサンダー・フォン・フンボルトがインカ人のやりかたに目をつけたことで、ヨーロッパと北米の畑の土壌は救われた。グアノと硝石の貿易は社会問題をひとまず解決したのである。

町と都市への人口流入は続き、一九世紀の終わりには、世界の人口一〇〇人中およそ一三人が都市部で暮らすようになっていた。一世紀前の統計と比較すると、ほぼ三倍だ。[42] 一九世紀はじめの世界最大都市といえば北京であり、その人口は一〇〇万人を突破していた。一九世紀半ばには、ロンドンの人口は二〇〇万人を超えてトップに躍りでている。[43]

ヨーロッパで余剰食料が増えて都市人口が増すにつれて、産業革命を牽引する工場作業員やその他の労働者の食料をまかなう必要性はますます高まった。一九世紀の終わり、グアノの供給量がめっきり減ると、硝石の価格が急上昇した。ふたたび危機が訪れたのだ。土壌の養分を保つために地球のメカニズムにどう介入すればいいのか、またもや人類の知恵が試されるときが来たのである。

定住生活を始めたときからの難題——空中窒素と地中のリンをどうやって取りだすか——を解消するための次の試みは、すでに始まっていた。ヘンリー・ギルバート卿とジョン・ローズ卿は実験をおこない、土壌を肥沃に保つためには窒素固定がカギだと証明した。ユストゥス・フォン・リービッヒの主張を覆す結果だった。だが窒素を確保するだけでは難題は解消されない。土壌のリンの減少分をどうすれば補えるのか。自然にまかせていては地質学的な時間がかかってしまう。人間の屎尿にも南米のグアノにも、もう頼ることはできない。太陽エネルギーを動力に船で海の向こうから栄養素を運ぶには限りがある。拡大する世界経済は、定住生活の難題を解決する新たな方法を必要としていた。

6 何千年来の難題の解消

一八九八年、トマス・ロバート・マルサスが人類の飢餓と悲惨な未来を予測して緊急警告を発してからの一世紀でロンドンの人口は五〇〇万人近くに膨れあがり[1]、頼みの綱のグアノと硝石はほぼ取り尽くされてふたたび肥料不足が迫っていた。都市では工場などで働く者が急増し、彼らをまかなっていけるだけの食料をどう生産するのかが農村の課題だった。こういう状況を背景にイギリスの化学者ウィリアム・クルックス卿は、英国科学振興協会で会長としての演説をおこなった。

「イングランドをはじめとする文明国は食料不足という致命的な危機にさらされている」と言いきるとこう続けた。「人口の増加とともに資源は減少している。土地そのものが限られているうえ、小麦を栽培する場所の気候を予測するのはひじょうに難しい」。彼の計算と推定によると、それだけの土地で「偉大な白色人種」――彼の定義では「ヨーロッパ、アメリカ合衆国、英領アメリカ、南アフリカの白人住人、オーストラリア、南米の一部、ヨーロッパの植民地に居住する白人」が含まれる――が必要とする小麦は生産しきれないと訴えた。パン食の人口は、「毎年六〇〇万人以上増え、二五年前にじゅうぶんだったパンの供給量の約一・五倍の量が、毎年新たに増加している」と彼は見積もった。そして「どうすればそれを調達できるのか？」と問いかけた。(2)

クルックスは差別主義的とまでは言いきれないとしても、多分に優越主義的な立場から問題を提起した。「わたしたちは小麦を食べるように生まれついている……他の人種は人数ではわたしたちよりもはるかに勝っているが、彼らは物質的にも知的にも進歩の度合いが大幅に異なり、インド人はトウモロコシ、米、黍といった穀類を食べる……経験を蓄積し文明化した人類にふさわしい食べものとして、小麦は別格なのである」(3)

だが、ひとつだけ的確な指摘をしている。彼は窒素の不足を問題視していた。だからこそ「文明化した人類」に必要なパンが今後足りなくなることをおそれたのだ。都市住人の屎尿は畑に運ばれてリサイクルされず、養分は海に流れて無駄になっていた。

その「巨大なジレンマの解決法」についてクルックスは演説でこう述べた。「化学者は社会の危機を救うべきである。飢餓を回避して作物を豊富に供給できるかどうかは、研究室での成果しだいなのではないか……空中窒素を固定する技術を開発できれば大発見であり、化学者たちの創意工夫に期待する」[4]

その数十年前、作物を成長させるのはどんな栄養素で、どんな形態なのかをめぐって激論が交わされていた。クルックスはそれを念頭においたうえで、発言していたのである。彼のいう「化学者たちの創意工夫」とは、空中窒素を植物が利用できるかたちに変えて量産する方法を指す。それが実現すれば、難題を打破して自然界の制約に縛られずにすむ。地中の微生物と稲妻だけに窒素の固定を頼っていては、人口増加のスピードについていけなかったのである。

クルックスの演説から時はさかのぼり、一八四〇年、スコットランドのグラスゴーで英国科学振興協会の会合が開かれ、ユストゥス・フォン・リービッヒは文明の道筋を変えるほどの画期的な見解を発表した。[5]当時支配的だった「フムス（腐植）理論」は、植物は動物の排泄物などの有機物から養分を吸収し、それ以外の要素は植物自体が生成するというものだった。リービッヒはそれと真っ向から対立する「無機栄養説」を唱え、堆肥と屎尿から養分を吸収するように無機塩類と岩石からも養分を得ることができると主張した。

一八四〇年に出した著書は好評で、農業に化学を取り入れるというリービッヒの主張は農業従事者と伸びざかりの肥料業界から注目を浴びた。[6]化学的な合成によって土壌に養分を補うことができるという理論は、人類の食料を調達するための新しい可能性を大いに秘めていた。数十年後のクルックスの発言も、やはりそこに注目していた。

ただ、それはリービッヒの独創的な功績というよりは、他者の偉大な知性の積み重ねから導きだした結論であるのは明白だったので、同業者の一部は批判的な目を向けた。[7] ある同僚は、リービッヒは「どんな実験をおこなったのか、そこからどんな事実を見出したのかについていっさい説明がないので、彼は実験室のなかではなく机上で」結論を導きだすという過ちをおかしたと書き残している。[8] さらに、「リービッヒは新しい事実を発見した人物というより、すでに発表されていた複数の事実の伝道者、擁護者に相当する」と批判する者もいた。[9]

「無機栄養説」という画期的な理論は、一八二〇年代のドイツの農学者カルル・シュプレンゲルの貢献なくしては存在しなかっただろう。いまではあまり注目されることもないシュプレンゲルの功績とは、フムス（腐植土）のなかに無機塩が存在している事実を突きとめ、それが水に溶けて根から吸収されたものが植物の真の養分となることを発見したことだ。

その発見から数十年間、多くの化学者が実験をおこなった。さまざまな種類の灰と岩を粉砕した無機物を肥料として与えた場合と、有機肥料を与えた場合の小麦、大麦、オート麦といった作物の収穫量を比較した。早くも一九世紀末には、無機栄養説を基盤とした化学肥料の商品化へと動いていた。

この発見は農業の新しい時代の幕開けを告げるものだった。これで動物の排泄物、グアノ、人間の屎尿に縛られずに食料を供給できるようになる。これは文明の道筋を変えるほどの大きな転機だった。

しかしクルックスが指摘しているように、ひとつだけ未解決の部分があった。窒素原子のふたつの固い結合を微生物が切り離すプロセスをどのように模倣して固定窒素を化学的に合成し、袋詰めの肥料にするのか。技術を開発さえできれば、定住生活につきものの難題がひとつ解決する。化学的に合成した肥料が手に入るかぎり、土壌の固定窒素が足りなくなる心配から永遠に解放されるだろう。

画期的な技術の開発——突破口をひらく

クルックスの呼びかけに応えるように空気中の窒素を固定する方法を編みだしたのは、ドイツの物理化学者フリッツ・ハーバーだった。といっても、たったひとりの手柄だったとは言いがたい。この大発見もリービッヒの無機栄養説と同様に、多くの場所で多くの知性によって蓄積されてきた知識の上に実現した。

一八世紀末にはすでに、空中窒素は雷のような火花放電によって固定できると発明家と科学者が証明していた。だがその研究は商業化のためというよりも、知的好奇心を満たすためのものだった。その後二〇世紀初頭までに、火花と複雑な化学的手法で窒素原子の固い結合を切り離す研究が進み、数々の特許が申請された。クルックスも、高温・高圧で空中窒素と水素からアンモニアが合成できると実証してみせた。どの方法も高温・高圧を必要とする点で共通していた。別のアプローチとしては、石炭を燃やして出るガスに窒素を閉じ込める、つまり大昔に植物のなかに封じ込められた固定窒素をふたたび捕らえるというものもあった。しかしどの方法も採算が合わず、畑を肥沃にしたいという当時の農民の希望に応えられるものではなかった。

二〇世紀前半、ハーバーは何度目かの挑戦で、ある方法を発見した。比較的低い温度で空中窒素を固定できたが、やはり高温・高圧の条件ははずせない[10]。この方法の最大の特徴は、金属片の触媒に窒素ガスを通すことだった。ハーバーはこの工程の特許を一九〇八年に取得した。

研究室で化学反応を起こして窒素ガスからアンモニアを生成できても、それを大量につくるとなると、また話が違う。すでにアンモニアの合成に取り組んでいたドイツの化学メーカー、ＢＡＳＦはハーバーの特許を買いとった。同社の工場で量産プロセスの開発にあたったのがカール・ボッシュだった。彼はメタンガスから水素を抽出し、窒素ガスと混ぜ、金属の触媒に何度も通してアンモニアを取りだすしくみを考案した——そして量産するための肥料工場が誕生した。

こうして、アンモニアを含む顆粒状の固体の固定窒素が大量生産され、袋詰めされて、農業従事者向けに販売された。一九一八年、ハーバーはこの功績を称えられてノーベル化学賞を受賞した。[11] ボッシュは同僚のフリードリッヒ・ベルギウスとともに一九三一年にノーベル化学賞を授与された。

このハーバー・ボッシュ法は、根粒菌やアゾトバクターなどの微生物が日々おこなっていることと中身は同じだが、人間が肥料をつくるとなると工業用のおおがかりな設備がなんとしても必要だった。産業革命で登場した大規模な機械化がふたりの発明を支えた。工程に必要な高温・高圧を実現するためには、調達が容易で安価なエネルギー資源も必要だった。当時、炭坑労働者が地中深くから石炭を掘りだすようになっていた。その石炭がなかったら、二〇世紀に土壌の養分の問題は解決不可能だったにちがいない。地球の窒素循環のメカニズムにおける雷のエネルギーと微生物の代謝作用を、化石燃料で代用したのである。

おもなエネルギーの供給源が人間と動物の筋力から化石燃料へと変わり、一大転機が訪れていた。アメリカの哲学者で詩人のラルフ・ワルドー・エマーソンはこう記している。「労働者がつるはしで掘り、巻き上げ機で地表に運びだすまで……石炭は地下の鉱脈に眠っている。それは黒いダイヤモンドと呼ぶにふさわしい。かごいっぱいの石炭は力であり文明なのである」[12]。このエマーソンの言葉は一八六〇年、まだ黒いダイヤが窒素の難題を解消する何十年も前に書かれたものだが、将来をみごとに暗示している。

こうして土壌の養分についての難題は力で叩き割るようにして解決された。だが、窒素固定の工業化に拍車がかかったのは土壌養分の問題だけではなかった。火薬をつくるためでもあった。供給源だったチリ硝石が減少の一途をたどり、しかもその販売権はイギリス企業にほぼ握られていた。一九一四年に第一次世界大戦が勃発すると、ドイツは大量の窒素を合成する必要にかられた。穀物よりも武器や兵器を生産するためだ。チリ硝石はイギリスの管理下にあり入手経路が断たれている。軍需品製造に振り向けられる国内供給量などないに等しく、BASFはハーバー・ボッシュ法を用いて増産に対応した。

戦後、戦勝国のイギリスはドイツの工場を視察し、敵がどうやってあれほど大量の爆薬を製造したのかを知ろうと画策した。だがそうかんたんにいくわけがなく、高値で秘密の技術を売ろうとするドイツの技術者たちと接触し、ようやくイギリスのもくろみは実現した。ハーバー・ボッシュ法はイギリスに広まるやいなや、国内の固定窒素の需要はおもにこの方法で満たせるようになった。定住生活の難題を解決するための知識の蓄積は、これまでの交易、征服、農民同士の知恵の伝授によって支えられてきたが、ここで新たに産業スパイ活動が加わったのである。チリ硝石の貿易はこれでいよいよ終焉を迎え、ハーバー・ボッシュ法が工業国に広まっていくこととなった。[13]

それにしてもハーバーの生涯は毀誉褒貶《きよほうへん》の激しいものだった。彼の発明で大量の爆薬が製造され、先のふたつの世界大戦と紛争で何百万人もの命が奪われ、いっぽうで同じ発明によって作物を収穫するごとに土がやせるという何千年来の難題が解決された。ハーバーの発明で無数の人びとの食料が確保できたが、何百万もの人びとが殺された。科学と人類へのはかりしれない貢献から生じた結果は矛盾したものだった。

ハーバーの功績全般を見れば、矛盾はさらに大きくなる。武器弾薬用のアンモニア合成以外にも彼はドイツの戦力に多大な貢献をしている。たぐい稀な頭脳をマスタードガスなどの化学兵器の開発に役立てた。彼自身は戦争の早期終結のためだと主張し、人道的な動機からだと正当化した。妻クララも化学者だったが、ハーバーの主張に耐えられず、みずから命を絶った。ハーバーは多くの人びとから戦争犯罪人とみなされた。

ナチスが政権を握ると、ハーバーはユダヤ系だったにもかかわらず、栄えあるカイザー・ヴィルヘルム物理化学研究所所長のポストに居座ることが許された。同じくユダヤ系の同僚たちは、ハーバーのような例外的な待遇を受けることはかなわなかった。ナチスから同僚を解雇するよう命じられたハーバーはそれを拒否し、一九三三年四月三〇日、プロイセンの文部大臣に辞表を提出した。これにより彼は年金とドイツの偉大な科学者としての名声を失った。アメリカへの移住を希望したものの、卓越した業績の科学者の移住枠はすでに埋まったとの理由から受け入れてはもらえなかった。ハーバーの健康状態は悪化し、一九三四年、スイスのバーゼルで失意のうちにこの世を去った。六五歳だった(14)。

ハーバー自身の人生は悲劇のうちに幕を閉じたが、彼が発明した空中窒素固定法は人類に転機をもたらし、二〇世紀という新時代に突入した。空中には気体の窒素がふんだんにあり、これまでのようにクローバー、排泄物、微生物に頼る必要はなくなった。ただしハーバー・ボッシュ法が平和裡に活用されて威力を発揮するのは、もうひとつの戦争を乗り越えたあとのことである。

第二次世界大戦の開戦時、ハーバー・ボッシュ法はすでにアメリカに伝わっていたので、兵器の製造に活用された。戦争の終結でその需要はなくなり、機械と技術は行き場をなくした。工場の新しい活用法を模索していたアメリカ政府は、あるひとつの取り組みに着手した。アラバマ州マッスル・ショールズの工場で農業大学の科学者を支援し、窒素肥料の改良と普及をめざしたのである。こうして第二次世界大戦後、ハーバー・ボッシュ法はアメリカの農業を支える大黒柱となった。戦中の工場の再利用や、新設工場で窒素肥料の製造に拍車がかかり、二〇世紀後半には八倍を超えた[15]。

ハーバー・ボッシュ法の発明で、工業国での食料の生産量は飛躍的に増えた。だがそれだけではなかった。食べるものも変わった。穀類がたくさん穫れれば、それを餌として多くの家畜を育てられる。そうなれば、肉、卵、乳製品が食卓にのぼる頻度があがる。ハーバー・ボッシュ法で製造された肥料でつくられる食料――その肥料を使った穀類を飼料とする家畜の肉と乳製品も含め――で生きている人の割合は、二一世紀初頭で一〇人あたり四人である[16]。ハーバー・ボッシュ法によって人類の食生活が変わり、世界全体の食料供給量が増えて確実に多くの人びとを養えるようになった。まさに最大級の転換をもたらした。

ヒトという種の進化の歯車は進んだが、繁栄のひとことで言いきるにはあまりにもひどい格差が広がった。飢餓に苦しむ子どもたち、何百万もの農民、多くの国々はいまだ貧困に苦しみ、そこから抜けだそうと必死だ。地力の低下がそうした悲劇の一因となっている。たとえばアフリカのサハラ砂漠以南の国で農業をいとなむ場合、何世紀にもわたって作物を収穫しつづけ土地はやせるばかりで養分の補給もままならない。収穫量は少なく、貧しい食生活を強いられる。一家は日々、食料をかき集める暮らしに明け暮れる。工場で生産される固定窒素さえ手に入れば暮らしは一変するだろう。だが、多くの農民はそのわずかなお金にも事欠くありさまだ。今日の世界は、ここまで格差がつくほどの偏りがある。富裕な人びとは過剰なほど固定窒素を使い、貧しい人びとの手には届かないのが実情だ。

自然界で微生物と雷がおこなう窒素固定にくらべると、工場で人為的におこなう窒素固定ははるかに大量だ。ハーバーは空中から生物界に窒素を流す蛇口をひらいたのである。しかし同じ蛇口からは、もうひとつの必須栄養素であるリンは流れてこなかった。地球のリン循環は、地質学的な時間をかけてゆっくりと進む。

バッファローの骨と埋もれたサンゴを活用する

堆肥、屎尿、灰、グアノはどれも窒素とリンの両方を豊富に含んでいるので、土壌の養分補給という難題を同時に解決できた。グアノが乏しくなり、科学者は空中窒素固定法を開発したが、これではリンを補給できない。独自の解決法が必要だった。さらに、土壌に窒素が多いほどリンも多く必要となる。

肥料用のリンの製造はすでに始まっていた。その根底にあったのは、作物の収穫量は窒素よりもリンの量に縛られる場合が多いというユストゥス・フォン・リービッヒの誤った見解だった。そこで一九世紀前半にはリンを多く含む肥料がさかんに製造された。原材料には骨が使われた。古代中国でも、骨には畑の土を肥沃にする効果があるとして使われていた。一九世紀に入ってまもなく、イングランドでは工業化が進み、食料の需要が高まっていた。作物を育てる養分をまかなうために骨に蒸気をあてて機械ですりつぶし、破片と粉末にして肥料をつくった。骨粉はいくらあっても足りず、ヨーロッパ本土の肉屋から骨を輸入するようになった。

骨内のリンを酸で溶かせば肥料になるという事実は、リービッヒの発表前から知られていた。彼は一八四〇年の著書でくわしい手順を紹介している。「もっとも容易にして実際的な手法は、骨を細かい粉末状にして、その重さの半量の硫酸を三倍もしくは四倍の水で希釈して加える。分解後、しばらくしてから一〇〇倍の水を加え、耕す前の畑に撒く(17)」

無機栄養説の検証実験をおこなったジョン・ローズ卿も、ロザムステッド農業試験場で同じ結論に達していた。リービッヒの発表内容についてはおそらく知らなかったのだろう。ローズは一八四〇年に「過リン酸肥料」、つまり骨やリン灰石などの岩を硫酸で処理してつくる新しい肥料の特許を出願している。その後、ローズ卿はリービッヒの知的所有権を侵害したと疑われないように、特許内容を一部修正して原料を岩だけに限定し、権利を侵害されたのは自分のほうだとリービッヒを非難した。岩を原料に肥料をつくるという着想

は、ローズの数週間前に特許を取得していたダブリンのジェームズ・マレー卿の取り組み（薬の製造の副産物を利用して合成肥料をつくったパイオニア）から得た可能性がある。ローズはのちにマレーの特許を買いとっている[18]。

だれの思いつきであったとしても、その特許は現在、ローズの名義で登録されている。一八四三年七月一日の園芸週刊新聞ガーデナーズ・クロニクル紙に掲載された広告には、「J・B・ローズが特許を取得した肥料、絶賛販売中。原料は過リン酸石炭、リン酸アンモニア、ケイ酸カリウム他。一ブッシェル（約三六リットル）につき四シリング六ペンス。製造はロンドンのデットフォード・クリークの工場」とある[19]。

このベンチャービジネスは当たった。過

リン酸肥料の製造会社は一八五三年までにイングランドで一四社、オーストリアで一社、アメリカで三社まで増えている。[20] この事業はロザムステッド農業試験場の資金源となった。
北米で過リン酸肥料の原料となったのは、大草原地帯《グレートプレーンズ》に散らばっていたバッファローの頭蓋骨と骨だった。開拓者が西部に進出する際にバッファローの群れを大量に殺した残骸が、ある経済活動を生みだした。バッファローの骨を収集する人びとが大草原地帯を移動し、集めたものを東部へと送りだしたのだ。彼らは骨一トンあたり二ドルの料金で、列車の貨車一台の単位で売りさばいた。[21]
一九世紀の後半に入っても過リン酸肥料の原料となる骨の需要はまだ高かった。イングランドは戦場から骨を奪っていくとリービッヒが非難したほどだ。彼は、イングランドが「他国から養分を奪っている。骨を求めてライプツィヒ、ワーテルロー、クリミアの戦場を掘り返している。毎年、よその海岸から自国へと三五〇万人分に相当する肥料を持ち帰っている」と痛烈に風刺した。そしてこうもいっている。「なりふり構わず、吸血鬼のように他国から心臓の血を吸いとっている」[22]
リービッヒなりに、思うところがあっての辛辣な言葉だった。ビジネス面では、やり手のローズにはおよびもつかなかったのだ。リービッヒは新しいリン肥料の製造に取り組み、イギリスでの特許はリービッヒに代わって親しい友人の息子ジェームズ・シェリダン・ムスプラットが取得した。その新しい肥料は植物の灰、石膏、砕いた骨、その他の鉱物を高熱で溶かしてペレット状に固めたものだった。リービッヒの見込みでは、ペレット状の肥料は徐々に土に溶け込んでいくはずだった。溶けがあまりにもいいと雨で養分が流されてしまうため、効果がないと考えていた。だが彼は商品を実際に畑で試験せずに販売するという大きな過ちをおかした。

一八三四年秋にイギリスで発売されると農民たちはわれ先に購入した。ところが畑に撒くだけではだめで、耕して土に鋤き込むという手間がかかることがわかった。リービッヒは、ゆっくりと溶けるすぐれた肥料になるとあて込んでいたが、実際には溶けないので効果も発揮しなかった。肥料のベンチャー事業は資金繰りがうまくいかなくなったうえに、リービッヒの名声には傷がつき、ムスプラットの父親との友情にもひびが入った[23]。ローズがつくった肥料に完敗したのだ。

過リン酸石灰肥料の原料になる骨が肉屋から出たものであっても、バッファローのものであっても、やがて供給は需要に追いつかなくなった。値段はあがるばかり。グアノも高くついた。悪質な商人は、肥料に砂、細かく砕いたレンガ、焼いた鉱石を混ぜて高く売りつけた。当然ながら、ほかの岩を使えば過リン酸石灰肥料にはならない。問題は、正しい原料をどこでどうやって手に入れるかだ。

一八四三年、ある教授と海軍大佐がイングランド王立農業協会から特命を受けてスペインのセビリアに赴いた。そこから牛に荷車を引かせて六日間かけて移動し、岩と岩のあいだに細く走る層の正体を突きとめることが目的だった。彼らが持ち帰ったサンプルを調べてみると、それがまさに化石の層であり、そのなかには骨と歯の化石が豊富に含まれているとわかった[24]。同様の堆積鉱床は国内のケンブリッジ、サフォーク、ベッドフォードシャーなどの近辺や、フランス、ドイツ、ベルギーでも見つかった。それまでの骨に代わって、こうしたリン鉱石がリン酸肥料の主原料となった[25]。一八六〇年代後半には、リン酸を豊富に含むフロリダ州ボーンバレーの堆積鉱床が発見されている。

埋蔵量は無限にあるように思われ、投機的な土地の争奪戦が起きた[26]。その渦中にあったリン鉱石は、地質学上の偶然の一致が残したものだった。数百万年前、栄養分豊富な水が深海から湧きあがり、いまのフロリダにあたる土地を覆う浅い海で多様な海洋生物が育った。死んだサンゴ、貝、サメの歯、骸骨が水に溶けて凝固し、海底に積みあがっていく[27]。こうして地表のすぐ下には何マイルもの厚さでリン酸の豊富な堆積岩が埋まっていた。フロリダの金持ちは、こういう地層はほかにもあるはずだと考えた。そしてじっさいに世界各地に同じようなしくみでできた地層があることを発見した。中国、モロッコ、アメリカ、南アフリカ、ヨルダンなど、じつに広い範囲におよんでいる。かねてからリンを安く大量に入手したがっていたイングランド王立農業協会にとって、化石質鉱床はまたとない解決法だった。硝石の輸入からハーバー・ボッシュ法に切り替わったように、材料は骨からリン鉱石に切り替わった。

二〇世紀はじめ、人類の知恵は自然界のリン循環を分断してしまっていた。岩のなかから取りだした太古のリンで土壌の養分を補給するいっぽう、先進国の近代的な下水設備は排泄物に含まれるリンを川と海に運んでいた。リン循環に乱れが生じていることを、当時の思想家は憂慮していた。オルダス・ハクスリーは一九二八年に刊行した小説『恋愛対位法』のなかで、エドワード卿に、一九世紀のウィリアム・ショー、ヴィクトル・ユーゴー、カール・マルクスの心情を語らせている。「これでは土壌のリンは海へと流れ……枯渇していくばかり。それを進歩と呼ぶとは。現代の下水設備など!……もとの地面へと戻すべきであるのに[28]」

リン鉱石を蓄えた奇異な地質は世界各地に散らばっており、ひと握りの国がその上に陣どっている。今日、人類の食料供給はいやおうなく、そうした少数の国々の情勢に左右されるということだ。世界最大の埋蔵量を誇るのは北アフリカの小さな王国モロッコ、そして政治抗争に揺れる西サハラだ[29]。

グアノ、硝石、骨が貴重な栄養素の供給源として重宝された時代が終わったように、リン鉱石の時代も終わる可能性があると主張する科学者もいる。[30] 一般的な袋入りのリン酸肥料であるDAP、MAP、TSPに頼らざるを得ない農民たちにとって価格の上昇は死活問題になりかねないと彼らは警告する。[31] 反対に、いや、埋蔵量は豊富だ、新技術でもっと効率的に採取すれば供給不足は当分回避できると主張する声もある。リン鉱石とハーバー・ボッシュ法による窒素固定は骨からの切り替えを可能にしたが、この先の新しい選択肢はまだ登場していない。

安い価格でリン酸肥料が手に入る時代はこれから何世紀も続くかもしれないが、窒素とリンを工業生産して自然循環で得られるものに置き換えたツケはかならずまわってくるだろう。といっても、それは窒素とリンの不足という事態ではない。現時点で不気味な気配をただよわせつつ、わたしたちの行く手に待ち構える破綻の危機は、かなり異質だ。これまでの歴史で文明を脅かしてきたのは、窒素、リン、エネルギーの不足だった。だが今後、人類を脅かすのは、蓄積してきた知識で可能となった〝過剰〟という問題だ。不足を解消するための解決策が新たな問題を生む。まさに、過ぎたるは及ばざるがごとし、である。

〝過剰〟という新たな危機

カナダ中央に位置するマニトバ州南部、ウィニペグ市から車で四時間のところに、松と樺《かば》の木々に囲まれた五八の小さな天然の湖がある。実験湖沼群に指定されており、レイク277はそのひとつだ[32]。カナダ政府は一九六〇年代後半にこの湖沼群で実験を開始し、周囲の土地から流れ込む養分で湖の藻、魚、その他の有機体にどんな変化が起きるのかを調査した[33]。実験は数十年にわたって慎重におこなわれ、レイク277を筆頭に湖に窒素とリンをさまざまな分量で加えて経過を観察した[34]。

おもな問題のひとつが「富栄養化」だ。水中の栄養分が過剰になった状態である。養分が過剰になると、富栄養化という自然のプロセスが進み、透明な湖が一面藻類で覆い尽くされてしまう[35]。植物の残骸と動物の排泄物が水の流れとともに長期にわたって継続的に流れ込み、また土を通じても湖に入り込むと、藻類はますます繁殖する。水中に養分が蓄積するにつれて、成長は加速する。藻類が異常発生すれば日光が遮られて水中に届かなくなり、光合成ができず酸素が生まれない。湖に生息する他の生物はダメージを受ける。そのうえ死滅した藻類の残骸が沈んで腐ると、分解のために水中の酸素が使われて激減し、水中生物は酸欠状態になる。その結果、水面にはぬるぬるした緑色の膜が張り、魚は死に絶え、藻類以外は生存できない湖となる。

淡水湖にとってリンは諸悪の根源だ。肥料と下水などで湖のリンが過剰になると富栄養化に弾みがつき、腐乱した藻類がすべての酸素を奪ってしまう。アメリカのエリー湖、スイスのチューリッヒ湖、東アフリカのビクトリア湖などがこうした運命をたどっている。

富栄養化になるリスクが高いのは、もともときれいな水の湖に生活排水が流れ込む場合だ。たとえばビクトリア湖。アフリカ最大の湖で、北と西はウガンダ、南はタンザニア、東はケニアの国境と接している。ほとりで暮らす人びとにとって湖で捕れる魚は手ごろなタンパク源として欠かせない。岸辺の町の生活排水がそこに垂れ流しされれば、水中の養分が過剰になり、きれいな飲料水も在来魚も失うことになる[36]。

多くの工業国がすでに対策に乗りだしている。一九七〇年代から汚水処理と工場排水の規制を設け、河川や湖、海などの水域に水を直接流さないよう対策を講じてきた。リン酸系洗剤を含む廃水は養分が多いぶん、被害も大きい。そのリン酸系洗剤の使用を禁じたことで、川と湖の浄化が進んだ。やっかいなことに、畑、芝生、屋根、街路などありとあらゆる場所からもリンは少量ずつ川や湖に運ばれ、やがて大問題を引き起こす。

アメリカのウィスコンシン州マディソンに接するメンドータ湖は、その典型例だ。湖岸にはウィスコンシン大学のキャンパスがあるため、メンドータ湖は世界一調査の進んだ湖のひとつといっていい。

一九世紀半ばには早くもアオコが大量発生し、湖から有毒ガスが発散している。開拓者が湖を囲うようにして移り住み、養分豊富な汚水などを湖に流していたのだ[37]。いまでは、湖の周囲のトウモロコシ畑で大量に使われる肥料、ウィスコンシンの有名なチーズをつくるために飼育されている乳牛の肥やし、一般家庭で庭の芝生を育てるための肥料など、リンが湖に入り込む原因は一通りではない。

二〇世紀半ばにはメンドータ湖のアオコの被害は深刻になっていたが、数十年かけてようやく養分の流入を規制する地方条例と管理計画が整備された。湖に下水が直接流れ込まないような措置がとられ、農地や一般家庭の庭を対象に水質汚濁防止を目的とした環境対策プログラム「ベスト・マネジメント・プラクティス」が実施されているが、流れでるリンを食い止める闘いはまだ続きそうだ[38]。

リン循環をぶつ切りにしてリン鉱石に切り替えた余波は、環境面だけにとどまらなかった。国の存亡にかかわる重要資源をわずかな供給先に頼るのは、当初から政治的に危惧すべき状況だった。フランクリン・D・ルーズベルト大統領は一九三八年のアメリカ連邦議会での演説で次のように述べている。「わが国のリン鉱床の運用は国家的な懸案事項であるべきだ……連邦議会には特に注意を喚起したい……東部のリン鉱床は民間所有のものではあるが、現在は大量に輸出されており、仮に枯渇するようなことがあれば、東部の農業従事者はリン酸肥料を遠く離れた西部からの供給に依存せざるを得なくなる……現在、そして未来の世代の利益のためにも、いまこそ国策としてリン酸肥料の生産と管理をおこなうべきである[39]」

ルーズベルトが指摘したにもかかわらず、国としての政策はとられなかった。だがその数十年後には、重要な資源の供給源が数カ所に限定される――ひと握りの国の下に眠っている――という現象は国際問題へと発展した。そうと知っていたならルーズベルトの訴えはより切羽詰まったものになっていただろう。

養分循環の地球メカニズムに介入した結果、過剰なリンが湖に流れ込んだ。だが、それだけが危機をもたらすわけではない。

地球は固定窒素まみれになったことで、芋づる式にさまざまな現象が生じた[40]。人類はあの手この手で自然のサイクルに手を加えた結果、大量の固定窒素が土壌に補給された。余剰な固定窒素を緑膿菌だけの力で窒素ガスに変えるには限りがある。不活性気体である窒素ガスが固定されると、それまで強い化学結合で縛られてきた長い時間を、まるで埋め合わせるかのごとくどこへでも移動していく。作物に使われない固定窒素はすべて水、川、海にたやすく入り込む。

過剰なリンは淡水湖に富栄養化を引き起こすが、過剰な固定窒素は沿岸水域に「酸欠海域《デッドゾーン》」を出現させる。その一例がメキシコ湾だ。海に流れ込む巨大なミシシッピ川には、何百万エーカーものトウモロコシと大豆の畑から過剰な固定窒素が流れだしている。工業生産された固定窒素が大量に撒かれたあげく、土壌から小さな川、大きな川、やがて沿岸水域に流れ込み、長く窒素に飢えていた藻類と植物がすさまじい勢いで成長する。それが枯れて腐ると水中の酸素がなくなり、魚やカニをはじめとする生物が死ぬ。黒海も、東シナ海といった何百もの海岸線も同様だ。腹を上にして浮かぶ魚も、緑色の泥水も、もとをたどれば同じところに行き着く。穀類をつくる果てしない農地、そしてハーバー・ボッシュ法に帰するのだ。

さらに地球の大気にもその反動はあらわれている。土壌におびただしい量の固定窒素が投入されると、緑膿菌のはたらきで土壌のなかの硝酸塩はどんどん窒素ガスに還元される。大部分は窒素ガスのまま大気に戻るが、一部は亜酸化窒素として大気に入る。亜酸化窒素は常温ではただの笑気ガスだが、大気中では温室効果ガスとしてその威力を発揮する。しかも、ひじょうに強力な温室効果ガスだ。一〇〇年間の平均では、亜酸化窒素の分子一個は二酸化炭素の分子一個にくらべて約三〇〇倍、地球を温める効果がある。土壌に固定窒素が多ければ多いほど大気中の亜酸化窒素は多くなるはずだ。人が引き起こす気候変動の主犯格は二酸化炭素で、海面の上昇も酷暑もすべて二酸化炭素に起因するが、亜酸化窒素の値の上昇もやはり影響する。(41)

ハーバーの発明とリン鉱石の活用は一大転機となり、プラスとマイナス両方の効果があらわれた。より多くの食料、より多くのタンパク質をより多くの人びとが得られるようになったものの、奇跡的な固定窒素を万人が平等に利用できたわけではなく、世界各地の湖は汚れ、海岸はデッドゾーンとなり、大気中の温室効果ガスが増加した。この先もさらに未知の大きなツケがまわってくるだろう。課題を解決しようと試行錯誤、懸命な努力を重ねた結果、多くの新しい問題が発生してしまった(42)。

大昔に人類が定住生活に切り替えて以来の難題は、二〇世紀前半にようやく解決されてわたしたちは制約を解かれた。屎尿、グアノ、動物の排泄物からリン鉱石に切り替え、無限にリンを確保できるように思われた。ハーバー・ボッシュ法で空中窒素を固定し、生きものの栄養として使えるようになったのだ。化学肥料の登場で、それまで地球の循環メカニズムによって制約を受けていた文明は、その固い縛りから解放された。そして定住生活の農耕で土がやせていく難題を化学肥料で解決するいっぽうで、エネルギーを大量に消費し、過剰な養分で川、湖、海岸の環境をずたずたに破壊してしまった。

化石燃料の登場——エネルギー不足の解決

食料生産の労働での消費カロリーと、食べて得るカロリーの収支をいかにプラスに保つのか。それが、定住生活にともなうもうひとつの難題だった。限られた土地でできるだけ人間の労力をかけずにより多くの食料を得るには、どこからエネルギーを調達するのか。その解決に文明は挑みつづけてきた。人類史上、食料生産のエネルギー源のほとんどは、手近なところで調達できる人間の労力と動物の労働力だった。

古代から、食料生産のエネルギーは人間の筋力が生みだしてきた。奴隷を労力として使っていたのは、さほど遠い昔ではない。新世界から輸出された砂糖はヨーロッパの紅茶を甘くしたが、その生産は奴隷なくしては成り立たなかった。今日、多くの文化が農作業にはもっぱら人力に頼っている。なにか別のもので補いたくても、その選択肢がほとんどない。

たとえばアフリカのサハラ以南では農作業に動物を使うことすらできないので、農民がみずから鍬で土を耕し、作付けをし、除草をし、収穫をおこなう。[43] 当然ながら収穫量は少ない。多くが小規模農家であり、彼らのキャッサバの収穫量は、原産地のアメリカ大陸熱帯地方に対して、半分ほどだ。[44] 労働力になる家畜もなく、ましてトラクターや農機具を動かすための化石燃料も入手できない状況では、一家が最低限の栄養をとるために農民が消費するエネルギーは相当なものになる。

農作業に家畜の労力が活用されるようになったのは、何千年も前のことだ。いまでもインドやバングラデシュをはじめとする南アジアの国々では、あたりまえの光景である。水田では水牛に木製の犂を引かせ、その犂を農民が操る。牛は重々しい足どりで往復する。この方法で何千年ものあいだ、無数の人びとの食料をまかなってきたのだ。農地の規模は、サハラ以南の農民が耕す土地と同程度だが、人間のエネルギー消費をできるだけ節約しながらより多くの食料を生産してきた(45)。

最近の数世紀で、人類はエネルギーの難題を石炭という固体燃料でまずは乗り越えた。石炭を燃やして、植物のなかに埋もれていた古代の太陽エネルギーを取りだしてきた。石炭は空中から固定窒素を合成する工場を動かしたり、火力発電所の燃料となって電気の供給に役立ったりしたが、黒いダイヤは農民にそれ以上の恩恵をもたらしてはくれない。犂を押すこともできなければ、刈り取りをする助けにもならない。一九世紀後半、ミネソタ州の小麦生産農家で土地の投機家でもあったオリバー・ダルリンプルはそのことを痛切に感じていた。彼は石炭を燃料に蒸気駆動のトラクターを動かした先駆者のひとりだ。この蒸気エンジンのトラクターはあまりにも扱いにくかったが、農業に化石燃料を動力として取り入れる小さな一歩を踏みだしたことにはちがいない(46)。

小さな一歩ではなく大きな飛躍を遂げたのは、ベルギーの技術者ジャン＝ジョゼフ・エティエンヌ・ルノアールだ。一九世紀半ばに彼がつくった内燃機関は、二〇世紀初頭に登場するガソリンエンジンを積んだトラクターへとつながっていく。内燃機関式トラクターは蒸気エンジン式にくらべて、はるかに実用的だった。[47] 蒸気エンジンは外付けのボイラーでエネルギーをつくるが、内燃機関式はエンジンのなかで火花点火による燃焼でエネルギーを生みだす。これには液体燃料が使われ、固体燃料の石炭は役に立たなかった。

一八五九年八月二八日、農業がいとなまれていたペンシルベニア州北西部の静かな一角で画期的な瞬間が訪れた。石油を求めて掘削していた起業家精神あふれる人物が黄金の液体を掘り当てたのだ。有名なドレーク油田だ――油田を見つけたエドウィン・ドレークにちなんで名づけられた。石油めあてに人が集まり、石油産業が発進した。その後、石油産業は西へ、豊富な資源が足元に眠っている幸運な地域へと移った。[48]

石炭は古代の陸上植物でできている。それに対しガソリンの原料となる石油は古代の海中生物でつくられている。海洋に生息していた細菌と藻類の残骸が腐って海底に沈み、堆積物のなかに埋もれ、そこに上からの重みで圧力がかかった。その結果が、岩の層のあいだに閉じ込められた石油鉱床だ。古代の太陽エネルギーを蓄えた液体は農機具とトラックの燃料となり、太陽エネルギーを固体のかたちで蓄えた石炭は火力発電所の燃料となって搾乳機、地下水をくみあげる井戸のポンプ、その他あらゆる便利な装置を動かす電気をつくりだした。

燃料で動く重機は農場で大いに活躍し、人間と動物の労力では太刀打ちできないほどの仕事をこなした。そして、同じ燃料はダムの建設機械にも動力を供給し、そのダムに蓄えられた水のおかげで、雨が少ない場所でも作物をうるおすことができた。

二〇世紀、大型ダムが次々に建設された時期にはトラックからコンクリートが流し込まれて巨大な建造物ができあがっていった。アリゾナ州のルーズベルト・ダム、ニューヨーク州のケンシコ・ダム、コロラド川流域のフーバー・ダムなど、二〇世紀前半に巨額の資金を投じて建設されたダムは、まさに壮大なモニュメントだ。建設ラッシュに沸いた数十年、巨大なコンクリート製のダムは未来を約束してくれる象徴的な存在と見られていた。一九四七年にインド初の首相に選挙で選ばれたジャワハルラル・ネルーは自由を求めて闘った闘士だ。彼はダムを「現代の神殿[49]」と表現している。新しく独立を果たした国々は現代の神殿を築いて水の供給を確保しようとした。

二〇世紀前半、農業は化石燃料に依存する戦略にシフトして近代化路線を走りだした。しかしそこから新たな問題が生じたことは周知の事実である。大気に与えた影響は、二一世紀の人類にとって科学的にも政治的にも最優先課題のひとつとなっている[50]。化石燃料を燃焼させることで温室効果ガスの二酸化炭素（CO_2）が増え、本来は長い時間をかけて進む自然界の循環をショートさせてしまう。古代の太陽エネルギーを活用するのは創意工夫に富んだやりかただが、そこには危険がともなう。

この危険性をはやばやと見抜いたのが、ノーベル化学賞を受賞したスウェーデンの科学者スヴァンテ・アウグスト・アレニウスだ。一八九六年の論文「On the Influence of Carbonic Acid in the Air upon the Temperature on the Ground（空気中の炭酸が地表の温度におよぼす影響について）」のなかで未来を暗示している。大気中のCO_2の量が変化すれば気候の変動につながる可能性があるというアレニウスの推測は、今日ではまぎれもない物理的事実となった[51]。

地球はこれまでにも激しい気候変動を経験している。いま問題視されているのは地球への影響というよりも、わたしたち人類への影響だ。気温の上昇、沿岸地域の洪水、嵐、天候パターンの転換——炭素循環を人為的に加速させると、農業従事者も都市住人もこうした惨事に巻き込まれる。人間の文明は完新世の安定した気候のなかで一万年かけて発達してきた。海岸線のどこに住めば身を守れるのか、どうやって作物を栽培するのかなどありとあらゆる知恵を積み重ねてきた。しかし人類がここまで進化する長い道のりのなかで絶滅したヒトの近縁種も古代のマヤ文明からグリーンランドのヴァイキングまで過去に滅亡した無数の社会も同じく、予想外の変動にはひじょうに無力だ[52]。

地政学的な視点に立てば、現代の文明は石炭層と石油鉱床に完全に依存しているのにくわえ、きわめて重要なリン鉱床をごく一部の国が掌握しているとわかる。一九三八年のフランクリン・ルーズベルト大統領の警告はずしりと重みを増している。

マルサスが差し迫った危機に警告を発してからクルックスが文明化した世界の食料不足、つまり小麦の不足を予測するまでの一世紀のあいだに、文明と自然界とのかかわりを一変させる軌道が定まっていた。やがて難題の解決策が登場することとなる。養分の欠乏と飢饉は回避され、土壌を肥沃にする養分、農地で人間と家畜の労力を補充するエネルギー源が確保された。

ヒトは飢えに対する恐怖、儲けを手にしたい、地質学的な気まぐれの発見、知的好奇心など、さまざまな要因から地球のメカニズムに手を加える方法を編みだす。新しい解決策が広まる方法も多種多様だ。最高の値を提示した相手にこっそり企業秘密を売り渡す、特許権の競争、戦時の技術の再利用なども絡む。ルーズベルトの予測は現実のものとなり、工業国の食料供給は、肥料工場、世界各地の鉱床、少数が独占する油田という手かせ足かせに拘束されるようになった。豊富な養分は湖や海岸の汚染、大気の異変という副産物をもたらし、その影響は世界中におよぶ。

二〇世紀前半、定住生活のふたつの難問――土壌の養分の補給、人間の消費エネルギーを極力減らして収穫量をあげる――の解決策が登場し、さらに人類が自然界にある方法によって介入することで二〇世紀後半の人類大躍進を迎えることになる。大昔に狩猟採集生活から農耕牧畜生活への移行をうながしたときと同じ状況だ。空中の窒素ガス、地中のリン鉱石と化石燃料を利用した無機肥料が普及すると、ふたたび生物学の領域で方向転換が起きた。ヒトは多くの方法で遺伝子をたくみに操作して、地球上でいっそう存在感を増したのである。

7 モノカルチャーが農業を変える

Printed with permission of John Chase

"Brother Mendel! We grow tired of peas!"*

何千年も前には、人類が自然選択（淘汰）に介入する方法は限られていた。大きい、やわらかい、食べられる、茎に長くとどまっている、棘《とげ》や硬い毛が少ないなど、望ましい性質の植物の種子を集め、その種子から同じ性質をもつ子孫ができるように期待するのがせいぜいだった。期待どおりの結果となるときもあれば、期待外れの結果のときもあった。

これを何度もくり返せば、やがて好ましい特徴をそなえた株が増えていくはずだが、それでは植物の何百世代分もの長い時間がかかる。植物を人為的に選抜するという戦略だけでは、予測不能な要因やランダムな遺伝的変異にどうしてもふりまわされる。人類は何千年ものあいだ、人為的な選抜をくり返して新種の植物や家畜をつくりあげてきた。辛抱づよく取り組み、結果は予測がつかず、基本的なメカニズムは謎のままだった。

一九世紀半ば、チャールズ・ダーウィンが自然選択（淘汰）説という燦然《さんぜん》と輝く理論を発表したが、はたして犬、ハト、羊、馬の人為的な品種改良に着想を得たのか、類似性にはあとから気づいたのかについては学者のあいだでも意見が分かれる。[1] どちらにせよ、ダーウィンは著書『種の起源』のなかで、プロセスは同じであると述べている。自然は生存率の高い性質を選択し、人間は自分たちにとって望ましい性質を選抜する。その結果、望ましい性質を受け継いだ子孫が生まれる確率が高くなる。といっても、ばらつきは多い。しょせん人間は、自然にはかなわないとダーウィンは結論づけている。「人間の願望と努力などはかないものだ！　人の時間はあっけないほど短い！　自然が地質学的な時間をかけて蓄積したものにくらべ、人間はじつに貧弱なものしかつくりだせない[2]」

しかし遺伝形質のあらわれかたはダーウィンを困惑させた。彼は著書の最初の章で次のように認めている。「遺伝の法則はきわめて謎に包まれており、同じ種の個体に共通な形質、種が異なる個体同士に共通な形質は、遺伝による場合とそうでない場合がある理由は不明である。また子どもはある形質を祖父や祖母、あるいはもっと遠い祖先から受け継ぐ場合があるのはなぜなのかも、不明である[3]」

＊「ブラザー・メンデル！　もう豆には飽き飽きです！」

自然選択がなぜ起きるのか。遺伝のメカニズムについてもダーウィンは説明できなかったが、彼が示したふたつの重要な発見は波紋のように広がり、二〇世紀の食料の生産量が飛躍的に増加する助けとなった。そのふたつの発見がそのままタイトルになっているのが、『育成動植物の変異（*The Variation of Animals and Plants under domestication*）』の第一七章「異種交配の好ましい効果と近親交配の弊害（On the Good Effects of Crossing, and on the Evil Effects of Close Interbreeding）」である。(4) どちらの発見も、彼が温室でおこなった植物の実験にもとづく。

最初の発見は「近親交配の弊害」だ。近縁の両親から生まれた子どもはあまり丈夫ではない。従姉のエマ・ウェッジウッドと結婚していたダーウィンにとって、この発見はつらいものだった。当時いとこ同士の結婚は珍しいことではなかったが、植物で確認した近親交配の弊害がわが子にもあてはまるだろうかと彼は心配した。「わたしには六人の息子とふたりの娘がいる!!　子どもたちが虚弱であるとすれば、わたしの幸福は盤石なものではなくなるのです」と、一八五八年にダーウィンは友人に書き送っている。(5) じっさい、彼は一〇人の子宝に恵まれたが、そのうち三人は幼くして亡くなっている。最愛の娘アンは一〇歳で他界したが、結核だった可能性が高い。ダーウィンはやみくもに心配したのではなく、今日、ダーウィン家とウェッジウッド家の系図を分析してみると、彼が近親交配の弊

害を恐れるだけの根拠はじゅうぶんにあった。(6)

ダーウィンの二番目の発見は彼自身に照らし合わせてさほど重要ではなかったが、世間にひじょうに大きな影響力をおよぼした。二〇世紀の農業分野における最大級の転換点ともいえる「ハイブリッド種子の誕生」の基礎となったのだ。「わたしが収集した膨大な数の事実は、動植物において異なった品種をかけ合わす、あるいは同品種の別の系統の個体をかけ合わした場合、子孫は活力と繁殖力に恵まれることを示す。これはほぼすべての育種家の考えに一致する」と彼は記している。(7) トウモロコシ、牛、犬でも異系交配による個体は、同系交配による個体よりも成長が速く、丈夫で健康な傾向が強いという「雑種強勢の原則」だ。(8)

ダーウィンの『種の起源』の出版からわずか数年後、オーストリアの修道士グレゴール・メンデルは修道院の庭でごくありふれたエンドウを使って八年がかりの実験を開始した。メンデルは現在のチェコ共和国の貧しい農家に生まれ、家計を助けながら勉学に励み、学業で優秀な成績をおさめた。やがて修道院に入ったものの、あまりにも内気で病弱なため司祭の職務をこなすことができず、代わりに高校で数学とラテン語を教え、綿密な実験にひたすら打ち込んだ。(9)

当時は、植物も動物も両親の形質がまざりあって子に継承されると考えられていた。それが真実かどうかをあきらかにするのがメンデルの目的だった。そしてある理由から実験材料にエンドウを選んだ。エンドウはおしべとめしべが花びらにくるまれた構造で花粉が外に逃げないので一般的に自家受粉する。そこでメンデルは花を開いて花粉をピンセットで取りだし、別の株の花につけて受粉させた。こうして、各株の遺伝系統を明確にした。エンドウはぱっと見てわかりやすい特徴があるので、メンデルは丸い豆やシワのある豆といった形状や、緑色のさやや黄色のさやといった色味、長い茎や短い茎といった背丈などに注目して観察した[10]。

エンドウはかなり理想的な実験材料だったが、本格的な交配実験の前に念入りな事前準備が必要だった。まず、花粉とめしべ（卵）がそれぞれどんな特徴を子に伝えるのかをあきらかにした。何世代にもわたって他家受粉させ、二年後、両親の形質と同じ形質をもつ「純系」ができたとメンデルは確信した。次に純系を交配させる本格的な実験にとりかかった。丸豆とシワ豆、緑のさやと黄色のさや、茎の長いものと短いものなどさまざまな形質をもつエンドウをかけ合わせた。しまいには何千もの株の人工受粉をおこなっていた。

その結果できた雑種の驚くべき特徴にメンデルは注目した。丸豆とシワ豆の純系を交配させた場合はかならず丸い豆が、緑のさやと黄色のさやの純系を交配させた場合はかならず緑のさやが、そして長い茎と短い茎の純系を交配させた場合はかならず背が高い特徴をもつエンドウができたのである。

純系同士を交配してできた雑種は、両方の形質が融合したもの——半分シワのある豆、黄緑色のさや、中くらいの背丈——ではなかったのだ。メンデルは丸い豆、緑のさや、長い茎を「優性形質」と名づけた。画期的な発見だったが、それで満足しなかった。彼は天才ぶりを発揮してさらに実験を続け、雑種に自然界と同じように自家受粉させて雑種の第二世代をつくった。その結果、丸豆のエンドウから丸豆とシワ豆の両方の株ができた。同様に緑のさやと黄色のさや、長い茎と短い茎、それぞれ両方の形質があらわれた。その割合は一定だった。丸豆とシワ豆は三対一、緑色のさやと黄色いさやも三対一、長い茎と短い茎も三対一。いまでは生物学の講義でかならず学ぶ優性遺伝子と劣性遺伝子の基本的な法則は、こうしてアマチュアの生物学者によって発見された。

メンデルはおしべの花粉からの要素とめしべの卵からの要素で形質が決まると仮説を立てた。現在のわたしたちは、これが遺伝子のはたらきであることを知っている。この仮説と優性形質の理論を組み合わせて、メンデルは雑種の第二世代にあらわれる形質を説明した。たとえば交配でおしべの花粉から緑色のさやの要素を、めしべから黄色のさやの要素を受けとった場合、優性形質があらわれてさやは緑色になる（メンデルは純系だけを交配させたのでまちがいない）。さやが黄色になるのは、おしべとめしべ両方から黄色いさやの要

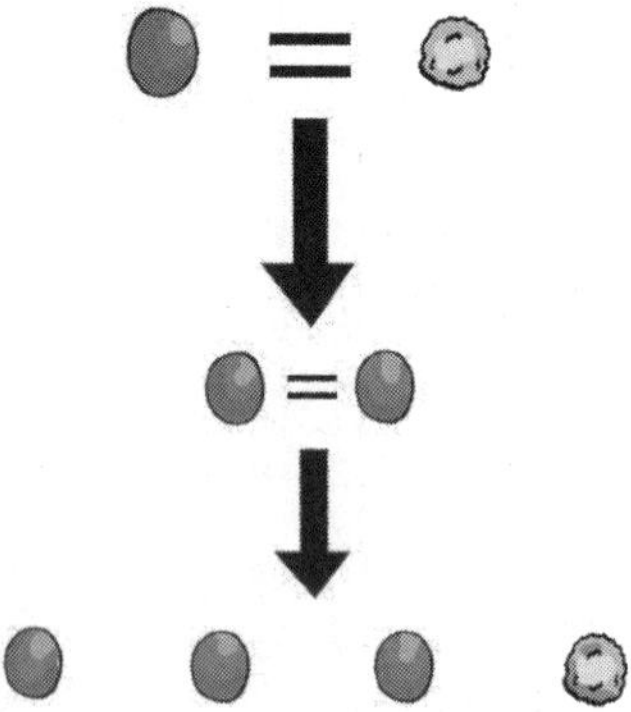

素、つまり劣性形質を受けとるときだけ。雑種の第一世代のさやはすべて緑色だった。これは緑のさやの要素と黄色いさやの要素をひとつずつ受けとるようにかけ合わせたからだ。したがって雑種の第二世代は黄色いさやの要素を受けとる可能性がある。自家受粉した際におしべとめしべは、優性形質（緑色のさやの要素）、劣性形質（黄色のさやの要素）のどちらを伝えるか、その可能性は半々だった。じっさいには交配四回につき一回、黄色いさやがあらわれた。おしべとめしべの両方から黄色いさやの要素を受けとった場合だ。四回に一回は優性形質の緑色のさやの要素がふたつそろっていたはずだ。四回のうちの二回は緑色と黄色の要素がひとつずつだったが、優性形質の緑色のさやとなった。丸豆とシワ豆、

長い茎と短い茎に関しても同様の結果となった。

メンデルは、劣性遺伝子が次世代以降まで伝わることを示した。それは先にあげたダーウィンの問いかけ、「子どもはある形質を祖父や祖母、あるいはもっと遠い祖先から受け継ぐ場合があるのはなぜなのか」への答えでもあった。メンデルの実験結果は、形質がまざりあって遺伝するというそれまでの混合遺伝説を否定するものだった。幸運にも、メンデルが実験材料として選んだエンドウは、豆のかたち、さやの色、茎の長さをつかさどる遺伝子がひとつだった。さもなければ美しい比率とはならなかっただろう。[11] 人間の目や肌の色などの多くの形質はこういう割合にはならない。

メンデルは修道院の院長に就任し、その職責を全うするために実験を終了した。彼は実験結果をダーウィンに送ったが、ダーウィンはそれに目を通さなかったのか、内容を却下したのか、パラダイムシフトをもたらすメンデルの革命的な実験はその後三〇年あまり顧みられることはなかった。[12]

一九〇〇年ごろ、オランダ、ドイツ、オーストリアで植物学者三人が同じ結論に達し、メンデルの実験がようやく日の目を見るときが来た。[13] 彼の功績は正当な評価を受け「遺伝学の父」と呼ばれることになったが、このときすでにメンデルはこの世を去っていた。修道院の庭で何千もの花を相手に単調な作業を辛抱づよくこなした彼は、それまで農民たちが世代を超えて試行錯誤をくり返しながらおこなってきた品種改良を根底から変えた。ここからいよいよ、格段に予測が立てやすくコントロールしやすい品種改良の時代が始まる。

二〇世紀、育種家たちは収穫量を爆発的に伸ばす種子を開発して市場に出すことになる。基盤となったのはダーウィンとメンデルがおこなった実験だ。近親交配を避け、雑種強勢の活力を活かし、生産管理可能な種子をつくるという指針が定まった。

大量生産の実現——ハイブリッド・コーン

トウモロコシは牛、豚、鶏、魚の餌になる。飲みものを甘くするためのコーンシロップにも、ジャガイモやオニオンリングを揚げるためのコーン油にもなる。今日のアメリカ人の食生活を舞台裏でしっかりと支えている。じっさい、アメリカのトウモロコシの生産量は世界一で、現在は全米の農地の四分の一がトウモロコシ畑である(14)。

それもこれもメンデルの発見があったからこそ、そしてトウモロコシという植物特有の構造があるからこそだ。トウモロコシの株のてっぺんに房状についているのは雄花(雄穂)で、ここで花粉がつくられる。自然な状態では、花粉は風に運ばれて別の株の雌花(雌穂)の絹糸(ひげ)につく。花粉は一本一本のひげを伝って受粉がおこなわれ、粒のなかで胚が成長する。こうして同じ株やそばの株の花粉で受粉がおこなわれる。育種家は受粉に使いたい株をそばに植え、花粉を受けとる株の雄花を切ったり覆いをかけたりして受粉を操作する。こうすれば意図したとおりの組み合わせで受粉させることができる。

メンデルはエンドウのあと、トウモロコシでも実験した。のちに彼の功績を再発見した植物学者らもトウモロコシで実験をしている。[15] さらにトウモロコシは学問の領域を超えて注目を集めた。一九世紀、ヨーロッパからの米国入植者がプレーリーに散らばり、風で受粉するトウモロコシを栽培し、「種子商」たちは品種改良に励んだ。種子商は好ましい性質——成熟が早い、鮮やかな黄色い粒、病気への抵抗力が強い、実の大きさがちょうどよい——の株を選び、その株についた実を種子として農家に売った。[16] 農家は購入したタネから育てたとびきりのトウモロコシを「コーンベルト」と呼ばれる中西部のトウモロコシ集中生産地域一帯で開かれる展示会コーンショーに出品し、それが種子商たちには格好の材料となった。

彼らはいろいろなトウモロコシをかけ合わせて、よりよい新種を次々につくった。だが種子商と農家がいくら努力を重ねても、どうしても改善できない点があった。収穫量だ。一八六〇年代から一九三〇年代まで、トウモロコシの収穫量は一エーカー（約四〇〇〇平方メートル）につき二五ブッシェル（約六八〇キログラム）を超えることはなかった[17]。

メンデルの功績が認められたあと、二〇世紀はじめの数十年間にアメリカの遺伝学者であるコネティカット州のエドワード・マレー・イースト、ネブラスカ州のロリンズ・アダム・エマーソンらは、ダーウィンによる重大な発見とメンデルの法則を適用してトウモロコシの品種改良に取り組んだ。それは知的挑戦でもあったが、実利的な面でも大いに魅力ある挑戦だった。中西部ではもっぱら家畜・家禽の飼料としてトウモロコシが使われており、生産を飛躍的に向上させる改良種が開発できれば、それだけコストを削減できる。かならず実現しようと固く決意して品種改良に打ち込む彼らを、伝記作家は「豊潤の予言者たち」と呼んだ。彼らはハイブリッド・コーン（一代雑種トウモロコシ）をつくるために国内各地でおこなわれる郡主催の品評会に足を運び、展示されるトウモロコシを丹念に調べて「変種」を探した[18]。

トウモロコシの変種には、葉が縞模様、穂が枝分かれしている、背丈が低いものなど、多岐にわたる独特の特徴があった。豊潤の予言者たちはメンデルの法則を示す特徴を見極めようとした。それを交配させれば次代の特徴の予測がつく。同じ特徴をもつトウモロコシを隣り合わせに何列も植えれば同系交配によってタネができる。メンデルがピンセットを駆使して純系のエンドウをつくったのと同じ理屈だ。そのうえで、「異種交配の好ましい効果」というダーウィンの発見を活用する。こうして同系交配をおこない、ハイブリッドをつくり、ハイブリッド種を農家に売ればよい。理論上、そのタネから育つ株は雑種強勢を示し、自然のままに風で受粉するトウモロコシよりも強く、高い収穫量を望めるはずだ。

ところが、そうは問屋が卸さなかった。「近親交配の弊害」の問題が生じたのだ。同系交配でできたタネは弱く、実がじゅうぶんにつかなかったので大量販売するだけのハイブリッドをつくる見通しが立たなくなった。

イーストの教え子のひとりドナルド・ジョーンズは、うまい解決法を考案した。自殖系統ふたつではなく四つでハイブリッドの種子をつくった。まず自殖系統二セットをかけ合わせてから、この二セットの次世代をかけ合わせたのである。最初の交配で雑種強勢のタネをつくり、さらに複交雑（複交配）でじゅうぶんな量のタネを確保でき、市販が実現した⒆。

一九二六年、のちのアメリカ副大統領ヘンリー・ウォレスはアイオワでハイブリッド・コーン・カンパニーを設立した。農家にハイブリッド種子を売る初の会社だった。世界大恐慌の対策として打ちだされたニューディール政策にうながされるように、ハイブリッド種子はあっという間にコーンベルトに広まっていく。

収穫量は跳ねあがった。一九四〇年代半ばまでには、アイオワ州で栽培されるトウモロコシはすべてハイブリッド種になっていた。一九五〇年代半ばには、全米のトウモロコシ畑の九割でハイブリッド種が栽培されていた。[20] 風で受粉していた二〇世紀はじめの数十年にくらべると、一九六〇年代にはトウモロコシの収穫量は二倍近くになっている。[21] 二〇世紀にトウモロコシの収穫量は爆発的に増加しており、その約半分はハイブリッド種子のおかげということになる。[22] 残りの半分は化学肥料、殺虫剤、新しい機械の導入の成果だった。アメリカ中西部のコーンベルトを上空から眺めると、眼下には一面にトウモロコシ畑が広がる。機械化され、施肥され、収穫量の多い大規模農場は、二〇世紀前半にハイブリッド種子へと方向転換した結果だ。

メンデルの法則と雑種強勢は、種子メーカーに巨万の富をもたらした。ハイブリッド種子の活力は一代かぎりなので、農家は毎年ハイブリッド種子を購入するよりほかなく、種子メーカーにすっかり囲い込まれてしまった。農場ではハイブリッド種子が登場する前の何倍ものトウモロコシが生産されるようになり、翌年の作付けのためにタネをとっておく日々は過去のものとなった。

アメリカでは一九三〇年代にハイブリッド種子のトウモロコシが一気に増え、続いて世界各地でも収穫量が急増した。先進国でも次々にハイブリッド種子が採用され、肥料や新しい機械も導入された。すると生産量は、ドイツでは一九六五年から二〇〇〇年までに倍増し、カナダでは一九四〇年から二〇〇〇年までに三倍に、フランスでは一九五〇年から一九八〇年代半ばまでに四倍に増えた。(23) 修道院の庭でメンデルが発見した法則は、トウモロコシ以外の穀類の収穫量も飛躍的に向上させた。いよいよ大躍進に突入しようとしていた。

背の低さで勝つ——小麦の品種改良

一八九八年、ウィリアム・クルックス卿は英国科学振興協会の演説で「空中窒素を固定する技術を開発するよう化学者たちの創意工夫に期待する」と述べた。そして同じ演説のなかで将来を案じている。「アメリカの人口増加はとどまるところを知らず、国内で生産される小麦は一世代のうちに消費し尽くされるだろう」、そして「世界中の小麦の収穫の大半を奪うことになるだろう(24)」と。だが彼の予測ははずれた。

小麦はもともと自然に生えている野草だった。第3章で述べた肥沃な三日月地帯で初めて栽培化され、一八〇〇年代半ばにヨーロッパからの入植者がアメリカのグレートプレーンズに持ち込んだ。木の生えていない乾燥した平らな大草原地帯で小麦は栽培されたが、当初は旱魃、風、砂嵐、蝗害《こうがい》（バッタ類の大量発生）、植物病害などの脅威にさらされ、慣れない過酷な環境に小麦も入植者も苦しんだ。

数十年後、クリミアから移住してきたキリスト教の教派のひとつであるメノナイトの複数の家族がプレーンズに入植し、トルコの小さな谷で育っていた小麦のタネを持ち込んで植えた。世界各地で農民たちは試行錯誤を重ねて小麦を地元の風土になじませてきた。そうした何百種類もの小麦のひとつだ。メノナイトとともにトルコ種の小麦も平原地帯によくなじんだ。それからの四半世紀をへて、この小麦は主要品種となり、ネブラスカ、カンザス、テキサス北西部、オクラホマ、コロラドへと広まった。(25)

二〇世紀はじめにメンデルの法則が脚光を浴びると、グローバル化が進む小麦市場でもこれを応用した商品づくりにはずみがついた。すでにハイブリッド・コーンが誕生し、農家がこぞって購入して新たな市場が開拓されていた。小麦栽培は化学肥料と機械化で収穫量は増えていた。新しい遺伝学を活用して一気に飛躍するチャンスだった。アメリカ育種家協会――大学の研究者と、設立されてまもない農務省の役人が協力して品種改良に取り組むことをめざした組織――の創設者ウィレット・ヘイスは次のように述べている。「科学、独創的で天才的な発想、建設的な技術、企業組織、国内外の市場の大きな需要が、工業化を後押ししたが、土および空気の物質と太陽エネルギーを価値ある商品に変える動植物に関しても、より改善する方法が模索されるべきである」[26]。そして当時話題となっていた言葉を使って熱く訴えた。「生殖細胞に秘められた活力、そこから植物あるいは動物として成長して成熟するまでのメカニズムは、どれほど強力な機関車の構造よりも難解で奥深い。こうして機械のように生きものを生かしている力は、魂が乗り移るように微小な生殖細胞へと飛び込み、のちの世代でよみがえる。それはまるで、シェークスピアという個人の能力が新しい亜種あるいは品種として何百万倍も発揮されるようなものである」[27]

植物の育種家たちは小麦の収穫量を増やすための品種改良に取り組んだが、それはイーストとエマーソンが挑んだトウモロコシのケースとは異なる苦労があった。小麦はトウモロコシのように風で受粉するのではなく、エンドウと同じように自家受粉する。小花のなかにおしべとめしべがあり、花が開く前に受粉の組み合わせは決まっている。環境に適応しながら進化してできあがったこの構造のおかげで、小麦はグレートプレーンズのような乾燥地によくなじみ、風で花粉がカラカラに乾燥してしまう危険性もない。

けれどもこの構造が、小麦のハイブリッド種を開発して事業化するのを妨げた。風で受粉するトウモロコシの場合は、受粉させたい株同士を固めて植えておけばハイブリッド種子をつくることができた。ところが小麦は自家受粉なので、育種家はかけ合わせたい株同士の受粉を手作業でやらなければならない。メンデルはエンドウの実験で同じことをしているが、ハイブリッド種子を生産するやりかたとしては能率的とはいえない[28]。

こうして生態学的な理由から、雑種強勢のしくみを活用するのはかんたんではなかったが、それでも育種家たちは風で倒れにくい強い茎などの望ましい形質をそなえた系統の株を選抜して手作業で丹念にかけ合わせ、新種を地道につくっていた。外来種と交配させたものも含め新種としては、マルキー、ブラックハル、フルツ、フルキャスターなどが誕生した[29]。小麦の生産量は微増したものの、それはおもに農地が広がったからで、単位面積あたりの収穫量が増えたわけではなかった。

一九四〇年代にようやく突破口がひらけた。アメリカの農務局長を務めたホーレス・ケプロンがお雇い外国人として駐留した日本の丈の低い小麦に目を留め、貴重な形質であると報告したのは一八七四年のことだ。彼はその小麦について「丈は低いが、その割に麦穂が重い。茎は二フィート（約六〇センチメートル）を超えることは稀で、二〇インチ（約五〇センチメートル）そこそこであることも珍しくない……たいへんに豊かな土壌で栽培されているこの小麦はきわめて収穫量が多いが、けっして地面に倒れることはなく、アメリカの作物のようなダメージを負うことはない」と記している[30]。

育種家がようやくその貴重な形質に目を向けたのは、小麦の収穫量を増やすために化学肥料、灌漑、機械化を試した末だ。膝丈ほどの小麦は、腰位置まであった従来の小麦とは段違いだった。茎が丈夫で風に耐えて成長し、穂が重くなっても容易に倒れず真っすぐ立っていた。湿った土に倒れて齧歯動物に食べられてしまう被害も防げた。こうして丈が短くて頑丈な品種であるウィチタ、ポーニー、コマンチェ、トリンプへの切り替えが進み、収穫量は跳ねあがった。(31)

大豆の旅

二〇世紀前半に機械化と大型化が進んだアメリカ中西部の農業の三本柱といえば、トウモロコシ、小麦、大豆だったが、大豆は独自の道をたどってきた。大豆は数千年前に中国北東部で初めて栽培化され、米、小麦、大麦、黍とともに中国文明の神聖な穀物のひとつとなっていた。(32)高タンパク質の大豆は交易を通じてアジア全域に広まり、味噌、テンペ（インドネシア発祥の発酵食品）、豆腐の材料となり、この地域の栄養源となっている。

一六世紀後半から一七世紀にかけて伝道師と学者が大豆をヨーロッパに持ち込んだが、ヨーロッパで主要作物になることはなかった。北米には、東インド会社に雇われた船員サミュエル・ボーエンによって中国からロンドン経由で持ち込まれた。ボーエンはジョージア州の自身の大規模農場《プランテーション》に大豆を植えつけ、醤油と麵をつくる特許を申請している。ベンジャミン・フランクリンはロンドンからタネを送り、フィラデルフィアの自宅の庭に植えさせた。だが北米でも大豆は主要な食物としては定着しなかった。栽培された大豆の大部分が家畜・家禽用の飼料となり、根粒菌が棲みついて窒素固定をしてくれることからクローバーと同じく重宝された。

一九世紀の終わり、アメリカ農務省に種子・植物導入局が設置され、植物品種の標本収集が正式に始まる。大豆に関しては、その数十年後にようやく収集が開始された。科学者ハワード・モースとビル・ドーセットが派遣されることになり、彼らは家族を引き連れて大豆収集の長い旅に出た。

一九二九年から一九三一年にかけて中国、日本、韓国をまわり、青果市場、食料品店、生花店、植物園、畑、大豆製品工場、そして自生しているものも含め一万種を超える大豆のサンプルを持ち帰った。大きい豆、小さい豆、赤・黒・黄色、縞模様、丸形、卵形の豆もあった。種子商たちが郡の品評会をまわってサンプルを集め、より強く収穫量の多い品種づくりに取り組んだトウモロコシのように、これで大豆の遺伝的多様性がそろった。育種家はそのなかから、収穫量の多いもの、気候に合うもの、背が低くて倒れにくい大豆をつくるための品種を選ぶことができた(33)。

一九二二年、起業家オーガスタス・ステイリーは大豆にビジネスチャンスを見出した。

そこでイリノイ州ディケーターの農家に報酬を支払って大豆の栽培を依頼し、収穫した大豆を加工する最初の工場を建設した。ふたを開けてみると、利益が出たのは醬油、テンペ、豆腐ではなく、豆をつぶして得た油、牛・鶏・豚の飼料用の大豆粕だった。大豆ビジネスは大成功し、やがてディケーターは「世界の大豆の都」と称されるまでになった。

育種家は大豆の種子バンクを活用して、搾油量が多く、飼料向きの品種をつくった。といっても飼料向けに畑でただ栽培されたわけではなく、牛の胃袋に到達するまでにはまず工場に運ばれて大豆粕となり、トラックや鉄道で運ばれてようやく畑に戻ってきた。第二次世界大戦後には大豆はもはや食用の作物としてではなく、マーガリンとショートニングの原料となる油を量産するための作物へ、そして食肉と乳製品を生産するための飼料用の作物としてつくられるようになった。アメリカは大豆生産量世界第一位の座を守ってきたが、近年はブラジルの「世界の大豆王」ブライロ・マッギ知事のマットグロッソ州などが肩を並べるようになってきている。(34)

化石燃料に頼るモノカルチャー

二〇世紀前半、アメリカ中西部では遺伝の法則を活用した品種改良、化学肥料、化石燃料を使う機械が出そろい、これでトウモロコシ、小麦、大豆の大量生産への道ならしができた。交配で新しい品種をつくり収穫量を増やすための理論構築と実験という大仕事の大半は、公立大学の研究者がこなした。民間会社も特許と利益を得ようとして手がけるようになった[35]。

プレーリー、そして果てしなく続く平坦で肥沃な土地は、世界有数の大規模農業の中心地となった。二〇世紀初頭、アメリカ国内のほぼすべての農地では野菜と果樹の栽培、鶏、馬、牛、豚の飼育など、すべてが同時におこなわれていた。歳月とともに小規模農場が合併して巨大ベンチャーへと成長を遂げた。大規模農場は特化が進み、限られた種類の作物だけを重点的に栽培するようになった。なかでもトウモロコシ、小麦、大豆の取り扱いが群を抜いていた。最新機械が人間に替わって農作業をおこなうようになり、大規模農場はわずかな人手だけで切り盛りされるようになった[36]。そして田園地帯の人口の大部分は都市へと移動していった。一九世紀末、クルックスはアメリカが「じきに小麦の輸入国となるだろう」と予測したが[37]、それとは裏腹に、「アメリカのハートランド」と言われる中西部は豊富な食料の生産地となって国内各地で成長めざましい都市の住人を養い、世界中に作物を輸出するようになった。

クルックスは植物育種によって得られる桁外れの生産量を予測できなかった。また化石

燃料は家畜の労働力に取って代わるだけのパワーをもたらすことも予測できなかった。だから未来を大きく見誤ったのだ。中西部でおこなわれるモノカルチャー（単一栽培）は、古代の太陽エネルギーを化石燃料のかたちで活用して食料を生産し輸送する。人間の労働力が必要なのは農業機械の操作やトラックの運転など、ごく一部だ。トラクターが登場する前の一九〇〇年当時、アメリカの農場では馬とラバを合わせて二〇〇〇万頭が人間の手足となって働いた。その五〇年後には三〇〇万台超のトラクターが稼働し、農場で働く馬とラバは八〇〇万頭未満にまで減っている[38]。

狩猟採集時代の方程式はもはや成立しない。狩猟採集生活では、投資したエネルギーを上回る成果を得ることが大前提だった。しかし化石燃料を使うと下回る可能性がある。エネルギーの大きさを示すカロリーに換算すると明々白々だ。燃料費が妥当な額である場合、消費エネルギーと摂取エネルギーの量を比較すると後者が圧倒的に少ない。今日、アメリカの食料——果実、野菜、卵、乳、肉その他の製品すべて——をまかなうシステムは、栽培・飼育から始まって、輸送、加工、包装、家庭での保存と食事の支度まですべてをひっくるめて、摂取エネルギーを消費エネルギーが大きく上回る。カロリーに換算すれば、約七倍から一五倍だ。一回の夕食で摂取する一カロリーにつき、生産と輸送などに七倍から一五倍ものカロリーが使われている計算になる。(39)

小規模で多様だった中西部の農場は、化石燃料に依存するモノカルチャーをおこなう少数の大規模農場となった。この転換の影響はアメリカはもちろん、世界中の人びとの食生活に浸透し、食料保存庫とキッチンテーブルに変化があらわれた。

多くなる肉、少なくなるデンプン

あらゆる国、あらゆる文化にあてはまる共通のパターンは、そうそう見つかるものではない。かなりいい線までいったのが、アメリカの地理学者メリル・ベネットだ。ある特徴が人間の社会に共通して見られるという観察結果を彼は一九三〇年代前半、本格的に食料の大増産が始まる前に指摘している。それは、料理、宗教上の禁忌《タブー》、嗜好の違いはあっても、人は豊かになるにつれてデンプン質の摂取量が減る――つまり食生活のなかで小麦、米、トウモロコシ、ジャガイモが減り、肉、鶏、卵、乳、チーズが多くなるという傾向だ。

一九三五年、世界各国の人びとの食生活を分析したベネットは「国民一人あたりの所得水準、消費水準、生活水準、国民経済生産性の数値が連動している場合、その相対的なレベルを知るためのおおまかな指標となるのは……国民が消費する食料の総カロリーに対する穀類とイモ類のカロリーが占める割合である」との結論に達した。[40]当時、肉やデンプン質以外の食料から得るカロリーが総カロリーの六割を超えていたのは、世界人口の約一〇分の一だけだった。いっぽう、世界の三分の二以上の人びと――人口稠密のアジアや人口密度の低いアフリカなど――は、デンプン質から得るカロリーが八割を占めていた。[41]ときおり少量の肉と卵を食べる程度で、米などデンプン質の主食が圧倒的に多い食事だ。

肉食の倫理的な問題はひとまず脇において、多くの文化では食肉と畜産物はきわめて貴重な食べものである。動物は餌として太陽エネルギーを取り込んで、窒素を含む必須アミノ酸で構成されるタンパク質に変換する。ただしそのタンパク質ができるまでには、動物の消費エネルギーとして、食物連鎖で伝わってきたエネルギーの一部が使われている。

消費エネルギーの量は動物によって異なる。もっとも高くつくのは肉牛だ。牛肉一ポンド（約〇・四五キログラム）を得るために、三二ポンド（約一四キログラム）近くの餌が必要となる。ということは、牛が食べるタンパク質のうち、わたしたちの食卓にのぼるタンパク質はわずか五パーセント。飼料に大豆やトウモロコシが使われていれば——アメリカで生産される大豆やトウモロコシといった作物の大部分は飼料用であり、その栽培には化石燃料が利用される——家畜の維持のために消費されるエネルギーは化石燃料に含まれる古代の太陽エネルギーといっていいだろう。

逆に、人間が消化できない草で育つ牛の肉を食べるのであれば、太陽エネルギーを有効活用してタンパク質を得ていることになる。鶏の肉や卵、乳製品からタンパク質をとれば、牛に餌を食べさせて肉としてタンパク質を得るよりも、エネルギーを効果的に活用できる。鶏肉の場合、餌として鶏に食べさせた穀類のタンパク質の二五パーセントが食卓にのる計算だ。鶏卵の場合は三〇パーセント、牛乳は四〇パーセントとなる。このように家畜の餌、タンパク質を変換する効率に違いがあることを考えれば、肉食の賛否をめぐる議論の決着はそうかんたんにはつかないだろう。(42)

世界中どこでも、デンプン質の少ない食生活が可能になれば人はそれを選択する。ベネットがこの結論を出したときはまだ、化石燃料を動力源とした機械が広く使われる前、ドリルで穴を掘りポンプで灌漑用の水をくみあげるようになる前のことだった。殺虫剤の大量使用、収穫量の多い小麦と稲の種子の開発、化学肥料も、まだ未来のことだった。

中西部全域でモノカルチャーがおこなわれるようになり、二〇世紀前半の数十年でいよいよ人類大躍進に向かって加速がついた。世界の人口は一五億人を突破し、二〇世紀半ばまでにはさらに約一〇億人増加した。[43] ニューヨークは世界最大都市の称号をロンドンから奪い、都市生活者の割合は約三割と、二倍以上になった。だが二〇世紀後半には、これとは比較にならないほど爆発的に人口が増えることになる。

モノカルチャーがアメリカ中西部を変容させ、収穫量は飛躍的に伸びたが、いっぽうで別の問題が生じた。豊かな実りを享受したのは人間だけではなかったのだ。害虫は人間が知恵と技術を結集して栽培する作物をねらう。これは定住生活につきものの難題であり、わたしたちがつくりだした問題ともいえる。なんらかの解決策を講じれば、さらに自然に手を加えることになる。ともかく、招かれざる客は排除しなくてはならない。ひとつ問題を解決したことで、新たな問題が発生し、対処を求められている。

8 実りの争奪戦

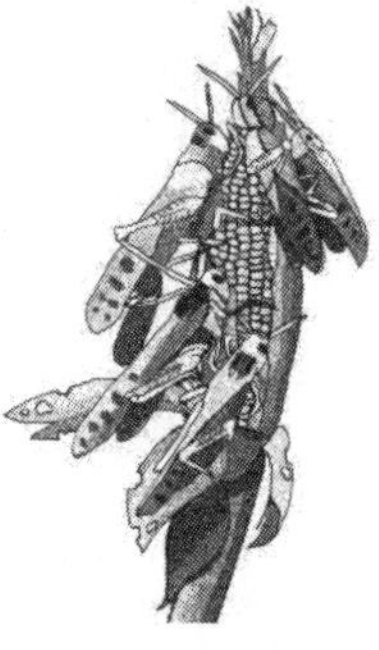

空が暗くなる。頭上でとどろくような音がして、それがしだいに大きくなって轟音《ごうおん》となり、茶色がかった雲が畑に降ってくるのを、農民はなすすべもなく見つめる。大挙して押し寄せた無数のバッタはものの数時間で作物を食い尽くしてしまう。やがて潮が引くようにバッタの群れが上空に戻ると、あとに残るのは荒れ果てた光景だ。バッタの大群は次の食事を求めて次々に移動する。移動のシーズンが終わるころには葉も茎もすっかり平らげられ、青々としていた畑はまるで生気のない不毛の土地に姿を変えている。

西アフリカではこの見るも無惨な光景をもたらす蝗害がだいたい一〇年から一五年に一度起きる。雨季の大雨のあとに乾季がやってくると土のなかに産みつけられたバッタの卵が孵化《ふか》し、果てしなく広がる大地に大群が発生する。飢えたバッタはいったん飛び立つと、毎日自分の体重と同じ分量を食べる。西アフリカの主要作物であるトウモロコシ、黍、稲もなにもかも、手当たりしだいなんでもむさぼり食う。

二〇〇五年、バッタが大量発生し、西アフリカからアフリカ大陸の北部、さらにはその先のポルトガルまで襲った。その年はオーストラリア東部でもバッタが異常発生している。バッタは世界最悪の農業害虫であり、二〇〇五年は農作物にとりわけ深刻な被害をおよぼしたが、これはいまに始まったことではない。聖書時代の前からすでに発生し、以来、バッタの旺盛な食欲は農民を茫然とさせ、食料を奪ってきた(1)。

現在、人間が暮らしている大陸のうち北米大陸だけは唯一、バッタ類の大量発生という恐ろしい被害に遭わずにすんでいる。だが、昔からそうだったわけではない。一八〇〇年代後半、入植者が西に移動し、プレーリーを畑に変えた。そのトウモロコシ畑や小麦畑に突如として、ロッキー山脈の飢えたバッタの群れが襲い、全滅させている。ローラ・インガルス・ワイルダーの『大草原の小さな家』シリーズは広く愛されている児童書だが、その第三作目にあたる『プラム・クリークの土手で』にはミネソタ州のプラム川のほとりに落ちついたインガルス一家が経験した出来事が書かれている。一家が汗水たらして育ててきた小麦の収穫を目前に控えたある日、何百万ものバッタの大群がキラキラ光る雲のように降りてきた。作物が全滅してしまったので、父さんは家族を残して東部の都市に出稼ぎに行くことになった。

『大草原の小さな家』シリーズが実話なのかどうかは、愛読者それぞれ見解が違うだろうが、一八七三年、ロッキートビバッタが黒い雲のように東へと移動したのはまぎれもない事実だ。バッタはネブラスカ、アイオワ、ミネソタ、サウス・ダコタ、ノース・ダコタ両州全域を襲い、収穫間近の農作物を全滅させた。一八七五年にはテキサスからノース・ダコタにかけてバッタの大群が襲来して作物を食い尽くした。農民は火を焚いて煙でバッタの撃退を試み、タールを塗った罠をしかけたりして、バッタの幼虫をつかまえようとした。しかし有効な手だてとはならず、野菜を守ろうとして庭に広げた毛布すら、バッタに食べられる始末だった。

一八七七年にふたたびバッタが襲来した。が、なぜかそれ以降はぴたりとやみ、北アメリカの農民を苦しめることはなくなった。全滅したと考えられている。その原因は諸説あるが、草を食べるバッファローの群れがほぼ絶滅してバッタの産卵を妨げる丈の高い草が増えた、もしくは定期的にプレーリーを焼いていたアメリカ先住民族が野焼きをしなくなったことでバッタの生息環境が変わったのだろうと昆虫学者は推測した。あるいは平野中に広がったアルファルファではバッタが生き長らえることができなかったのかもしれない。

それから一世紀以上の年月が経ち、ワイオミング大学の生態学者ジェフリー・ロックウッドは、ロッキートビバッタの絶滅の真相を探るべく調査に乗りだした。そして出た結論は——偶然のいたずら。

一八八〇年代、開拓の波とともに農民が畑をつくった土地は、ちょうどバッタの繁殖地だった。たとえばモンタナとワイオミングの渓谷だ。山にはさまれた川のほとりの地中にバッタが産卵していた。その肥沃な土地を、農民たちは開墾地に選んだ。養分たっぷりの土があり、すぐそばを流れる川からいくらでも水が手に入り、作物の栽培にうってつけだった。バッタの卵の一部は農民の犂で地中深くに押し込まれ、孵化できなかった。逆に犂で地表にかきだされた卵は鳥に食べられた。無事だった卵となんとか孵化したバッタも灌漑用水で溺れた。こうしてロッキートビバッタは繁殖の道を断たれ、絶滅したのである。最後の生き残りは一九〇二年にカナダの大草原で発見されている。「応用昆虫学の歴史においてもっともめざましい『成功』、つまり農業害虫の種として唯一、完全に排除されたのは、あくまでも偶然が引き起こしたものだった」とロックウッドは結論づけた。[2] ロッキートビバッタが絶滅していなければ、はたして一八〇〇年代後半にアメリカの農業は大幅な拡大の道をたどっていただろうか。[3]

世界の食料生産を大きく揺るがす害虫のうち、バッタはとりわけ悪性で破壊的だが、それ以外にも農作物に被害をもたらす病害虫・雑草のたぐいは何百種にものぼる。雑草は作物と競争して水と養分を奪い、細菌と菌類はカビと腐敗の原因になる。アブラムシやゾウムシなどの昆虫、鳥、ウサギ、齧歯類、シカ、象などは世界各地で畑の作物を食い荒らすやっかい者だ。いま現在も、どれだけ農薬や農薬以外の手段を講じても、世界各地で栽培される作物の約三割は収穫前に病害虫にやられ、収穫したうちの一割もやはり病害虫の被害に遭う。(4) これはまぎれもない現実であり、農業従事者にとって果てしない闘いなのだ。

皮肉にも、食料の増産を可能にした人類の進歩は敵を助けた。一八四〇年代半ばにアイルランドのジャガイモ飢饉を引き起こした病原菌についておさらいしよう。芽から育てたジャガイモはすべて遺伝組成が同じクローンだった。そして畑と畑の距離も近かった。病原菌はこの条件をたくみに利用して、壊滅的な被害をもたらしたのである。

一九七〇年代のアメリカではトウモロコシごま葉枯病が大流行した。ただしアイルランドの場合とはある一点で大きく違っていた。一九七〇年代のアメリカの畑で腐ったトウモロコシは、均一に収穫量の高い品種をつくろうとした育種家の努力のたまものだったのだ——なんという皮肉だろう。

一九七一年四月一八日、ニューヨーク・タイムズ紙はこの状況を「トウモロコシごま葉枯病——遺伝学の勝利が一転、災難の引き金に」という見出しで報じ、(5) ハイブリッド・コーンの成功と破滅の因果関係を指摘した。最大の問題は、トウモロコシに自家受粉させせないために育種家が凝らした工夫だった。従来は、トウモロコシの先端の雄花を手で取り除いていた。それでは手間も費用もかかる。そこで育種家は自家受粉を防ぐために雄花で花粉をつくらない雄性不稔《ゆうせいふねん》のハイブリッド種を開発した。これならわざわざ雄花を切って取り除かなくてすむ。

だが、このハイブリッド種には致命的な弱点があった。すでに一〇年前にフィリピンではその弱点が指摘されていた。菌類が繁殖して、葉に病斑があらわれる、穂が腐る、粒に病変が出る、茎が腐るといった症状を呈しやすかったのだ。アメリカの農家はその指摘を深刻に受けとめなかった。しかし一九七〇年一月までにトウモロコシごま葉枯病はフロリダ州全域に広がってしまった。その年の春は例年より雨が多く、菌類は活動を活発化させ、アメリカ南部、そしてコーンベルトのイリノイ州やインディアナ州へと蔓延した。農家はようやく本腰を入れて対処しようとしたが、スプレー式の殺虫剤ごときではもはや手に負えない事態になっていた。

広範囲でトウモロコシが被害を受け、食料の被害総量は、アイルランドのジャガイモ胴枯病の何倍にも達した。不幸中の幸いといえば、アメリカではトウモロコシが数ある作物のひとつにすぎず、人びとの食生活は多様だったのでアイルランドのような飢餓と移民という犠牲を払わずにすんだことだ。

とはいえ、この一件から大きな教訓を得た。遺伝的に類似した作物を大規模に栽培するモノカルチャーは病害虫の被害が拡大する可能性は高まる。いったん病害虫にとりつかれてしまうと、感染拡大を防ぐ手だてはない。翌年、農地ではT型細胞質（雄性不稔の遺伝子をもつ）を利用した品種は植えつけされず、夏には以前のように何千人ものティーンエイジャーが雇われてトウモロコシの雄花を取り除く作業にあたった。

モノカルチャーの弊害に苦しめられるのは人間だけではない。第1章で述べた農業をいとなむハキリアリの農園にも遺伝的な多様性はほとんどない。ハキリアリはモノカルチャーでキノコをつくる。そのため不要な胞子が侵入して寄生するのを防がなければならない。アリも人間と同じように殺虫剤を使う。寄生性の有害な菌類を撃退するのに使われる殺虫剤の正体は、アリの体内で育つバクテリアだ。アリがこのバクテリアを土に出すと、排除したい菌類の天敵がアリの農園にやってきて有害な敵をやっつけてくれる[6]（じっさい製薬業界はこれと同じバクテリアを利用して抗生物質を製造している）。

人間やハキリアリがつくる作物はこれからも、つねに病害虫にねらわれるだろう。こちらにとっては病害虫でも、細菌、菌類、昆虫といった生物は生きるために食べているだけのこと。その点ではわたしたちとなんら変わらない。先進国や途上国の一部でも、化学肥料、機械化、現代の灌漑設備でモノカルチャーがしやすい状況がととのっている。だがモノカルチャーはごちそうめあての病害虫を引き寄せてしまい、それを排除するためにより いっそう強力な手段を講じる方向に進んでいく。

モノカルチャーは病害虫にとって格好の標的となったが、それ以外にも人類は病害虫につけ入る隙を与えてしまった。楽々と移動できるように手助けしてしまったのだ。人は世界中を動きまわり、動植物も移動させる。たいていの食品はこうして広まっていった――南北アメリカ大陸のトウモロコシとキャッサバは、いまやアフリカの主食だ。そして歓迎されない種もまた、船のコンテナ、梱包資材、飛行機の機体、旅行者の手荷物にこっそり紛れ込んで移動する。

どういういきさつであっても、移動の末に天敵のいない場所に行き着けば、しめたものだ。食べる側と食べられる側が長い共進化のプロセスをへて均衡がとれていくという過程を省略して、天敵のいない新天地にいきなり入ってきた種はまたたく間にはびこり、在来種を駆逐してしまうこともある。

例をあげよう。キャッサバを食い荒らすコナカイガラムシとハダニ類などだ。コナカイガラムシとハダニはもともと南米に生息していたが、一九七〇年代前半になにかのきっかけでアフリカに渡り、新手の害虫となった。天敵がいなかったため、熱帯アフリカ全体の主食であるキャッサバに壊滅的な被害を与えた。(7) ロシアコムギアブラムシも同じケースだ。

一九八〇年代半ばにたまたま大草原地帯に入り、栽培されていた小麦に何百万ドル相当もの損害を与えた。[8] アフリカのサハラ以南に生息していたチチュウカイミバエも輸出される果実について、最初はハワイに、さらに一九〇〇年代初頭にはアメリカ本土に入った。[9] ヘシアンバエ（コムギタマバエ）が船に乗り込み、イギリスからニューヨークに渡ったのは、アメリカ独立戦争のさなかだった。都市近郊の小麦畑はどこもかしこも数日のうちに痛ましい姿となり、農地はすっかり荒廃した。このハエに〝ヘシアン〟と名づけたのはニュージャージーの農場経営者で独立戦争では大佐に任官されたジョージ・モーガンである。イギリスと同盟して戦ったドイツの傭兵――「ヘシアン」と呼ばれた――への蔑みを憎き昆虫に重ねたのだ。ヘシアンバエはいまもなお小麦農家を苦しめている。[10] このほかにも、交易や物資の輸送とともに世界中を移動して新天地にこっそりと入り込むやっかい者の種類は数えきれないほどいる。否応なしに世界中が密接に結びついている以上、どこからともなく侵入してくる病害虫・雑草との闘いには終わりがない。[11]

自然のめぐみを守る――カカシから殺虫剤へ

農作物への病害虫の被害はなんとしても食い止めなくてはならない。とりわけモノカルチャーの作物は遺伝的に均一なので、密航してきた種にねらわれればひとたまりもない。二〇世紀に全盛を誇った殺虫剤が登場するよりもずっと昔から、人類は知恵を絞って自然のめぐみを病害虫に横どりされないための工夫を凝らしてきた。

古代エジプト人はすでに賢い戦略をとっている。小麦が実る時期には農民が畑の脇に隠れて筵《むしろ》をかぶる。ウズラが食べものにありつこうと降りてくると、やおら農民が飛びだして畑に網を広げ大きな音を出す。飛び立とうとしたウズラは網に捕らえられてしまう(12)。作物を鳥に食べられないように、大きな音を出したり、カカシやおとりを使ったりする作戦はエジプト以外の世界各地でおこなわれてきた。

カカシは鳥の被害をわずかながらも食い止めることはできたかもしれないが、雑草、昆虫、有害な菌類と細菌を脅して追っ払うことはできない。こういう小さなやっかい者を撃退するために、大昔から人は雑草を抜き、手で幼虫をつまんで捨て、病気に抵抗力のある植物を栽培してきた。なんと化学物質まで活用されている。西暦九〇〇年にはすでに中国人は庭の昆虫を砒素《ヒソ》で殺していた。時代とともに、化学物質を使って病害虫や雑草を退治する方法がたくさん考案されている。

たとえば、タバコから抽出したニコチンをたっぷりの水で薄めて吹きかける、マチンの樹（ストリキニーネ）の有毒な種子を齧歯類に食べさせる、天然の毒素を含む菊の葉を粉にして撒くといった方法だ。一九世紀半ばには硫黄、砒素、鉛、その他の無機化学薬品を混ぜた殺虫剤が商品化され、パリス・グリーン、ロンドン・パープル、ボルドー・ミクスチャーなどカラフルな商品名で売りだされて注目を浴びた。フランスではブドウのつるの白カビに、アメリカ東部ではリンゴの木につくマイマイガに使われるなど、二〇世紀半ばにDDT（ジクロロジフェニルトリクロロエタン）の殺虫剤が登場するまで、この有毒な溶剤が広く利用された(13)。

しかし世界の大方の地域では過去から現在まで、市販の合成殺虫剤とは無縁だった。農薬を買えるだけの金銭的余裕がなく、あったとしても手に入れる手段がないからだ。ペルーで焼畑農業をおこなう人びとの場合も同様だ。伝統的な方法で農業をいとなむ人びとは病害虫や雑草の攻撃を念頭において作物を育てる。何世代も前から受け継がれて蓄積してきた経験をもとに、被害を最小限に食い止める工夫が凝らされる。狭い畑に複数の作物を混作するという昔ながらの農法は、モノカルチャーで起きる壊滅的な被害を避けるための知恵にほかならない。

グァテマラの高地で焼畑農法《ミルパ》をおこなう農民はジャングルの一部を開墾して小さな畑をつくり、メソアメリカの三姉妹――トウモロコシ、つる性の豆、さまざまな種類のカボチャ――にくわえてナス科《ナイトシェード》の野菜や、これまたナス科のトマティーヨなどの食用または薬効のある植物を混ぜて植える。当然ながら畑は雑然としている。トウモロコシが整然と並ぶ光景とは大違いだ。

こういう混作ではトウモロコシごま葉枯病のような有害な菌類がはびこることはできない。植えつけを控えた数日間は畑にめんどりを入れて昆虫を食べさせながら土を返す。農民は必要とする量よりも多くタネを播き、「鳥のために一粒、アリのために一粒、わたしのために一粒、隣人のため一粒」という。[14] 菊の花を原料にした殺虫剤を使い、稀に作物が大きな被害を受けると、合成殺虫剤を数オンス撒く。[15] 収穫量はコーンベルトのモノカルチャーにはとうていかなわないが、全滅するリスクは低いし高価な殺虫剤にもほとんど頼らずにすむ。

アフリカ大陸で昔ながらの方法で農業をいとなむ人びとにとって市販の合成殺虫剤は高価でなかなか手が出ない。合成殺虫剤が使われるのは、ココア、コーヒー、綿など商品向け作物をバッタ類の蝗害から守るためだ。昔ながらの農法では、環境に合った工夫をして病害虫や雑草と闘っている。西アフリカで米づくりをする農民は農地の倒木をわざと放置して、シロアリが作物ではなく倒木につくように仕向ける。ケニアの農民はゾウムシ発生のピーク時期を見届けてからサツマイモの植えつけをする。ウガンダの農民は貯蔵している穀物に甲虫がつかないように、バナナの果汁とコショウを使う。病害虫・雑草の被害を回避するための戦略は数かぎりなくある、といっていいだろう[16]。

グァテマラとアフリカの例を見て、昔ながらの農法を過剰に褒め讃えるのは早計だ。そこは慎重に見ていくべきだろう。現実には、収穫量は低く、気候の気まぐれに翻弄され、家族を飢えさせないために必死で食料を確保することに明け暮れることになるからだ。とはいえ、すばらしいヒントに満ちているのも事実である。こうした工夫の数々は、二〇世紀前半に先進国で応用昆虫学の最先端の研究に取り入れられている。

アメリカの昆虫学者ウィリアム・ホスキンスは一九三九年の論文「Recommendations for a More Discriminating Use of Pesticides（差別化が求められる殺虫剤の使用）[17]」のなかでこう述べている。「農業を繁栄させるために必要な手だての大部分は、自然界のバランスをとることで実現できる……殺虫剤の使用は最小限にとどめ、病害虫・雑草は自然の力を活かして抑制すべきである[18]」

彼が提唱した原則は、たとえば多種多様な作物を同時並行で栽培する、年ごとに作物を変えて輪作をおこなう、自然界にいるテントウ虫やクモなどの病害虫・雑草の天敵を意図的に増やす、合成殺虫剤の使用は最小限に抑える、といった内容だった。ホスキンスは「有毒な殺虫剤の使用にともなう危険性を抑える、あるいは排除する[19]」という目標を掲げたが、それが実現する前に、一時は奇跡的にすら思えた、新たな解決法が彗星のごとくあらわれた。

強力な合成殺虫剤DDTのブーム

ジクロロジフェニルトリクロロエタン——DDTだ。ストラスブール大学博士課程の学生オトマール・ツァイドラーは、博士論文のための研究としてこの化学物質を合成した。一八七四年に博士号を取得したが、そのためにつくった化学物質を実用化するつもりはさらさらなかった。二〇世紀後半、農業分野で大きな変化を引き起こすことになろうとは夢にも思っていなかった。

ツァイドラーの研究から約六〇年後、スイスの化学者パウル・ヘルマン・ミュラーはふたたびその化学物質を合成し、特許を取得した。ミュラーは殺虫剤の開発に取り組んでおり、すでに効き目のあるものを発見して実績を積んでいた。実地試験したところDDTは一般的なイエバエ、シラミ、コロラドハムシに対してすばらしい効力を発揮した。一九四二年には商品化され、人類と病害虫との闘いに終わりを告げるという華々しい謳い文句とともに市販された。

DDTの威力が証明されたのは第二次世界大戦中のことだ。シラミが媒介する発疹チフス、蚊が媒介するマラリアから連合国の軍隊と市民を守るために菊を原料とする除虫菊剤が使われていたが、それが品不足となるなか、一九四四年には発疹チフスの流行がナポリで起きた。そこでシラミがついた人びとにDDTの粉が振りかけられ、歴史上初めて発疹チフスの流行に歯止めがかかった。戦中には空からも散布され、マラリアの抑制にも効果を発揮した[20]。ミュラーは「DDTが多数の節足動物に対し接触毒として高い効能を発揮することを発見した」功績により一九四八年にノーベル賞を受賞した[21]。

戦後、DDTはアメリカ南東部、中東、南ヨーロッパで公衆衛生上のマラリア対策として導入された。アメリカ政府はマラリア抑制のために、すでにさまざまな対策をとっていた。沼沢地を排水して蚊の繁殖地を減らす、パリス・グリーンなどの殺虫剤で蚊の幼虫を駆除する、住宅のドアと窓に網戸をつけて蚊の侵入を防ぐといった策が講じられていたものの、南東部の州ではまだマラリアが蔓延していた。ほかの地域にくらべて蚊が多く、所得水準も低かったのだ。

戦後は海外からの帰還兵が新型のマラリアを持ち込み、問題はさらに深刻さを増した。そこで公衆衛生局は国内でDDTという奇跡的な殺虫剤の使用に踏みきった。南東部の州で、何百万戸もの住宅内部にDDTが散布された。同様の対策が各地でおこなわれ、二〇世紀半ばまでに温帯地域のマラリアを事実上封じることができた。だが、はたしてDDT

がどこまでマラリアの撲滅《ぼくめつ》に貢献できるのかについては、なんともいえない。残念ながらいまもマラリアは熱帯地方で毎年多くの人命を奪い、その症状もひどく重い[22]。

DDTは疾病対策に使われたあと、農業分野の市場に進出した。人類を苦しめるあらゆる病害虫を駆除できるという宣伝文句で、家庭の庭の雑草から大草原地帯のアメリカタバコガの幼虫、西部の牧場のハエまで守備範囲が広かった。これが飛ぶように売れた。人気の絶頂期は一九六〇年代前半で、生産量は一九四〇年代当時のほぼ五倍になっていた[23]。DDTの化学組成に類似した殺虫剤が次々に開発され、アルドリン、ディルドリン、クロルデン、ヘプタクロル、トキサフェンなどが発売された。このブームのなかで、殺虫剤の使用は最小限にとどめるべきであるというホスキンスの訴えはかき消されてしまった。

奇跡の農薬に注目したのは、今回もアメリカ政府だった。南米からの船荷にひっそりと紛れ込んできた獰猛なファイヤーアント、別名「殺人アリ」対策に手を焼いていたのだ。一九一〇年代後半にアラバマ州モービルから広まり、一九五〇年代には南部一帯でこのアリの被害が出ていた。ファイヤーアントのお尻には毒針があり、刺されると入院したり、場合によっては死にいたることもある。じっさいニューオーリンズでは、幼い少年が命を落としている。高さ一フィート（約三〇センチメートル）ほどのアリ塚をつくりトラクターの行く手をふさぎ、塚を踏んだ家畜の足を刺し、作物やその種子、ウズラのヒナを食べた。

これを放置しておくわけにはいかない[24]。

南部一帯は野原、都市、郊外の拡大で土地がひらけているので、アリの行進にはもってこいの条件だった。昆虫学者の多くは農薬の使用に積極的だった。冷戦時代には報道機関に対し、「米国政府は恐るべき敵ファイヤーアントとの闘いに六〇機の飛行機を投入して臨む態勢である……この脅威を食い止めるには、二〇〇〇万エーカー（約八〇〇〇億平方メートル）におよぶ最重点地域に最新鋭の飛行機で殺虫剤を投じる以外に方法はないだろう」と発表している[25]。一九五七年、政府はまず南部一〇〇万エーカー（約四〇億平方メートル）に、続いて何百万エーカーもの地域に強力な合成殺虫剤を撒いた[26]。

けっきょく、この撲滅計画は失敗に終わった。ファイヤーアントと縄張り争いをしていた在来種のアリが全滅してしまったのだ。これ幸いとファイヤーアントは縄張りを広げ、問題はますます深刻化した[27]。名高い昆虫学者でナチュラリストとして知られるエドワード・オズボーン・ウィルソンは高校時代にファイヤーアントについて研究し、多額の費用が投じられた勝者なき闘いを「昆虫学のベトナム」とのちにいい表した[28]。いまもファイヤーアントはアメリカ南部の昆虫社会の一員として生き残っている。

マイマイガの場合もよく似ている。一八六九年、その蛾はふとしたはずみでボストン郊外の庭からニューイングランドの森に逃げだした。絹糸用に使える蚕《カイコ》かどうかを調べるの

を趣味にしていたフランスからの移民が、ヨーロッパからボストンにサナギの繭を持ち込んでいた[29]。繭から這いでた虫が、のちに新しい母国の木の葉をことごとく食い尽くす破壊的な能力を秘めていることなど知る由もなかった。

一八九〇年、深刻な被害をもたらすこの害虫を森から駆除するプログラムが実施された。まずは馬で噴霧器を引かせてパリス・グリーンを散布した。数年後、合成された亜砒酸塩が噴霧された。一九四〇年代には飛行機でDDTを散布した。その後、無害な殺虫剤農薬へと切り替わったが、どれも効かなかった。いまも、マイマイガを絶滅させる見通しは立っていない[30]。ニレ類の樹に感染する菌性のニレ立枯病（オランダニレ病）とそれを媒介する甲虫キクイムシのケースも同じ結果となっている。

いまあげた例が示すように、DDTを広範囲に使えば一気に解決するという誤った思い込みは強かった。病害虫との闘いはいつ終わるとも知れず、いっぽうで副作用の被害が深刻化するのはそのあとのことだ。

このように第二次世界大戦に続く数十年で、殺虫剤の転換が起きたのである。それ以前には、農地の病害虫を駆除する目的で亜砒酸塩など無機化合物や有毒植物を原料とする殺虫剤が少量使われる程度だった。安価で手に入りやすく、いかにも効果がありそうなDDTは、有機合成殺虫剤を世に広める火付け役となった。「合成」は自然界の物質ではなく研究室でつくられたことを、また「有機」は炭素を含んだ分子が使われていることを意味し、害虫の神経系をねらい撃ちした。有機合成殺虫剤がさかんに利用され、食料大増産の歯車は順調に進んだ。だが、破綻の危機が迫るまでにはたいして時間はかからなかった。

病害虫を攻撃するDDTなど有機合成殺虫剤の特性は諸刃の剣だった。水に溶けにくい性質は農家にとって好都合だった。雨や露とともに流れだすことなく畑にとどまるからだ。それはつまり分解しないまま、ずっと畑に残っているということでもある。

いっぽうで有機合成化合物は脂肪には溶けやすかった。その物質に接触した動物の体脂肪に蓄えられたり、土にくっついて川と地下水に流れ込んだ。空中にただよったままで長距離を移動した——遠く南極と北極にまで。痙攣《けいれん》、麻痺、死亡の原因となった。相手を選ぶわけではない。蚊、ファイヤーアント、イエバエを退治しようとしてDDTを噴霧すれば、鳥や動物が巻き添えになって死んだり繁殖能力が落ちたりすることもある。そもそも生命は環境に適合しながら進化していくのであり、長期的に見た場合はたして有機合成化合物の効果はどれほどあるのかという疑問が出てきた。

ブームの果てに——合成殺虫剤の功罪

一九四八年にパウル・ミュラーはDDTに殺虫剤としての性質があることを発見した功績によりノーベル賞を受賞したが、その時点ですでに、奇跡といわれた有機合成化合物の問題点が浮上していた。イエバエに対する効果が薄れていることに科学者たちは気づきはじめていた。この殺虫剤への耐性ができつつあったのだ。

病害虫が進化して毒への耐性を獲得する可能性について、当初、メーカー側はまったく想定していなかった。あと知恵で考えると、ダーウィンが発見したフィンチのくちばしの長さの違いについて少しでも知識があれば、これはさして驚くべきことではない。

病害虫は長い時間をかけて植物と共進化してきた。植物は病害虫から身を守るための化学的な防御手段をはるか昔からそなえていた──初期の殺虫剤にはタバコの葉や除虫菊の花から抽出された成分が使われている。病害虫それぞれの遺伝子プールには毒に抵抗力のある個体が存在していても不思議ではないし、DDTなどの殺虫剤に耐えられる可能性もじゅうぶんにある。そういう個体は、耐性のないライバルよりも多くの子孫を残すにちがいない。短いくちばしのフィンチと長いくちばしのフィンチの自然選択と同じように、毒に反応しやすい個体よりも耐性のある個体が多数派になっていくだろう。一世代の期間は短いので、数年のうちにイエバエがDDTの猛攻に屈しなくなっていくのはもっともな話だ。

これはなにもDDTに限った現象ではない。DDTブームが起きたのは戦後だが、その前に使われていた無機合成殺虫剤や植物由来の殺虫剤に対しても昆虫をはじめとする生きものは耐性を獲得していた。戦後、有機合成殺虫剤が噴霧され散布されるペースが速まるにつれて、病害虫の進化のペースも速まり、すばやく免疫をつけていった。殺虫剤を噴霧しても病害虫が死なないと、量が足りないからだと考え、徐々に量を増やしていくのは、一見、合理的であるように思われた。ところが殺虫剤を増やすことで、逆に自然選択をうながし、生き延びて子孫に遺伝子を受け渡せる個体を増やしてしまう。その殺虫剤はますます効かなくなり、使用量がますます増える。果てしなく続くいたちごっこのようなものだ。

一九八〇年の時点で、ひとつ以上の殺虫剤に耐性をもつのは四〇〇以上の昆虫、多数の病原真菌とバクテリア、雑草、齧歯類だった。[31] たとえばニューヨーク州ロングアイランドのコロラドハムシは一九八〇年代前半にはすでにさまざまなタイプの殺虫剤に耐性がついていた。農業の現場では、DDTブームの前に一般的だった植物由来の殺虫剤がふたたび使われるようになった。

耐性の問題はマラリアとの闘いにも影を落とした。マラリア撲滅という明るい展望が打ち砕かれたのだ。マラリアを媒介する蚊は、とくに中米と南アジアでDDTに耐性をつけた。かつてマラリアのために農業がふるわなかった熱帯地方では、綿や収穫量の多い品種の稲などのモノカルチャーの農地に広範囲に散布され、問題が深刻化した。灌漑用水と排水路は蚊にとって絶好の繁殖の場となり、マラリアの封じ込めはいっそう難しくなった。

自然選択のプロセスを止める方法はない。ある殺虫剤は一〇年や二〇年は効くかもしれない。だが自然選択はいずれその化合物を無効にしてしまうだろう。殺虫剤メーカーは絶えず新しい化合物をつくって耐性と闘わなくてはならない。化学合成された殺虫剤がこれほど多種多様に存在しているのは、このためだ。いくら費用をかけても終わりはこない。

DDTの登場で人類が病害虫との闘いにピリオドを打てるという楽観的な思い込みは、耐性という要素で打ち砕かれた[32]。

けれどもDDTブームにともなう問題は耐性だけではない。DDTは畑と森、家のなかにまで噴霧され、接触したすべての生物を見境なく攻撃した。だがこれもまた、初めての事態ではなかった。DDT以前には、齧歯類の駆除に使われたストリキニーネがウズラと鳴禽を殺し、木を病気から守るために使われた砒素はシカを殺した[33]。しかしDDTの影響は桁違いに早くあらわれた。飛行機で散布したあとには動物の屍骸が転がっていた。ファイヤーアント退治に使われた際には、噴霧から七日後にアラバマ州オートーガ郡の生物学者が一〇エーカー（約四万平方メートル）を調べたところ、「ウサギ六、オポッサム三、アライグマ一、コリンウズラ三、アメリカフクロウ一、ショウジョウコウカンチョウ一〇、ウタスズメ二〇、アオカケス二、モッキングバード一、チャイロツグミモドキ一、ウグイス一、シマセゲラ一、コットンラット二、シロアシネズミ一が屍骸または瀕死の状態で見つかった。同地域を横切る排水溝には大量の魚とカエルが死骸または瀕死の状態で発見された……これらの鳥と動物を実験室で分析したところ、致死量の炭化水素が検出された」と報告している[34]。DDTなど炭化水素を含む殺虫剤のしわざだった。そうした殺虫剤のひとつであるマイレックスは、胃腸その他の器官に深刻なダメージを与える。これと同じことがほかの地域でも起きているのはあきらかだった。新聞と科学系出版物は、こうした殺虫剤が家畜と野生生物に致命的な影響を与えるという記事を掲載した。一九四五年二月七日のウォール・ストリート・ジャーナル紙には、「新手のスーパー殺虫剤の功罪。病害を殺すいっぽうで羊を麻痺させる実態を専門家が検証」との見出しが躍った。[35]

しかも殺虫剤は野生生物を殺すだけではなかった。DDTなどの殺虫剤は水に溶けず（疎水性）、油に溶けやすい（親油性）なので脂肪に付着する特徴があった。これは長所と考えられていたが、半面、その性質のために化学物質が食物連鎖をへて生物の体内に濃縮されていく生物濃縮を引き起こした。

DDTは疎水性で容易に分解しないので、葉と種子にずっととどまる。湖と川の沈殿物のなかに何年もとどまる。そして食物連鎖をやすやすと伝って移動していく。DDTが噴霧された葉を毛虫が食べる。小鳥は大量の毛虫を食べる。捕食性のタカやワシは小さな鳥を何十羽も食べる。いっぽうでDDTが付着した土などが畑から湖に流れ込んで沈殿物となる。DDTは藻類のなかに入り、藻類を食べるプランクトンに入り、プランクトンを食べる小さな魚に入り、小さな魚を好物とする大きな魚に入り、その魚を食べる鳥や人間の体内に入る。食物連鎖を伝って移動をするたびにDDTの濃度は高くなる。DDTは親油性なので脂肪組織に長期間蓄えられる。食物連鎖の頂点に達したときには、DDTの濃度は何百万倍にもなっているおそれがある。

新手の殺虫剤が食物連鎖をたどりながら蓄積される実例として最初に報告されたもののひとつが、カリフォルニア州クリア湖州立公園だ。クリア湖のレジャー区域にはクビナガカイツブリが巣をつくり小魚や水生生物を餌としている。一九四九年、湖の周囲で衛生害虫のブユを退治するために殺虫剤が使用されると、クビナガカイツブリが繁殖に失敗するようになった。そしてしだいに姿を見せなくなる。殺虫剤散布がされなくなったあとも、鳥の数は減るいっぽうだった。DDTの濃度を計測したところ、土中および水中の数値にくらべて鳥の脂肪内数値は八万倍だった。DDTが最後に噴霧されてから二〇年が過ぎた一九七〇年代でもなお、鳥が産む卵の殻は通常よりも薄かった。繁殖能力もなかった。

このように食物連鎖をへて殺虫剤が天文学的な数値で蓄積する事態は、サクラメント峡谷のキジ、カリフォルニアのクラマス盆地の魚を食べるペリカンとウなど、ほかの地域、ほかの生物でも起きていた。[36]

生物学者で作家のレイチェル・カーソンは、新しい化学合成殺虫剤が自然界の生物に与える深刻な影響を調べようと固く決意した。マサチューセッツに住む友人から届いた手紙がきっかけだった。鳥獣保護区を所有するその友人は、飛行機からＤＤＴが散布されて鳥が死ぬと嘆いていた。[37] カーソンは調査結果を本にまとめ、一九六二年に『沈黙の春』として発表した。この本が存在しなければ、人類が自然界を大規模にかき乱している事実がここまで広く世間一般に知られることはなかっただろう。環境保護運動の広まりにも大いに貢献したことはまちがいない。

カーソンは、殺虫剤の無謀な使用によって野生生物と人間は有毒物質にさらされ、生命を脅かされている現状を告発し、化学工業界と政府の責任を追及した。「人類の歴史が始まって以来初めて、人間はだれしも母親の胎内に宿った瞬間から死の瞬間まで危険な化学物質との接触を余儀なくされている」と強い語調でカーソンは記している。[38] 調和しているはずの自然界を、人類は殺虫剤の乱用で脅かしているととらえ、次のように述べている。

自然を征服するのだ、としゃにむに進んできた私たち人間、進んできたあとをふり返ってみれば、見るも無惨な破壊のあとばかり。自分たちが住んでいるこの大地をこわしているだけではない。私たちの仲間――いっしょに暮らしているほかの生命にも、破壊の鉾先を向けてきた。過去二、三百年の歴史は、暗黒の数章そのもの。合衆国西部の高原では野牛の殺戮、鳥を撃って市場に売りだす商売人が河口や海岸にすむ鳥を根絶に近いまで大虐殺し、オオシラサギをとりまくって羽をはぎとった、など。そしていままた、新しいやり口を考えだしては、大破壊、大虐殺の新しい章を歴史に書き加えてゆく。あたり一面殺虫剤をばらまいて鳥を殺す、哺乳類を殺す、魚を殺す。そして野生の生命という生命を殺している。[39]

（『沈黙の春』青樹簗一訳、新潮文庫、一二六ページ）

『沈黙の春』はすぐに物議を醸し、何週間もベストセラーの座にとどまった。「静かに語る女性作家が、三億ドル規模の殺虫剤業界に喧嘩を売った」とニューヨーク・タイムズ紙は一九六二年六月二二日付の紙面で報じている。[40]

世論が割れ、同胞から喧々囂々《けんけんごうごう》たる非難の応酬が続いた。タイム誌は「過度な単純化による完全な誤り」と酷評し[41]、批評家らはカーソンを「鳥とウサギちゃんの味方」と揶揄《やゆ》した。[42] ＤＤＴ製造会社であるモンサントの社長はカーソンのことを「自然界の均衡を崇拝し擁護する狂信的な信者」だといい放った。[43] ニューヨーカー誌での連載が話題となり、ゴールデンアワーの人気テレビ番組で特集が組まれると、レイチェル・カーソンのメッセージはさらに人びとの耳目を引いた。

一九六二年、ジョン・Ｆ・ケネディ大統領は殺虫剤の乱用状況についての調査を指示した。調査報告書の内容は、カーソンへの非難があきらかに不当であることを示すもので、「環境における残留濃度がこれ以上高くなるのを押しとどめるには、残留毒性のある殺虫剤の使用を減らしていく以外に方法はない」と結論づけた。[44] 『沈黙の春』の影響を最後まで見届けることなく、一九六四年、レイチェル・カーソンはガンにより五六歳でこの世を去った。

環境保護活動家は組織を結成してＤＤＴの使用禁止を求めて裁判を起こし、ニューヨーク州ロングアイランドの鳥、ミサゴの生息数が減少しているという証拠を裁判所に提出した。[45] 一九六九年、ミシガン湖のギンザケの体内からＤＤＴが検出されると、ミシガン州は使用を禁じた。新聞はこれを死亡記事欄で報じた。「ＤＤＴ死去。享年九五歳。残留毒性のある殺虫剤だったが、かつては人道的な一面があった。第二次世界大戦における偉大な英雄とされていたが、作家レイチェル・カーソンが殺人罪で告発して以来、名声は衰えた。

長い闘病生活のあと、六月二日にミシガン州で息を引きとった[46]」

スウェーデンとノルウェーは一九七〇年に早々とDDTの使用禁止を決めた。アメリカ全土で使用が禁じられたのは一九七二年、ただし例外として公衆衛生上の緊急事態での使用は認められた。多くの先進国も同様の措置をとった。

科学者、政府の役人、化学工業品の業界代表がくり広げた激しい論戦は、自然を操作するために危険性のある化学物質を使うことがいかに複雑な状況を生むのかを物語る。製品を売りたい業界側との議論の決着は容易にはつかなかったし、いまなお、白黒はついていない。

たしかに、化学合成殺虫剤がブームとなり化学物質の大量使用につながった。従来から病害虫の駆除に利用されていた穏やかな方法は見向きもされなくなり、新しい殺虫剤は人間と野生生物の両方を危険にさらした。それでも、効果的な使用で化学合成殺虫剤がじゅうぶんに活躍する場面はある。じっさい熱帯ではマラリアの被害を食い止め、多くの人命を救っている。また、収穫量の増加にも貢献し、より多くの食料の確保を可能にしてきた。ノーマン・ボーローグは農業科学の分野で大きな足跡を残し、科学技術を活かして途上国の食料増産をライフワークとした人物だが、DDT使用禁止措置に対して人道的な見地から激しく反論した。「ヒステリックなロビイストの集団が影響力を駆使してごり押ししている浅はかな法律である。彼らは化学物質の中毒で世界が破滅すると予言し不安を煽っている」と述べ、禁止措置によって「世界は化学物質の中毒によってではなく飢餓によって破滅するだろう」と警告した。彼が真にめざしていたのは、「この惑星の増えつづける人口を養うために農業の生産性を高めること」だった。[47]

禁止措置の実施以降、DDTがぷっつりと姿を消したわけではない。新たに散布されなくても、残留性と毒性のある化学物質は過去に散布された畑や森から長い旅を続けていることが一九七〇年代の科学者の報告であきらかになった。

蒸発して、あるいは粒子に付着して高く舞いあがり大気に入っていた。外洋、砂漠、北極でも確認されている。食物連鎖を伝って濃縮されていくので、北極の魚、アザラシ、クジラ、それを狩りでしとめて食べる地元の人びとは、当然ながら高濃度のDDTを取り込んでいることになる。[48]イヌイットの母乳のDDTは世界でもっとも高濃度だった——これほど北の地方でこれまでDDTが散布されたことは一度もなかったというのに。[49]

DDTが長距離を移動し、発ガン性のおそれがあるとの証拠も集まっていた。過去に散布されたものが遠い国の人びとの健康に影響をもたらすかもしれないのだ。もはや一国の問題ではなく、グローバルに対処すべき問題となっていた。二〇〇一年、ストックホルムでおこなわれた外交会議で「残留性有機汚染物質に関するストックホルム条約」(POPs

条約）が採択され、九二カ国が署名した。残留性有機汚染物質（ＰＯＰｓ）に指定された化学物質のリスト「ダーティ・ダズン」に含まれるものの製造と使用の制限に合意がなされた。

ＰＯＰとは、自然に分解されないまま環境に長期間残留し、広範囲に拡散し、生物の脂肪組織に蓄積され、人の健康と生態系にとって有害性がある化学物質を指す。ダーティ・ダズンに含まれるのは、農地、芝生、庭、住宅の病害虫対策に使われるＤＤＴなどの殺虫剤、工業用化学品、難燃剤だ。条約は二〇〇四年五月一七日に発効された(50)。ただし本書執筆時点では、アメリカなど一部の国々はまだこの条約に加入していない。

ストックホルム条約によって熱帯の国々はジレンマに陥った。いまもなおマラリアは熱帯地方の人びとの健康を脅かし、生産性にブレーキをかけている。ＤＤＴ使用を規制すれば健康におよぼす長期的な影響という不安は解消できるだろうが、病気を媒介する蚊の駆除は望めない。だが蚊を駆除するために散布すれば、長期的な健康不安を抱えることになってしまう。多くの途上国は、当然のことながら使いつづける道を選んだ。マラリア対策のための例外的な使用を求め、認められた。今日、アジアとアフリカの多くの国々では、蚊の駆除のために家庭での使用が認められている。しかし殺虫剤への耐性の問題は、病気を制圧するための努力の前にたちはだかる。

ＤＤＴ、そして同様の殺虫剤が長期的に人の健康にどう影響するのか、科学者はまだ完全に解明したわけではない。それでも、毒性のある化学物質の大量使用には慎重さが必要だろう。食べものを通じて、あるいは呼吸で大量の化学物質に接触した場合にどんな影響があるのかについて、データは少しずつ増えている。可能性としては、ガンの発症、ホルモンバランスの崩れ、糖尿病、先天異常、発達障害があがっている。農地の病害虫駆除のために数えきれないほどの化学合成物質が使用され、環境に残留している状態が人体にどのような影響を与えるのか、まだわかっていないことが多いのが実情だ(51)。

病害虫との終わりなき闘い

病害虫を完璧に撃退する方法はない。それがわたしたち人類の得た教訓だ。どれほど毒性の強い化学物質を空から散布したとしても、畑から病害虫がいなくなるのは一時的で、耐性のある病害虫がかならず後釜に座る。まったくの偶然から絶滅したロッキートビバッタを除けば、ありとあらゆるやっかい者――雑草、昆虫、齧歯類、細菌、菌類、その他作物を食べてしまう生物――はけっしていなくならない。

人類のツールに化学合成殺虫剤が加わって広く使われるようになると、マラリアを媒介する蚊、作物を食い尽くすバッタ、アイルランドのジャガイモとアメリカのトウモロコシを襲った疫病に太刀打ちできなかった時代のやりかたに戻ることなど考えられなかった。DDTのブームは一九七〇年代には終息を迎えたが、畑や庭の作物を病害虫・雑草から守るための闘いは続く。化学物質は長期間残留し、世界中を移動して思いもよらない場所で母乳に蓄積する。そのような有毒な物質には頼らず、環境にも人体にもやさしい方法が試された。DDT全盛のころは、化学物質の乱用に異議を唱えてほかの技術を模索していたウィリアム・ホスキンスら昆虫学者にとって暗黒の時期だった。DDTが栄光の座から滑り落ち、毒性が強い化学物質でも病害虫を排除できないことがあきらかになり、科学者があらためて昔ながらの方法に注目した。病害虫との長い闘いを続けてきた歴史を通じて世界各地の文化に蓄積された知恵に学ぼうとしたのだ。

「自然界のバランス」を重視したホスキンスの研究がふたたび脚光を浴びた。それは、病害虫・雑草を抑え込もうとするのではなく、上手に折り合いをつけることを主眼におくものだった。リチャード・ニクソン大統領は、一九七二年の連邦議会への大統領教書でゴーサインを出した。「環境の悪化を招くことなく、農業と森林が調和しながら発展するためには、新しい技術を開発して総合的病害虫管理をおこなう必要がある」と述べ、さらに「総合的病害虫管理」においては「化学物質の使用は状況に応じて慎重におこない、化学物質以外の物質とメソッドを組み合わせる」と説明している。[52] 具体的には、病害虫の天敵の活用、モノカルチャーではなく混作、グァテマラとアフリカで成功している戦略を取り入れるというものだった。

総合的病害虫・雑草管理（IPM）は先進国では一般的とはいえない。しかしDDTブームの終焉後には脇役から主役へと躍りでた。[53] 南米からアフリカにわたってキャッサバを食い荒らすコナカイガラムシには天敵の寄生バチで対抗した。[54] 動物の傷に卵を産むやっかい者のラセンウジバエには、アメリカ南東部の畜産家が放射線をあてて不妊化した何百万という雄を放して繁殖を妨げる不妊虫放飼法が功を奏した。[55]

化学品業界は、DDTよりも害の少ない殺虫剤を新たに開発した。除虫菊の花から抽出した成分を利用したプレトリンなどの殺虫剤は日光で分解し環境に残留しない。DDTは相手を選ばず手当たりしだいに攻撃したが、新しい殺虫剤は特定の病害虫にねらいを定めて毒性を発揮する。ダニをねらい撃ちする殺虫剤、齧歯類用の殺鼠剤、カタツムリとナメクジ用の軟体動物駆除剤などは、ターゲット以外の生物には影響をおよぼさない。

このように、より安全な殺虫剤の研究開発は、一〇〇年以上前にローズ卿とギルバート卿が化学肥料の実験をした英国ロザムステッド農業試験場でもおこなわれた。こうして商品として市場に出た化学物質は何千種類にものぼる。だが耐性との闘いに終わりはない。

これからもメーカー各社はつねに新しい化学物質を製品リストに加えていかざるを得ないだろう。

ＤＤＴブームのさなかには、人体に直接かけたり、空中散布したり、農地に必要以上の量が撒かれたりした。街中を燻蒸《くんじょう》消毒するトラックのあとを子どもたちが自転車で追いかけたりもしていた。安全対策がとられないまま、不慮の死と中毒があとを絶たなかった。途上国ではいまも化学物質による中毒症状が毎年何百万件も報告され、殺虫剤による死亡例もひじょうに多い[56]。使用上の注意が徹底されていないためだ。そんな悲劇を防ぎたいとの思いから、殺虫剤の危険にさらされないための転換がうながされている。

有毒な殺虫剤からの切り替えには、もとをたどれば戦後にＤＤＴ全盛時代を迎える前のある発見がカギとなるといってもいいだろう。ミュラーがＤＤＴの魔法の力を発見する何十年も前に、日本の科学者たちは、土壌細菌のバチルス・チューリンゲンシス（Ｂｔ）を食べた昆虫はＢｔがつくる毒素で突然死すると気づいた。その致死性の細菌の胞子を原料にした殺虫剤がつくられ、植物への被害を防ぐために使われた。昆虫を殺しても哺乳類と鳥類には無害なので安全だった。けれどもＤＤＴなど化学合成物質の殺虫剤が全盛だった時期には、Ｂｔは病害虫・雑草を抑制する目的で細々と使われている程度だった。

一九九〇年代、バイオテクノロジーの進歩とともにＢｔは遺伝子組み換え作物づくりに役立つ存在として白羽の矢が立った。科学者たちはＢｔの効果を発揮させる遺伝子をジャガイモ、トウモロコシ、綿などの植物に組み込み、適宜、毒をつくって病害虫の被害を防ぐことを可能にした。その植物をむしゃむしゃ食べた昆虫は、その後死ぬ。これには大きな期待がかけられた。植物自体が病害虫を撃退する毒を生産するのだから、畑に有毒な殺虫剤を見境なく散布する必要はなくなる。

わずか数年で遺伝子組み換え作物のＢｔトウモロコシとＢｔ綿を栽培する農地はアメリカを中心に何百万エーカーにも広がった。Ｂｔ毒素が自然界に流出して環境にどれほど負荷をかけるのか、それを押してまで栽培する価値があるのかを判断するにはもう少し時間がかかるだろう。Ｂｔトウモロコシの花粉が付着したトウワタの葉を食べたチョウの一種オオカバマダラの幼虫の生育に影響が出たという例は報告されている。Ｂｔトウモロコシの花粉によって、ターゲットではない生物がＢｔ毒素の犠牲になる不安はぬぐえない[57]。さらに長期的に見て、遺伝子組み換え作物がどれほど病害虫に有効なのかは、いまのところ不明だ。組み込まれた細菌毒素に耐性をもつ病害虫がじわじわと増えている[58]。人類は大昔から自然に手を加えて多くの方法で食料をつくってきた。最新のこの試みがどういう結果になるのか。それがわかるのはまだ先のことだ[59]。

過去から学ぶとすれば、遺伝子組み換えという新しい形態も、おそらく一時的な解決策にすぎないだろう。昆虫、菌類、齧歯類などあらゆる病害虫と人類との長い闘いはこれからもずっと続いていくにちがいない。これまでの数千年、人間は強力な武器を数多く考案してきた。タバコのニコチンや除虫菊の毒といった植物由来の物質、砒素のような毒性物質、ＤＤＴのような合成化合物、Ｂｔのような細菌にいたるまで利用してきた。それでも、人類とともに地球に生息する無数の動物、バクテリア、菌類はこの先もずっと、隙をついてわたしたちから食料を奪っていくだろう。

合成殺虫剤の登場で、大規模なモノカルチャーが可能になった。収穫量の多いモノカルチャーを維持するには、病害虫・雑草に効果てきめんの合成殺虫剤を用いて広範囲な被害を防ぐことが欠かせない。モノカルチャーのために使用された殺虫剤の量は、一九六〇年当時と二〇〇〇年をくらべると世界全体で一五倍から二〇倍になっている(60)。戦後あれほどもてはやされたＤＤＴは短命に終わった。自然選択と環境からのしっぺ返しが起きて行き詰まり、破綻の危機に瀕した。だがそれまでの短期間で、世界の食料供給と殺虫剤はもはや切り離せない関係になっていた。毒性の弱い殺虫剤へのすばやい切り替えで、一般の人びとが身のまわりで鳥や生きものの死骸を見るような事態は回避された。世論からの激しい抗議が実を結んだといえる。

レイチェル・カーソンは、殺虫剤の影響で鳥の卵の殻が薄くなり、野生生物が死に、脂防組織に有害な化学物質が蓄積するさまを目のあたりにして問題提起した。それほどの被害を与えない殺虫剤に切り替わっても、リスクがゼロだと証明されたわけではない。いっぽうでボーローグは利点を説いた。病害虫に作物が食い荒らされる被害を効果的に食い止めることができる。なにより、マラリアを媒介する蚊を駆除して尊い人の命が救われる。殺虫剤は悪だと決めつける側と、救いをもたらすと評価する側。それぞれの視点から見た正当な言い分なのだ。人類と自然界との断ちがたい密接な関係が現実にある以上、そうかんたんに白黒をつけることはできない。二者択一ではなく、相反するふたつの主張のあいだのどこかに着地点は見つかるはずだ。

殺虫剤が人類のツールに加わり、戦後に工場で続々と化学肥料が製造され、豊富な石油が機械の動力源となり、ハイブリッド種子からとれる優秀な作物と、肥料と水をたっぷり与えても持ちこたえられる丈夫で丈の短い茎の作物もそろい、二〇世紀終わりの二五年、遺伝子が主役となって繁栄の歯車は力強く進もうとしていた。やがて世界中がそのうねりに巻き込まれることになる。

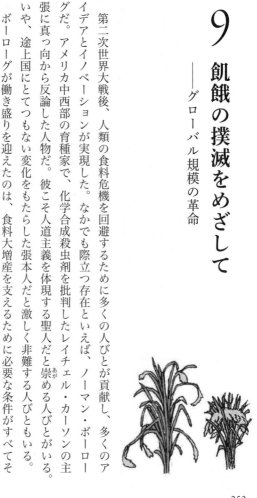

9　飢餓の撲滅をめざして

——グローバル規模の革命

第二次世界大戦後、人類の食料危機を回避するために多くの人びとが貢献し、多くのアイデアとイノベーションが実現した。なかでも際立つ存在といえば、ノーマン・ボーローグだ。アメリカ中西部の育種家で、化学合成殺虫剤を批判したレイチェル・カーソンの主張に真っ向から反論した人物だ。彼こそ人道主義を体現する聖人だと崇《あが》める人びとがいる。いや、途上国にとてつもない変化をもたらした張本人だと激しく非難する人びともいる。

ボーローグが働き盛りを迎えたのは、食料大増産を支えるために必要な条件がすべてそろったタイミングだった。戦中の軍需工場は戦後には肥料工場として稼働して窒素の結合を解き、農民は手ごろな価格でいくらでも手に入れることができた。もちろん、ＤＤＴも。リン鉱石は無尽蔵にあるように思われた。石炭と石油は豊富で価格も安かった。ダムにはなみなみと水が貯えられて作物にやる水の心配はない。茎の短い品種の小麦はたわわに実っても重みにもちこたえていた。ハイブリッド種子から育つ作物のおかげで収穫量は急上昇した。人類は自然を活用して食料を確保するための知恵を蓄積し、膨大な量に達していた。食料大増産の歯車が力強くまわっていくことは、もはや止められない流れだった。

ボーローグが生まれたのは一九一四年、ちょうどエドワード・マレー・イーストとロリンズ・アダム・エマーソンがアイオワ州のノルウェー系アメリカ人の小さなコミュニティの農場でハイブリッド・コーンの実験をおこなっていたころだ。ボーローグは教室がひとつきりの学校で八年生まで教育を受けた。大学に進んだときには大恐慌のさなかで、学費をまかなうために公共事業に従事して失業者とともに働いた。このときに栄養不良の恐ろしさを身をもって経験し、ボーローグの人生を決定づけたのだと彼を知る人はいう。人類を飢えから解放することが彼の生涯の目標となった。(1) ミネソタ大学の植物病理学者エルヴィン・スタークマンの指導のもと、作物に被害を与える病気との闘いに励んだ。天職にめざめたのだ。

ボーローグはデラウェア州ウィルミントンに拠点をもつ化学会社E・I・デュポン・ド・ヌムール（デュポン）に短期間勤務してDDTなどの殺虫剤を試験する業務にあたり、その後一九四四年にメキシコに活動の場を移した。当時、メキシコの穀物収穫量はきわめて低かった。土壌がすっかりやせ、小麦を襲うサビ病が立てつづけに流行して農民は疲弊していた。サビ病は真菌性の悲惨な病気で、胞子が風で運ばれて広がる。作物が感染すると茎と葉に赤レンガ色の病斑があらわれ、茎が弱り、養分が奪われて成長が妨げられる。小麦粒は萎縮し、株が根元から地面に倒れてしまう。メキシコはやむを得ず、小麦消費量の半分超を輸入でまかなっていた。メキシコを訪問し対応策について関係者と協議したアメリカのヘンリー・ウォレス副大統領は、ロックフェラー財団にはたらきかけ、メキシコ政府と共同でメキシコ農業支援プログラム研究協力計画を発足させた。プログラム発足にひと役買ったスタークマンの強い要請を受けて、ボーローグは本プログラムの小麦の調査と研究の責任者に就任した[2]。

ボーローグが研究の拠点に選んだのは、メキシコ北西部ソノラ州のヤキ平野だった。新興の灌漑農地だ。まっさきにとりかかったのはサビ病に強い品種を開発することだった。スタークマンはサビ病を「絶えず変化し、つねに進化する狡猾《こうかつ》な敵」といい表した[3]。ヤキ平野の小麦畑ではすでに何年も深刻な被害が出ていた。ボーローグは放置された農業試験場に住み込み、簡易寝台で寝て、火を熾《おこ》して自炊しながら研究に没頭した。電気も車もなく、地元の農民から寄付された道具を使った。

サビ病に強い品種を開発するにあたっては、ふつうに見積もって最低八年、何世代も栽培する必要がある。しかしボーローグはこらえ性のあるほうではなかったから、気長に待つつもりなどさらさらなかった。プロセスを速めるために、品種改良の常識を覆すと決めた。ヤキ平野の栽培期に交配させ、できた種子を七〇〇マイル（約二〇〇〇キロメートル）以上離れた南東部の土地に運んだ。メキシコシティに近い、さらに標高の高い涼しい渓谷だ。そこで植えつけをして栽培し、一年のうちにもう一度交配した。

このように内陸部の高地と沿岸部の低地を往復すれば一年じゅう小麦を育てられるので、サビ病に耐性のある品種づくりの時間を半分に短縮できた。この方法は「シャトル育種」と呼ばれるようになり、思わぬ利点があることもわかった。それぞれの土地で異なる気候、異なる病気にさらされていたので、交配でできた種子から育った小麦は多くの病気に耐性を示し、日照時間の変動に適応した。ボーローグは、自分を指導した教授と育種の仕事仲間が「わたしのシャトル育種の構想をきいて正気の沙汰ではないという反応を示した……それでも、わたしたちは実行し、しかるべき結果を出した」とふり返っている。[4] サビ病耐性のある品種、施肥、除草でボーローグのヤキ平野での挑戦はみごとな成果をあげ、農民たちの期待を集めるようになった。

サビ病の問題を克服すると、別の問題が浮上した。肥料を与えられた小麦はぐんぐん成長して背が高くなり穂の重みで倒れるようになった。アメリカでは過去に背の低い小麦の強みが証明されていたので、ボーローグは茎が短くて頑丈な品種を探して、サビ病耐性のある品種と交配しようと考えた。連絡をとった相手はワシントン州立大学の州立農業試験場にいる小麦育種家のオービル・フォーゲルだ。フォーゲルの手元には日本の貴重な背の低い短稈《たんかん》小麦があったのである。第二次世界大戦後に農学者サミュエル・サーモンが連合国軍総司令部の農業顧問として日本を訪れた際、農事試験場で背の低い小麦が栽培されているのを視察し、一六品種をアメリカに持ち帰っていた。その小麦をフォーゲルは譲り受けていたのだ。譲り受けたなかに「小麦農林一〇号《ノーリン・テン》」があった。ポーニーやウィチタといった品種と違い、ノーリン・テンは背が低くて収穫量の多い半矮性遺伝子をもっていた。一九五〇年代前半、フォーゲルはこのノーリン・テンをボーローグに送っている。

ボーローグの開発ツールにノーリン・テンの半矮性遺伝子が加わった。さらに八年の歳月をへて、背が低くて倒れない短稈品種がシャトル育種で誕生した。収穫量は従来の背の高い長稈品種の二倍にのぼった。(5) いっぽうフォーゲルはボーローグよりひと足早く、ノーリン・テンとアメリカの品種を交配させて、大量の肥料を与えても倒れず、背が低くても穂の長さへの影響が少ない半矮性品種を開発していた。管理状態のよい畑で栽培すれば、収穫量はそれまでの品種よりはるかに多かった。フォーゲルが品種改良で生みだした新型小麦「ゲインズ」は、一九六〇年代前半に太平洋岸北西部に普及した。(6)

小麦と稲の短稈多収品種の登場は、すでに動きだしていた革命の歯車をさらに推し進めることになる。半矮性遺伝子をもつ新しい品種は、二〇世紀前半に育種家がつくった品種よりもさらに背が低かった。だが革命を推し進めたのは遺伝学と品種改良の力だけではない。複数の方法で自然に手を加えることで実現したのである。

ボーローグは飢餓の撲滅にかけた六〇年におよぶ闘いについて、のちにこう語っている。「それは複数の要素――品種、肥料、的確な除草、計画的で最適な水管理――を組み合わせて変化をつくりだすことだった。品種だけで魔法を発揮できたわけではない。すべてをひっくるめて実行したからこそ、大きな成果を得られたのである[7]」

ロックフェラー財団とメキシコ政府の共同事業としてメキシコ農業支援プログラムが開始されてから二〇年足らずのうちに小麦の収穫量は急増した。小麦の作付面積も増え、メキシコはもはや輸入に頼る必要はなくなっていた。ヤキ平野はメキシコの穀倉地帯となった。

緑の革命の波――メキシコからインドへ

ボーローグはメキシコで大成功をおさめたが、一九六〇年代、世界は依然としてトマス・ロバート・マルサスの不吉な予言を打ち消すまでにはいたっていなかった。途上国でワクチンや衛生設備など公衆衛生対策が進んで人命が救われ、世界の人口は爆発的に増えた。食料供給が追いつかないほどの増加率だった。多くの子どもが生き延びて大人になり、寿命そのものも伸びた。当然ながら、そのぶん食料も必要になる。人口稠密なアジアでは農業の発展が頭打ちになっていた。

生物学者ポール・エーリックはこの事態をひじょうに悲観的にとらえ、一九六八年、ベストセラーとなった著書『人口爆弾』(8)で暗澹《あんたん》たる未来を予測している。「人類を養うための闘いはすでに負け戦となっている」。そしてこう続ける。「飢餓で大量の死者が出るまでに残されている時間は、一〇年程度だ(9)」。なかでもインドに関しては「事情通のうち、インドが一九七一年までに――それ以降も――食料を自給できるようになると考えている人物はこれまでひとりとしていなかった」ともっとも悲観的に述べている(10)。

じっさい、当時インドの前途が明るいとは思えなかった。独立後の初代首相ジャワハルラル・ネルーは大規模なダム建設を強く提唱したまま、一九六四年に死去した。その二〇年前に起きた飢饉の記憶はまだ生々しく、青年男女と子どもたち合わせて三〇〇万人が犠牲となったのだ。一九六〇年代半ば、例年を下回る降水量で大凶作に見舞われた。人口増加に小麦と米の生産量が追いつかず、飢餓が広まり、インドは大量の穀類を輸入せざるを得なかった(11)。

しかし事情に通じた人びとと話をしたというエーリックは、ノーマン・ボーローグの話を聞いていなかったにちがいない。

一九六五年、インド政府の役人と協議のうえ、ボーローグの研究所で技術指導を受けた研究者たちはメキシコからインドに収穫量の多い小麦種子を二〇〇トン運び込んだ。翌年、一万八〇〇〇トンもの肥料を輸入した。インド農業大臣のアドバイザーを務めていた遺伝学者で農学者のモンコンブ・S・スワミナサンの指揮のもと、インドの育種家たちはノーリン・テンを親にもつメキシコの新しい品種と在来品種をかけ合わせた。その結果、数年のうちに小麦の収穫量は倍増し、大飢饉が発生するおそれは遠のいた。収穫量が増加したのは、おもに北西部パンジャブ州だった。機械化が進み、灌漑に地下水を利用していたのだ。

エーリックの不吉な予測とは裏腹にインドは一九八〇年代までに穀類の輸出国となった。[12]多収品種は広まっていき、パキスタンやトルコなどの国々でも収穫量が増大した。

「奇跡の米」の誕生

ボーローグは小麦に関してめざましい功績を残したが、世界各地で主要穀物の収穫量をあげることはかなわなかった。その一例が稲だ。稲から穫れる米はアジアの食文化になくてはならないものだ。アジア料理のレストラン、道ばたの屋台、家庭の台所では茶碗と皿に米がこんもりと盛られる。人口密度の高いアジア諸国の人びとにとって米は欠かせないエネルギー源だ。

一九六〇年代に穀物の生産事情を好転させた「緑の革命」が進行するとともに人口が増加して、ますます食料が必要となった。各国は国際的な農業研究所を設立して品種改良をおこない、新しい種子を農業の現場に広めた[13]。メキシコのエルバタンには国際トウモロコシ・コムギ改良センター（CIMMYT）が置かれた。国際稲研究所（IRRI）は一九六〇年代前半にフィリピンのロスバニョスに、稲に関する研究と教育をおこなう機関として設立された。インドなどの育種家はすでに交配で背の低い稲の品種を複数つくっていた。小麦の場合は、ノーリン・テンの半矮性遺伝子を利用して短桿多収品種が生まれていた。今度は稲の番だった。

ロスバニョスでは異なった品種を八回交配させたあとに将来有望な品種が誕生し、「インディア・ライス8（IR8）」と名づけられた。IR8はインドネシアの背が高く活力のある品種と台湾の短桿品種「低脚《ていきゃく》烏《う》尖《せん》（DGWG型）」をかけ合わせたものだ。かけ合わせて得られた第一世代はすべての株の背が高かった。第二世代では三本は高く一本は低かった――メンデルがエンドウで発見した法則どおりの割合だ。「そのときにわかりました。とうとう手に入れた……低脚烏尖を使えば短桿品種がつくれるとわかったのです」と、当時この研究にかかわった育種家ヘンリー・ビーチェルはふり返る[14]。背を低くする遺伝子がメンデルの法則にしたがって受け継がれ、短桿品種の実用化のめどが立った。

わずか数年で育種家たちは「奇跡の米」をつくりだし、さっそく普及させた。新しい品種は背が低く茎が丈夫で日照時間にあまり左右されなかった。その点でボーローグがシャトル育種で開発した小麦とよく似ている。大量に施肥して栽培すれば、収穫量は在来種の何倍にもなった。

しかし味わいの点でIR8は奇跡の米とは言いがたかった。一般的に好まれるのは滑らかな食感の米だ。だがIR8のざらざらした口あたりは不評だった。しかも割れやすい。冷めると固くなる。味も悪い。「IR8は喉にひっかかるから好きではない」と感想を述べた若いフィリピン人のことをビーチェルは忘れられない[15]。交配を続けてざらざらした食感と味を改善し、病害虫への耐性や成長の速度といった特徴も強化して、年間の収穫量を増やした。奇跡の米はフィリピン、中国、そしてアジア全体で収穫量を増加させた[16]。

半矮性遺伝子はたしかにアジアの稲の収穫量を増加させたが、遺伝子だけで実現したわけではない。雑種強勢の恩恵も受けている。しかし稲は小麦やエンドウと同じく自家受粉するので、雑種強勢の強みを活かした種子を開発して大量生産するのは育種家にとって難題だった。だが、それをみごとにやり遂げた育種家がいた。のちに「ハイブリッド米の父」として名を馳せる中国の育種家、袁隆平《ユアン・ロンピン》だ。

後年、なにが成功に導いたのかと問われた袁は、「知識、努力、ひらめき、チャンス」と四つの要素をあげた。[17] 袁にチャンスをもたらしたのは、同僚が海南島で見つけた野生の稲だ。花粉は黄色みを帯び、かたちはととのっておらず、不稔だった。[18] ハイブリッド種子を商業化する際に雄性不稔はひじょうに便利だということは、すでにタマネギとテンサイのケースでわかっていた。雄性不稔を活用すれば、自家受粉をさせずいちいち手作業で受粉させる必要がない。アメリカではトウモロコシの雄花を切りとる手間を省けるようになったが、それが裏目に出て一九七〇年代にトウモロコシごま葉枯病が発生した。[19] 雄性不稔性は袁にとって絶好のチャンスだった。自家受粉ではなく別の株の花粉で受粉できる。これで交配が可能になる。

袁は野生の稲の雄性不稔を利用して数年がかりで複数の品種をかけ合わせた。そして一九七〇年代前半、念願のハイブリッド・ライス種子――南優二号、南優六号、汕優六号、威優六号――が中国で発売された。[20] 収量は通常の純系品種より三割増となり、二〇年も経たないうちに中国の米生産量の半分以上をこのハイブリッド・ライス種子が生みだしていた。[21]ハイブリッド米はインドネシア、ベトナム、インドを筆頭にアジア全体へ、そして世界各地へと普及した。病害虫に耐性を示し高温に強い品種を開発する育種家たちの取り組みは続いている。

食料増産は緑の革命の旗印となった。途上国の穀類の収穫量は飛躍的に増え、その主役となったのは多収性の小麦と稲の品種だった。緑の革命という言葉は、アメリカ国際開発庁長官のウィリアム・ゴードが一九六八年の年次総会で初めて使った。記録的な収穫量について冷戦下の状況を絡めてこう述べた。「農業の分野におけるこうした発展は新しい革命にほかならない。それはソビエトにおける赤の革命のような凶暴なものではなく、イランの国王が起こした白色革命でもない。わたしはこれを緑の革命と呼ぶ」。そしてこう続けた。「人類にとってこの新しい革命は一世紀半前の産業革命に匹敵する、きわめて重要で有益なものだ[22]」

たしかに革命というにふさわしい。育種家は半矮性遺伝子と雄性不稔を人類のツールに加えた。多くの国で、穀類の生産量の増加は人口増加を上回った。都市でも農村でも食料は安く手に入るようになった。一九七〇年、ボーローグは「世界の食料不足の改善に尽くした」功績を称えられ、ノーベル平和賞を授与された。[23]

だが勝利は一時的なものにすぎない。それはボーローグもよく理解していた。人類の行く末について彼はエーリックとは異なる見解を抱いていたが、ひとつだけ意見が一致していた。ボーローグは自分が闘っていた「人口という怪物」の脅威はまだ去っていないと考えていた。緑の革命で人類と飢餓との闘いに終止符が打たれたわけではない。[24] 地球の人口は一九五〇年には約二五億人、一九六〇年には三〇億人、そして一九八〇年には四五億人に迫るまでになっている。おもに途上国の人口増加が拍車をかけている。[25]

緑の革命の舞台となった土地では、以前は畑で労働力を提供していた水牛に代わってトラクターが農作業をこなし、人の手で抜いていた雑草には除草剤が使われている。ちょうど二〇世紀前半のアメリカと同じように、人びとは農村から都市に移り住んで工場と事務所で仕事についた。一九五〇年代には都市で暮らしているのは一〇人のうち三人だった。世界最大の都市は一二〇〇万人の人口を抱えるニューヨークだった。緑の革命のすさまじい勢いが少し落ちつく一九八〇年までに、東京、メキシコシティ、サンパウロの人口はかつてのニューヨークを抜き、[26] 都市生活者の割合は一〇人のうち四人となっていた。[27] もちろん、そのぶん食料が必要となる。

緑の革命の負の側面

緑の革命は厳しい批判にもさらされている。飢餓の撲滅という目標そのものはいいとして、はたして緑の革命が最良の方法なのか、健康的な食生活とはほど遠い惨状におかれている世界中の人びとを救えるのかという声があがっているのだ。シャトル育種、ハイブリッド、半矮性遺伝子が魔法のように成果をあげた緑の革命だったが、奇跡の種子・化学肥料・灌漑設備・機械のパッケージ一括購入形式なので、資金的な余裕がなければ利用できない。せっかくの育種家の創意工夫の恩恵にあずかれない人は無数にいた。

緑の革命は、ハイブリッド・コーンの登場で風景が一変した二〇世紀前半のアメリカ式農業そのままだった。大規模な農地、モノカルチャーの拡大、トラクターとコンバイン、化学肥料、殺虫剤の大量投入が、より多くの収穫量につながっている。

しかし収穫量を増やすことが飢餓を防ぐことに結びついていないのが実情だ。農地が狭く、パッケージを購入する資金の乏しい農家は、テクノロジーのすばらしい恩恵とは無縁だ。では、さいわいにも資金力のある農家はどうなのか。とてつもない収穫量だけに目を奪われていままでのやりかたから切り替えれば、何世代にもわたって培ってきた知恵――病害虫の害を防ぐ方法、在来種の栽培法――はいともかんたんに失われてしまう。

アメリカの文化地理学者カール・サウアーはメキシコで働いた経験があり、収穫量を増やすための研究が開始されて早々、ロックフェラー財団に対し懸念を表明している。「アメリカの農学者と育種家たちが自国で営利目的につくられたものを押しつければ、この土地に根づいていたものが滅びてしまう可能性がある」と彼は主張し、「営利用の数種だけを栽培する画一化された農業をメキシコが採用するとしたら、経済も文化も破壊されて取り返しがつかなくなる。アイオワの二の舞だけは避けなければならない。それを理解しないかぎり、アメリカ人はメキシコに介入するべきではない」と断言している。[28]一九七〇年代終わりにはすでにメキシコ農業の現実があらわになっていた。小麦栽培の中心地となったヤキ平野では機械化が進み収穫量は増加していた。しかし、資金に余裕のない農民たちは繁栄から置き去りにされていた。

メキシコの二〇年後に緑の革命が浸透したインドの穀倉地帯パンジャブ州も同じ轍を踏んだ。灌漑用の掘り抜き井戸があちこちにつくられ、化学肥料の消費量は急増した。人びとは豊かになった。[29]そのいっぽうでいまもなお、同じ国のなかで木の鋤を握って畑を耕している農民がいる。肥料として使えるのは家畜の糞だけ、雨が降らなければ作物が全滅してしまう場所はいくらでもある。事情をなにも知らない人でも、あまりの落差に唖然としてしまう。

時間を巻き戻すのは不可能だが、もしもボーローグらが情熱と創意工夫の努力を別の対象に向けていたらどうなっていただろう。やせた土地、貧しい農民が昔から栽培している作物、情報や食料を得るのもままならない事態に目を向けて取り組んでいたなら。

ボーローグ自身は、飢餓の原因は貧困であり、遠く離れた場所でいくら収穫量を増やしても豊富な食料をつくりだしても、救済にはつながらないことは認識していると自己弁護の言葉を述べている。ノーベル平和賞を受賞したときのスピーチの最後に、彼はこうつけ加えている。「購買力が限りなくゼロに近い、あるいはゼロという状況に置かれている人びとの数は膨大であり、彼らが必要とする食料を効果的に分配する方法については、いまだ未解決の社会経済的課題として残っています。経済学者、社会学者、政治指導者の真剣な取り組みが必要です[30]」

緑の革命に参加できる人びとにとっても、負の側面はある。営利目的の種子、肥料、殺虫剤を前払いで購入しなくてはならないため、縛られてしまう。作物にいい値がつかなければ負債がのしかかる。パンジャブ州をはじめ各地で、背負いきれない負債で首がまわらなくなり殺虫剤を飲んでみずから命を絶つ農民のことは新聞にいくらでも載っている[31]。インドの哲学者で著名な作家でもあるヴァンダナ・シヴァはボーローグを強く批判し、「緑の革命は失敗だった……得をしたのは農業機械メーカー、ダム建設業者、大地主だ」と述べている[32]。

緑の革命には大量の水も欠かせない。そのための唯一の方法は、化石燃料を動力にした機械で井戸を掘りポンプでくみあげることだった。今日、インドほど地下水が大量にくみあげられている国はない。地中からのめぐみが、はたして今後どれくらいもつのだろうか。使えば使うだけ地下水の水位は下がっていく(33)。作物を枯らすまいと農民はさらに深く井戸を掘る。水をくみあげるためにはさらに強力なポンプを使うから、そのぶんのエネルギーもよけいに必要だ。灌漑農地の排水不良は耕作地に塩害をもたらし、作物が育たず畑を荒れ地に変えてしまう。古代メソポタミアをはじめ灌漑農業をおこなう多くの土地と同様、インドもその問題を抱えている(34)。

同じ国のなかでも緑の革命の影響は大きなばらつきがあるが、国ごとのばらつきも大きい。アフリカのサハラ以南の国々には、革命の波はいっこうに届いていない。数多くの問題が実現をはばんでいる。無数の貧しい農民が耕作する農地は、アメリカ郊外の庭の芝生よりも狭く、道路網が発達しておらず、灌漑の見通しはほとんど立たない。アフリカ諸国の政府の関心も薄かった。

ボーローグは晩年、ジミー・カーター元大統領の協力を得て、メキシコとアジア各地で収穫量の増加を実現したテクノロジーをアフリカに持ち込んだ(35)。しかし彼の努力がアフリカで実を結ぶことはなかった。二〇〇九年、九五歳のボーローグは死の間際、娘の呼びかけに応えてこんな言葉を残している。「アフリカ。アフリカだ。わたしはまだアフリカで使命を果たしていない[36]」

緑の革命が環境を改善したのか悪化させたのかは、意見が分かれるところだ。ボーローグ自身は、収穫量の増加は環境に貢献したとたびたび主張している。一九五〇年の収穫量のままであったら、穀類の供給をまかなうには二倍の土地が必要となっただろう、と。そうなれば、より多くの森が消滅し、草原が失われ、多くの野生生物が絶滅したにちがいない[37]。半面、農地では以前とは比較にならないほど大量の化学肥料が撒かれている。窒素固定をおこなう工場では化石燃料を燃やし、畑では肥料から温室効果ガスの亜酸化窒素が出て異常気象を加速させる。農地からは過剰な窒素が流出して沿岸水域をデッドゾーンに変える。それ以外にも緑の革命のモノカルチャーは作物に殺虫剤を大量に散布し、地下水を枯渇させ、土地に根ざした在来作物を排除する。

ボーローグはこうした批判をはねつけた。彼はジャーナリストに次のように語っている。「環境保護を訴える欧米諸国のロビイストのなかにも『地の塩』と呼ぶにふさわしい高潔な人びとはいる。が、多くはエリート意識の塊だ。じっさいに飢えを体験したことなど一度もない。ワシントンの快適でぜいたくなオフィスに陣どってロビー活動にいそしんでいる。わたしが五〇年間経験してきた途上国の悲惨な暮らしを彼らがほんの一カ月でも体験すれば、トラクターと肥料と灌漑用水路をよこせとギャーギャー訴えるだろう。故国の気取ったエリートにそれを邪魔されたら激怒するにちがいない[38]」

インドの「緑の革命の父」と呼ばれるモンコンブ・S・スワミナサンの発想はこれとは違う。彼は「常緑の革命」という造語を生みだした。アジアにおける穀物増産は至上命題だ。人口は増加の一途をたどり、食料をまかなうための農地はこれ以上広げることができない。そこでスワミナサンは、緑の革命という経験を踏まえて人類は生態系に被害をおよぼさない方法を模索するべきだと説く。彼が描く次の革命は、貧しい農民が意思決定に参加し、肥料と水を極力抑える新しい方法を導入し、バイオテクノロジーを利用した最先端技術で農民の費用の負担を減らすというものだ[39]。

未来はスワミナサンが描く方向にいくのか、それともボーローグに味方するのかは、いまのところわからない。それでもひとつだけ確かなことがある。緑の革命は人類を飢えさせないためのひとつの試みにすぎない。ほかの試みと同じく、このまま終点に着くわけではない。解決策が出るたびに、自然はそれを無効にする方法を突きつけてくる。

野生にかえる

小麦を襲うサビ病はすっかり鳴りを潜めたように思われた。菌類が引き起こす悲惨なサビ病に耐性をそなえた品種を、ボーローグがメキシコで開発したおかげだ。しかしボーローグの恩師スタークマンの予測は当たっていた。敵は狡猾《こうかつ》だった。一九九八年、ウガンダの小麦に褐色の病斑があらわれた。サビ病だ。ボーローグの勝利から五〇年後に、ふたたび姿をあらわしたのである。胞子が風に運ばれてウガンダ周辺国のケニアとエチオピア、東はイランにまで広まった。そしてイエメンにも。過去の大流行が引き起こした惨劇を記憶している科学者と農民はほとんどいない。緑の革命のときにメキシコに設立された国際トウモロコシ・コムギ改良センターで、ふたたびサビ病に耐性を示す小麦の品種改良が始まった[40]。たちの悪いこの病気はいつかかならず息を吹き返すだろうとボーローグは警告していた。そのとおりとなったのだ。人類が自分たちに都合よく遺伝子を操作しても、ゴールラインに到達するわけではないと思い知らされた[41]。自然界はつねに変化を続け、進化はけっして止まることがない。

地質学的な時間のなかで、環境の変化に適応できない野生の動植物は淘汰されていく。人類の食料として欠かせない種がそんな末路をたどることだけは阻止しなくてはならない。病害虫への抵抗力や旱魃を耐えしのぐ力は自然に育まれるのではなく、人間が手をかけて維持しているのだ。ブロッコリーとカリフラワーをかけ合わせたブロッコフラワー、プラムとアプリコットを掛け合わせたプラムコットなど、わたしたちの口に合う新しい品種も人の手でつくりだされている。その際には、遺伝的に多様な材料が必要となる。栽培品種と親戚関係にある野生種は、育種家にとって利用しがいのある遺伝子をもった宝の山だ。もしもそういう野生種が現存していれば、いろいろ試して栽培品種の改良に役立てることができる。[42]

そのひとつの例がトマトである。市場には色もかたちも多彩なトマトが並んでいるが、大昔に栽培化されて以来、同系交配を重ねてきたため病気に弱い。救いの手をさしのべたのは、原産地のチリ西部、ペルー、エクアドルの斜面にしがみついて小さな実をつけている野生種だった。二〇世紀半ばから育種家は二〇種類以上の野生種の遺伝子をかけ合わせてトマトを病気から守ってきた。研究者はトマトの親戚にあたる小粒で苦い実のサンプルを何千も保管し、世界中の育種家に提供する。だが野生種で遺伝子プールを維持するのは並大抵のことではない。アンデス山脈を探索しながら野生種を見つけなくてはならない。それも急ぐ必要がある。株が踏みつぶされたり、舗装されたり、鋤で耕されて地中に埋まってしまえば、手遅れとなる。[43]

人類の胃袋を支える生物の親戚にあたる野生種を保護することは、社会の最優先課題であるといってもいいはずなのだが、現実はそうなっていない。自然を生かした公園はたいてい景色やレクリエーションを楽しむため、トラやコンゴウインコなど珍重される動物を保護するためにつくられている。

農業の先達が栽培化した種の親戚が保護されているケースは、ガリラヤ地方のエンマー小麦、ワシントン州の野生種のタマネギ、モーリシャスの野生種のコーヒーなどごくわずかだ。近縁の野生種の多くは、そのありかすら知られていない。このままでは気候変動に耐えられないだろう。勢力を広げる人間に滅ぼされてしまう。(44) いや、すでに絶滅したのかもしれない。

解決法はノルウェーの切手に描かれている。はるか遠い北極圏の、雪に覆われた丘という地味な絵柄だ。雪のなかに顔をのぞかせているのは、大きな地下貯蔵庫の一部だ。そこにはどんな銀行の金庫の金銀財宝もかなわないほどの貴重な宝物がおさめられている。一〇〇〇を超える世界中の種子銀行が所蔵する種子である。

種子の共有は、少なくともエジプトとバビロニアの時代にはすでにおこなわれていた。しかし各国政府と科学者が収集するようになったのは二〇世紀になってからだ。各地で集められたものが火事や自然災害などに巻き込まれれば、遺伝子という富はそれっきりになる。「種子の箱船計画」によるこの貯蔵庫は、究極のバックアップ機能を果たす。文化が栄えていくために人類になくてはならない小麦やトウモロコシなど何百もの品種の種子が、地下の貯蔵庫で冷凍保存されている。この先、未知の病気が植物を襲ったり深刻な気候変動が起きたりした場合に、交配で危機を乗り越えるための資源となる。今後も野生種と栽培種を含め、多くの品種が種子銀行に預けられるだろう。二〇〇八年にノルウェー本土と北極点の中間地点に建設されたスヴァールバル世界種子貯蔵庫《グローバル・シード・ボルト》は人類の過去の記録を保管し、未来を保証してくれるにちがいない(45)。

未踏の領域——バイオテクノロジーによる遺伝的操作

人類は食料を確保するために、生物の遺伝のしくみをたくみに利用してきた。人類の知恵を存分に発揮してきたのだ。狩猟採集生活から農耕牧畜生活への劇的な転換が、そもそもの始まりだった。それから何千年ものあいだに動植物の育種家は自然を操作して、種子が大きい、温度変化に左右されにくいなど、人類に都合のいい特徴を伸ばしてきた。彼らはハイブリッド・コーンをつくってアメリカの風景を変え、ハイブリッド米をつくって中国の景色を変えた。半矮性遺伝子を利用した小麦と稲の品種は背が低く、化学肥料と灌漑で穂がたわわに実って重くなっても倒れずにもちこたえる。緑の革命で途上国の収穫量を飛躍的に増やし、過去一世紀の爆発的な人口増加をしのぐほどだった。遺伝のしくみを利用した品種改良も格段にレベルアップした。次の方向転換は現在進行中だ。

メンデルがおこなった実験は、ハイブリッド種の誕生につながった。一九五三年のDNA二重らせん構造の発見に貢献したのはジェームズ・ワトソン、フランシス・クリック、モーリス・ウィルキンス、ロザリンド・フランクリンだ。[46] のちにノーベル生理学・医学賞が贈られたこの発見は遺伝子操作の新しい地平を切り拓いた。DNAにはあらゆる形質の設計図が描き込まれている。すべての生命にそなわった暗号だ。これを利用すれば、見た目ではなくDNAの構成で植物の品種改良ができる。別々の種の遺伝子をつぎ合わせることも可能だ。野生のトマトを摘んでいた採集生活の時代とはなんという隔たりだろう。けれども、自分たちの好みに合う種をつくるために自然選択のプロセスから引き離すという基本的な原則は変わらない。

昆虫に毒性を示す土壌細菌の遺伝子を組み込んだBtトウモロコシとBt綿は、最新技術の成果だ。同じ技術を使ったラウンドアップ大豆はBt作物とは逆の効果を発揮する。これは除草剤に抵抗性を示すように設計されているので、除草剤を農地に散布しても雑草だけが枯れて作物には被害が出ない。ゴールデンライスという稲は遺伝子組み換え技術でビタミンAと鉄が強化されている。使われているのはラッパ水仙と土壌細菌の遺伝子だ。米は人類の主食のひとつであり、その栄養価を高めたわけだが、本書執筆時点では普及しているとはいえない。遺伝子組み換えの危険性をめぐる激しい論争の只中にあり、この論争はイデオロギーの対立という側面が強いせいで、議論は泥沼の状態だ。[47] この技術が登場してからまだ日が浅いが、今後、野生種の遺伝子という宝物を活用しながら、旱魃に耐える作物、新しい病気に抵抗力のある作物をつくりだせる日が来るかもしれない。[48]

すでに農業のツールとして加わったバイオテクノロジーには期待のまなざしと、おののきが向けられている。[49] 自然界のステップを踏まずにぽんと飛び越えてしまう技術が乱用されればどうなるのか、民間の手に委ねるのは問題ではないか、企業のCEO（最高経営責任者）は二〇世紀の育種家のような情熱をかならずしも抱いてはいないだろう、飢餓の撲滅をめざしているとは限らない、という声があがった。

そのいっぽうで、ボーローグらはバイオテクノロジーこそ新しい希望だと考えた。緑の革命の技術では一時的な解決策しかつくりだせなかったが、育種家はバイオテクノロジーでその先に行けるにちがいないと予想していた。ボーローグは反対派を「熱狂的な反科学主義者」と呼び、断固として譲らなかった。[50]

どちらの立場をとるにしてもひとつだけはっきりしていることがある。ごく短時間で種の形質を思いどおりに変えてしまう技術は、人類の創意工夫が成し遂げた偉大な成果という事実だ。農耕生活の初期にはもっぱら試行錯誤を重ね、千年単位の時間をかけて品種改良がおこなわれ、栽培化した小麦やトウモロコシなどの形質を思いどおりに変えるには何世代も育てる必要があった。昔ながらの方法で新種をつくりだすには何十年もかかる。ところがバイオテクノロジーは一瞬にしてそれを実現してしまう。これは人類にとって未踏の領域であり、自然の驚異をなんとか手なずけようとする企てに終わりはない。人類の創造力はごく短時間のうちに、とうとうここまで来たのだ。

二〇世紀後半、人類が開発したテクノロジー――土壌に養分を補給する、古代の太陽エネルギーを取りだす、病害虫・雑草の被害を抑える、遺伝子を組み換える――がすべて緊密に結びついて、いよいよ食料大増産を達成する人類大躍進の時期を迎えた。ふり返ってみれば、化学肥料への転換が実現したのは工場用の石炭と機械に使う石油があったからだ。同様に、半矮性遺伝子を利用して短稈品種をつくったり、病気や害虫に強いハイブリッド種子をつくったりするには、化学肥料と灌漑農地が欠かせなかった。遺伝のしくみを利用していなければ、世界中で収穫量が急増することはなかっただろう。

この時期に現代人の主食である米、小麦、トウモロコシの生産量が急増していなければ、わたしたちはこうして特異な時代を迎えることもなかっただろう。いまわたしたちが経験しているのは、人類史上、狩猟採集生活から農耕牧畜生活への転換と肩を並べるほどの一大変革期だ。人類はいま、農耕生活から都市生活へと舵をきろうとしている。

10 農耕生活から都市生活へ

赤いリンゴ、緑の洋梨、くすんだ赤い色のサツマイモ、茶色い皮のジャガイモを盛った器。モモ、アーティチョークからズッキーニまでさまざまな野菜の山。パンがうずたかく詰まれた棚。ずらりと並ぶシリアルの箱。カット済みのチキンとステーキのパック。牛乳のボトルと卵のパッケージ。冷凍ケースには調理済みのメイン料理。世界中のスパイス。

巨大なコンクリートのダムを「現代の神殿」と呼んだのはジャワハルラル・ネルーだ。ならば食料品店は人類が自然に手を加えてきた成果を示す現代の聖地といえるのではないか。ありふれた哺乳類だった人類は都市で生活し、世界で支配的な勢力を誇る種となった。その長く曲がりくねった道のりは食料品店に凝縮されている。人類の旅路は地球からのすばらしいめぐみとともに始まった。プレートテクトニクス、養分の循環メカニズム、豊富な動植物と微生物に恵まれたのは、まさに宇宙の宝くじに当たったようなものだ。その後、わたしたちの祖先は親戚筋のチンパンジーと分かれ、能力を活かして文化を築いて進化した。文化のなかで急速に知識が蓄えられ、世代を通じて受け継がれた。数千年後、少しずつ栽培が始まり、狩猟採集の暮らしから農耕生活への移行が起きて大部分が定住するようになった。都市が生まれ、交易が始まり、新しい肥料をはじめさまざまな新しい取り組みによって、自然界からの制約がひとつまたひとつとはずれていった。

人類は勝利を積み重ねて、ついに二〇世紀に大躍進を遂げた。それは単に豊富な食料をつくりだした時期ではない。まず農村でじゅうぶんな食料が生産されるようになると、現代文明のごく自然な流れで農村から都市に人が移り住むようになり、都市に人口が集中した。彼らは工場、事務所、商店などで働いて経済の発展に貢献する。農村部では少なくなるいっぽうの住人が都市部の住人の分まで食料生産を担う。それは現代文明の暗黙の契約だった。こうして都市で暮らす人口が過去にないほど増えていく時代に突入した。二〇世紀のはじめ、地球の人口は二〇億人足らず、都市で暮らす人は一〇〇人につき一五人未満だった。二〇世紀の終わりにはすでに人口が六〇億人を突破した。都市で暮らす人は半数には達していないものの、数年後、二〇〇七年五月には、半数を超えた(1)。都会化していくヒトという種を養うために、じつに地球全体の三五パーセントの土地があてられていた(2)。

地球のみならずヒトにも劇的な変化をもたらした。ますます多くの食料が供給できるようになったばかりか、食事で摂取するカロリーが飛躍的に増えたのである。だが成功がもたらした食生活の変化が、いまわたしたちに牙をむいている。危機を回避して方向転換できるかどうかは、人類の知恵と創意工夫にかかっている。

より脂っこく、より甘く——肥満の脅威

夏に味わうアイスクリームはうっとりするほどのおいしさだ。濃厚で滑らかな食感、舌の上で溶けていく感覚はアイスクリームならではの至福といっていい。コーンに盛って、パフェで、フライにして、棒つき、パイに添えて、チョコレート味、イチゴ味、プレーン、フレンチバニラ、カラフルでエキゾチックな各種フルーツフレーバーで、わたしたちはアイスクリームを思い思いに楽しむ。

絶大な人気にはわけがある。アイスクリームに含まれる脂肪分と糖分だ。これはわたしたちの味蕾《みらい》がよろこぶ二大要素なのだ。しかも一オンス（約二八グラム）あたりのカロリーは相当なもの。人類は試練を乗り越えながら進化してきた。食料は乏しく、次にいつ食べものにありつけるかわからない時期を耐えてきた。そんな種にとってアイスクリームは

まさに完璧な食料だ。脂肪と甘味を好むのはどうやら先天的なものらしい。世界中どの文化でも同じ特徴が見られる。「あー」「うー」などの赤ん坊が発する喃語《なんご》のように世界共通だ(3)。

いまやアイスクリームはすぐに手に入る。アイスクリームに限らず、脂肪と砂糖を含む食品はいくらでもある。これは食料大増産の恩恵でもあり、弊害でもある。人類がはるか昔に狩猟採集生活から農耕牧畜生活に一大転換を果たしたときにも、同じような変化を経験している。人類は余剰食料の確保ができるようになった。もちろん脂肪と砂糖ではなく、保存のきく穀類だ。食生活への影響は大きかった。狩猟採集生活をしていたわたしたちの祖先がなにを食べていたのかは正確にはわからないが、残された歯や骨格から判断して、定住するようになると、それ以前にくらべてデンプン質を多く摂取し、野生動物の肉、果実、種子、植物は減ったことがわかる。

一九三〇年代にアメリカの地理学者メリル・ベネットが述べたとおり、歴史上どんな時代でも人は豊かであるほど動物性食品——肉類、乳製品、卵——をとるようになる。だが二〇世紀後半を迎えると、ほぼ一様に動物性食品を大量に食べられるようになった。かつてないほど豊富な大豆とトウモロコシのおかげで牛、豚、鶏の飼育に消費するエネルギーよりも摂取するエネルギーが多くなった。飼料にする穀類の価格が安いので肉そのものも手の届く価格となっている。

中国ではまさにベネットが提唱した法則どおりのことが起きている。一九八〇年代後半、五〇〇〇人あまりを調査したところ、十数年前とくらべると米と小麦の摂取量は減って果実と野菜の摂取量はあきらかに増えていた。卵と鶏肉の摂取量はほぼ倍増し、豚肉と魚の摂取量も増えていた。相対的に見て中国の経済が上向くにつれて、脂肪と肉が多くデンプン質が少ない食生活が一般的になっている。食料不足に苦しむ人は減るいっぽうで肥満の人は急増した。この変化は中国の農村部にくらべ都市のほうが速かった[4]。

同じ現象は世界各国で起きている。先進国の場合、動物性タンパク質主体でデンプン質の少ない食生活への移行はかなり早い時期に起きているが、そのスピードはいまよりもずっと緩やかだった。繁栄の歯車のスピードがそれだけ緩やかだったためだ。先進国よりかなり遅れて経済成長を果たした国々の多くは、猛スピードで食生活が変化した——その代表格がブラジルと中国だ[5]。

食生活の中心がデンプン質から脂肪と動物性タンパク質に移行するというベネットの指摘は正しかった。わたしたちの祖先が狩猟採集生活から農耕牧畜生活に転換してデンプン質が多い食生活になったときに失ったものを取り返している、とも考えられる[6]。

しかしベネットには予測のつかなかった変化も起きて、やっかいなことになっている。

脂肪の原料に関する問題だ。ベネットの法則が発表された一九三〇年代、食事で摂取する脂肪分といえば、牛乳、バター、ラード、牛脂、霜降り肉だった。二〇世紀半ばを過ぎるころには、別の種類の脂肪が出まわるようになり、より手に入りやすくなった。綿花の種子、大豆、トウモロコシ、ナタネやカラシナなどを電動の機械で搾れば低コストで油脂を得られる。圧縮されて固い塊になったタネに残っている油脂を、今度は石油を原料とする化学品で溶かす。(7) こうして種子や植物を原料とした安価な油脂が登場すると、さっそく調理、揚げ物、菓子づくりなどに利用された。

脂肪分の多い高カロリーな食生活の広がりにはもうひとつ理由がある。科学技術を駆使して液状の植物油脂を固形状のマーガリンと半固形状のショートニング（食用油脂）に変え、工場で大量生産されるようになったためだ。室温でも固形を保つので冷蔵の必要がなく長持ちした。動物性の脂肪に似ているので料理人にとっては魅力的だった。アメリカでショートニングといえばクリスコ、インドにはダルダというブランドが広く流通している。驚異的な技術の肝は、植物油に水素を加えるプロセスだ。発明者であるフランスの科学者ポール・サバティエは一九一二年にノーベル賞を受賞している。彼が開発した手法で植物油を固めた商品は安く、バターとラードの代わりとして重宝された。(8) ところがこの画期的な発明品には負の側面があった。登場から数十年後、ようやく健康への悪影響があきらかになってきた。

二〇世紀後半には、各種の油が格段に手に入りやすくなった。アメリカと南米で栽培される大豆の種子からとれる大豆油、おもに東南アジアで栽培されるアブラヤシの果実からとれるパーム油、そのほかにもヒマワリ油、サフラワー油（ベニバナ油）、綿実油が出まわり、富裕層以外にも広く浸透した。一九六九年、国連はヨーロッパ、南北アメリカ大陸、アジア、オセアニア合わせて八五カ国の人びとの食生活の調査結果を報告した。それによれば、ナッツ類からとれる油脂や従来の方法で油糧種子から搾った油にくらべると、工業生産された植物油が多い食生活は食材を茹でるよりも揚げるほうが多くなっている。さらに、日常で惜しげなく砂糖を使えるだけの金銭的な余裕が生まれると、砂糖の消費量と甘みをつけた食べものの消費量が激増する傾向が世界共通に見られた。[9]

一九七〇年代に入ると、もっと安く糖分が手に入るようになった。日本の科学者がデンプンから糖を分離して大量生産する方法を発明し、「いままでにない甘味料を製造するための工程」の特許を申請したのが、その始まりだ。[10] その高果糖フルクトース・コーンシロップはサトウキビやテンサイではなくトウモロコシを原料として大規模に製造され、アメリカではヨーグルトやシリアル、清涼飲料水など大量生産される食品の甘味料として広く普及した。アメリカ人が一日に飲料から摂取するカロリーの平均値は、一九六五年と二〇〇二年で比較すると二二二カロリー増加し、おもに清涼飲料水から摂取していることがわかった。[11]
植物油と糖分が安く手に入るようになると、高脂肪・高カロリーの食生活への勢いがついた。やがて富裕国では生活水準にかかわらず、そして貧困国でも、脂肪分と糖分を好む人類の嗜好を反映して多くの人びとの食生活が高脂肪・高カロリーへと変わっていった。[12]経済的な格差がもっとも大きい都市でも同じだ。[13]肥満の人の数はうなぎ登りで、これといった共通点がない土地でもこの傾向だけは共通していた。
ブラジルの女性の肥満率は一九七五年の二四パーセントから二〇〇三年には三八パーセントに、バングラデシュは一九九六年の二パーセントから二〇〇七年には一二パーセントに、ケニアは一九九三年の一五パーセントから二〇〇三年には二六パーセントに増えている。[14]イヌイットはヘラジカやトナカイ、多様な植物を昔から食べていたが、食料大増産は彼らの食生活すら変えてしまい、精白パン、砂糖、マーガリン、ハンバーガーが入り込んだ。[15]
それでも、世界から貧困の不幸を撲滅するという視点に立てば、食生活の大規模な変化は救いとなった。貧しい農村で過酷な労働に耐え、家族の食料にも事欠く状態は悲惨のひと言に尽きる。食生活は単調で、健康維持に必要な栄養分が足りない。来る日も来る日も

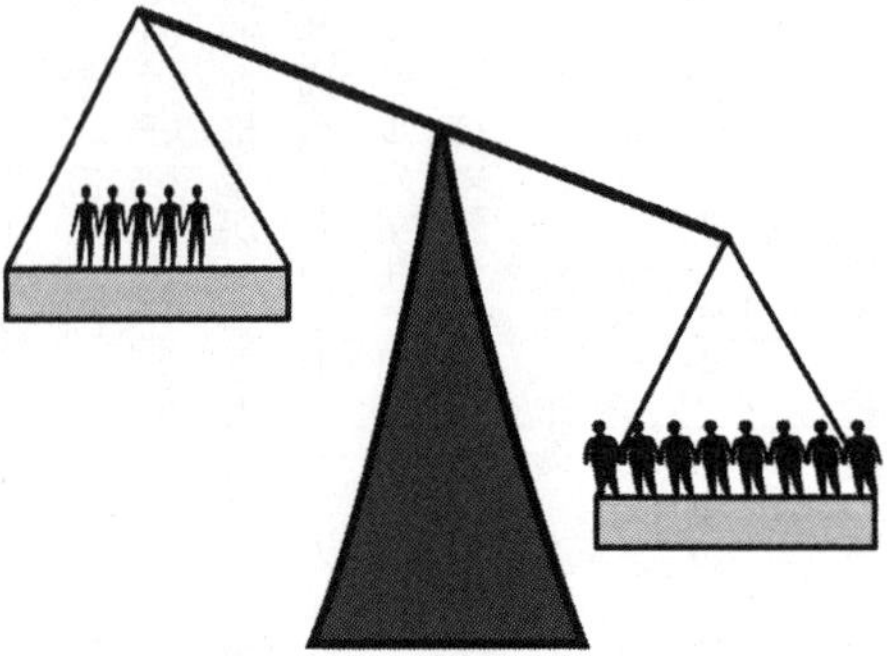

雑穀やキャッサバなどデンプン質を多く含む根を食べ、果実や野菜はごく少量、牛乳や肉は論外だ。

食料大増産が実現したおかげで食生活が多彩になり栄養価も高くなるのであれば、そして旱魃や洪水で不作のときに市販の食品でしのげるなら大いに喜ぶべきだ。ただ、気づかないうちに貴重なものを失ってしまう可能性はある。昔ながらの全粒穀物は栄養的にすぐれているにもかかわらず、精白パン、精白米、加工食品に取って代わられてしまった。皮肉にも、先進国のエリート層（わたしを含め）はキヌアやアマランスといった全粒穀類にお金をかけ、デンプン質から脂肪と肉へという移行を果たした人びとは昔ながらの健康的な食材には背を向ける[16]。

ほぼ全世界で肥満が増え、昔ながらの栄養豊かな食材が消えていく現象は、食料大増産の弊害以外のなにものでもない。現在、世界各地で飢餓に苦しむ人数は一日一〇億人を切っている。[17] 肥満は一〇億人を突破している。飢えに苦しむ人びとの数は減るいっぽう、肥満は増えている。二〇一〇年前後には、慢性的な飢餓状態の人と肥満の人の比率は五対八だった。[18] 高カロリー食品が手軽に安く買える、デスクワーク中心の都市型のライフスタイルという組み合わせが引き起こしているのだ。人類大躍進を象徴するものはトラクター、肥料、殺虫剤、そして食料品店の通路の棚とファストフード店のメニューボードに並ぶスナック、清涼飲料水、加工食品だ。[19]

アメリカでは今後、成人の過半数が肥満になるおそれがあり、二〇三〇年には肥満が八六パーセント以上を占めると予測されている。[20] 肥満は循環器疾患や糖尿病など、多くの病気の引き金となる。健康的な食生活に転換しないかぎり、食料大増産の成功はがらがらと音を立てて崩れていく。肥満は地球上の富裕層だけの問題ではない。途上国でも腹囲のサイズは大きくなるいっぽうだ。低体重が引き起こす病気と同時に、人類は肥満がもたらす病気に苦しんでいる。[21]

地球からのしっぺ返し

農耕生活から都市生活へと移行して人類の食生活は大きく変わった。狩猟採集生活から農耕牧畜生活に移行したときに匹敵するほどの変化といってもいい。その影響はウエストのサイズや健康だけにとどまらない。世界中で肉と油の消費が増える現状を、環境問題の専門家は憂慮している。[22] それも無理はない。ある時期、爆発的な人口増加がとてつもない脅威に感じられた。このまま地球を酷使しつづければ、いつかきっとしっぺ返しが来るにちがいないと思われた。人口は増加の一途をたどり、二一世紀半ばまでにさらに数十億人増加するのは確実だ。だがその後、人口が頭打ちになることはすでに視野に入っている。核家族化が進み、二〇世紀の増加分がしだいに均《なら》されて人口は安定するだろう。そこからふたたび増加に転じる可能性は低い。

いっぽうで、人口問題に並ぶ危機がいま人類に襲いかかっている。もっとたくさんの食料を、もっと肉類が多い食生活を、という人類の強い願いは、食料の大量生産が可能になって実現した。より多くの人びとがより充実した食生活を望んだ結果、人類が地球で生存していくために欠かせない三つの要素——安定した気候、栄養分の循環、生物の多様性——に異変が起きている。

大気中の温室効果ガスの濃度があがるにつれて、第一の要素が危うくなっている。農業・牧畜は気候に直接、被害を与える。農業は温室効果ガスの発生源となってしまう。少し例をあげよう。肥料と肥やしからの亜酸化窒素、牛とヤギの反芻胃《はんすう》からのメタンガス、水に浸された水田からもメタンガス、作物を栽培するために森を切り開いて火を焚けば二酸化炭素と、全部ひっくるめれば――動力を供給する化石燃料の分は除く――人類が出す温室効果ガスの四分の一を超えてしまう。[23] なかでもいちばんの発生源となるのは牛だ。一ポンド（約四五〇グラム）の牛肉を生産するために発生する温室効果ガスを鶏肉とくらべると何倍にもなる。同量のジャガイモとくらべれば、もっと差がつく。[24]

人類が発生させる温室効果ガスがどの程度気候に悪影響を与えるのか、種として存続の危機に立たされるのかどうかは、まだなんともいえない。それでも、完新世の安定した気候――人類が農耕生活に移ったときから続いている――が今後も続くと期待してはいけない。大気中の温室効果ガスが増えるにつれて、いつタネ播きをすればいいのか、なにを作付けすればいいのかという判断は昔とは変わってきている。[25] 人びとの意識の高まりとともに、どうしたら温室効果ガスを増やさずにじゅうぶんな食料を生産できるのかを模索する必要がある。

わたしたちが生存していくために必要な第二の要素は、作物に必須の栄養と水をもたらす栄養分の循環だ。より多くの食料を生産するために自然に手を加え、わたしたちは循環に干渉している。ハーバー・ボッシュ法は空中窒素を取りだして植物に栄養を与える形態に変えるが、過剰な固定窒素を空気に返すという逆のプロセスを発明した者はまだいない。固定窒素は水の流れに注ぎ込み、湖と沿岸海域で壊滅的な被害を出している。畑から食料、そしてふたたび畑にというリン循環を、現代の下水設備は壊している。水の旅は雲から川、そして海へとたどるが、人類は古くから地下に蓄えられている水を大量に取りだし、川からも取りだして循環を乱している。将来的に水の需要を満たすことはできるのだろうか。[26] 地球にそなわった循環メカニズムにわたしたちは人類という駒をがっちりと組み込んだのである。人類が新しい役割をどのように果たしていくのか、わたしたちは学んでいる最中だ。

人類にとってこの惑星が生存可能であるためのもっとも重要な要素は、何百万年もかけて進化してきた生物の多様性だ。そして人類大躍進の深刻な影響がいちばんはっきりとあらわれているのが、おそらくこの部分なのである。世界の大草原地帯、サバンナ、ヨーロッパとアメリカの多くの森は切り開かれ、畑と牧場に変わってしまっている。[27] 木が一本倒されるごとに、草原の草が鋤き込まれていくたびに、多くの動植物がすみかを失う。バッファローは大量殺戮され、インドライオンは絶滅寸前だ。人類というたったひとつの種が食べていくために、地球の生物多様性は蹂躙《じゅうりん》されてきた。鋤とチェーンソーがこの先向かうのは、南米、東南アジア、中央アフリカに青々と生い茂る熱帯雨林だろう。開墾されてしまえば、何千、いや何百万という種が消えていく可能性がある。

一九八〇年代、悪名高い「ハンバーガー・コネクション」はアメリカのファストフード店で販売される肉牛を育てるために中央アメリカの森林を破壊していることがあきらかになった。[28]もっと豊かな食生活を熱望する人が増えれば増えるだけ、同様の構造が生まれて世界のどこでどんな事態が起きてもおかしくない。たとえば「パーム油コネクション」は、インドと中国の消費をまかなうために東南アジアの森林を破壊している。「大豆コネクション」はヨーロッパとアジアで消費される鶏、豚、牛の飼料をつくるためにアマゾンの森林を破壊する。[29]つながりが絡み合い強化されていくほど、森林に生息する種の未来は危ういものとなる。

地球の風景が変わっていくのは、食料をつくるためだけではない。トウモロコシ、油ヤシ、サトウキビを栽培する目的は、化石燃料の代替物としてバイオ燃料を大規模生産するためでもあった。当初はすばらしいアイデアと受けとめられた。化石燃料の使用が減れば温室効果ガスが減り、石油とガスの地政学的リスクが減ると歓迎された。しかしいままでの歴史が示すとおり、いいことずくめであるはずがない。試行錯誤のくり返しだ。バイオ燃料のために栽培しようとすれば、農地の奪い合いとなって食料価格を押しあげてしまう[30]。

二〇〇〇年代に入って一〇年足らずで、ついに亀裂が生じた。カイロ、ポルトープランス（ハイチの首都）、ダッカ（バングラデシュの首都）、モガディシュ（ソマリアの首都）と西アフリカ全域で、米から調理油までの食品の値上げに抗議する人びとが暴徒化した。洪水、サイクロンにくわえ、アメリカとヨーロッパで食料用にあてられていた農地がバイオ燃料用に転用されたことで、最悪の状況となった。主食となる穀物の価格は急騰し、食卓にのせる食べものを確保できない[31]。世界中で大きく報じられ、「二〇〇八年、大揺れする食料安全保障[32]」「暴動が警告する[33]」「パンの価格をめぐりエジプト人が蜂起[34]」「ハイチで飢えによる食糧暴動の拡大[35]」「食糧暴動は今後も拡大か[36]」などの悲壮な見出しが並んだ。いまはまだトレンドライン（傾向線。値動きの傾向を明確にするための補助線）を引くには時期尚早だが、安い価格で食料が手に入る時代は終わりに近づいているのかもしれない[37]。現在、食料輸送は船舶、飛行機、鉄道などを頼りにしている。世界各地をくまなくつなぐ輸送網の一カ所でも穴があけば、トランプで築いた家が崩れるようにすべてがガタガタになってしまうかもしれない。

人類大躍進の時期は豊富な食料をもたらしたが、それは矛盾に満ちた豊かさだ。より多く、もっとたくさんを実現してきたのに、よりよくなったとは言いがたい。始まってからわずか数十年で見えてきた危機がある。ＤＤＴの殺虫剤としての効果を発見したパウル・

ミュラーはノーベル賞を受賞した。しかしその毒性で鳥が死に、耐性をもつ病害虫があらわれ、DDTが奇跡の殺虫剤ではないことがあきらかになった。そこで、より安全な殺虫剤への切り替えがおこなわれた。バターとラードの代わりに使われるようになった安い植物性ショートニングは、ノーベル賞を受賞したポール・サバティエの発明で実現した。しかし数十年後、健康面への悪影響が知られるようになった。身体に安全な選択肢があればそちらを選ぶというかたちで、ゆっくりと方向転換が起きている[38]。

大規模な変化の反動で地球からしっぺ返しを食らうのは、時間の問題だ。知恵を結集してそれを切り抜けられるかどうか、まだなんともいえない[39]。世界各国が足並みをそろえてひとつのゴールをめざすのは一筋縄ではない。人類が好む食生活を追求しようとすれば、地球にとてつもない負担を強いてしまう。解決策を見つけるのは難しいだろう。過去が未来のお手本になるのなら、人類は知恵を凝らしてふたたび繁栄の歯車をまわし、前進・破綻の危機・方向転換をくり返すことができるかもしれない。それとも、あまりにも規模の大きい変化の先には、これまでとはまったく異なる結末が待ち受けているのだろうか。

はたして現在の繁栄は真の成功といえるのか、それとも多くの犠牲を払って一時的に解決しただけなのか、最終的な結論が出るのはまだ先のことだろう。ひとつだけ確かなのは、人類はかつて経験したことのない変容の時期を経験しているという事実だ。いまあらためて客観的に見れば、二〇世紀の方向転換の前と後では人類はまるで違う種といってもいい。都市で暮らし、自然をたくみに操作して思うままに食料を得ている。それがいまのわたしたちだ。

次なる転機のきざし

ヒトという種の独自性を確かめるには、人類の旅路を広いスパンでとらえてみればよい。各地のさまざまな人のアイデアをもとに自然界に手を加え、それが蓄積されていく。いきなり大規模に自然を操作できるようになったわけではなく、人類大躍進の時期に突入するはるか昔から着々と始まっていた。

貢献した出来事、人びと、動機は多種多様で数えきれない——ハーバー・ボッシュ法の秘密漏洩《ろうえい》、ひっそりと埋もれていたDDTを掘りだした化学者、新しい種子を見つけるための遠征、奇妙な地層を求める旅、知的な好奇心にかられて無数のエンドウの株にはけで慎重に花粉をつけていく作業、名声を得るための競争、征服、交易、人から人へと受け継がれるアイデア、権力者からの政治的圧力。アメリカでバッタが絶滅したような偶然も、金儲けという動機も貢献している。とくに一九世紀と二〇世紀には化学肥料、殺虫剤、多収性種子の特許でひと儲けしようという動機が強まった。こうしたひとつひとつの積み重ねで、人類は自然界を相手におおがかりな実験をおこなうまでになった。

古代に動物の労働力を利用するようになったのも現代の機械の開発も、すべては試行錯誤の末だ。自然に介入する方法がいきなり出現したことなど一度もない。いまわたしたちは、都市で暮らす種を現代農業で養うという実験のさいちゅうだ。試行錯誤をくり返し、失敗するたびになんとか立ち直っている。この先、現代の農業は人類にとって、あるいは地球にとって耐えがたい失敗になるのか、未来をはっきりと見通すことは難しい。

食料大増産をもたらした方向転換は、食料の供給を増やす方向へと歯車を向けたが、成功が一筋縄ではいかないことを、いまわたしたちは思い知らされている。第二次世界大戦後に登場した解決法は、わたしたちに問題を突きつける。ほぼすべての国と社会のあらゆる階層で肥満が増えていることから、脂肪分と糖分の多い不健全な食生活はおそらく目下の緊急課題だ。[40] 地球からのしっぺ返しはそれほど目立たないが、かなり深刻だ。無限にあるように感じられた資源も、大量消費で供給が追いつかなくなり、一部の水と肥料用のリン鉱石の調達が難しくなっている。また窒素と化石燃料が引き起こす問題はあまりにも大きく、従来のままというわけにはいかない。肥満と地球の疲弊、そしてもうひとつの問題は、飽食のなかの食料不足という悲劇だ。少しでも多くの食料をつくろうとしている現場では、まったく予想外の問題にちがいない。

解決策が引き起こした問題への対処へと少しずつ焦点が移りつつある。そして新しい解決策もまた、思いもよらない新たな問題をつくりだすだろう。これまでの定住生活がずっとそうであったように。食生活の内容を見直し、食料をつくるために自然とどのように折り合っていくのかを見直すところから方向転換は始まる。

すでに進路はわずかながら変わりつつある。都市住人の食料を生産する農村部は都市と連携し、より多く供給するだけではなく、よりよいものを生産することが重要になってくる。量だけではなく、質も問われるのだ。都市では屋上や建物と建物のあいだの細長い土地でガーデニングをして野菜づくりにいそしむ人びとがいる。一部の街やコミュニティでは人間の排泄物をすべて廃棄してしまわずに、養分を回収して循環をつなげようとしている。同じことを古代の中国人ははるか昔に実践していた。[41] そして農業の現場では水と肥料を効率的に使用する方法を学んでいる。

先進国と途上国の両方で大量の食料が無駄になっている現状を改めることも、負の面を減らすことにつながる。先進国では冷蔵庫や食品貯蔵庫、レストラン、食料品店で大量の果実、野菜、肉が無駄になっている。[42] 途上国では冷蔵設備がないために腐る、あるいは消費者が購入する前に病害虫にやられてしまう食料が一〇トンのうち最大で四トンに達する。[43]

先進国で無駄を出さない習慣が定着し、途上国の貯蔵方法が改善されれば、畑から消費者の口に入るまでに食料に使われる水、エネルギー、肥料を節約できる。

いま、都市部の住人は現代文明における暗黙の契約の意味を学んでいる。食料の生産を農村にまかせるからといって、自分が口にするものが、どこで、どのようにつくられているのかに無関心であってはいけないという意識が芽生えつつある。人と地球にとって、より健康的な食生活をめざそうという動きは、方向転換のきざしと考えていいだろう。世界の大部分の人びとが消費する肉と動物性食品は増えているものの、一部には植物性食品を中心とした食生活に移行する動きがある。これは健康にいいのはもとより、肉食中心の食生活に使われる大量のエネルギーと水を取り戻すことにもつながる。牛など反芻動物からはメタンガス、飼料用の穀類の栽培に使われる合成肥料からは亜酸化窒素、放牧のために森林が開墾されれば二酸化炭素が排出されて大気中の温室効果ガスの濃度があがるので、それも防げる。[44]

すべての試みが成果をあげるわけではない。たとえば「フードマイレージ（食料の輸送距離）」にもとづいて食料品を購入する活動を例にあげてみよう。あくまでも善意にもとづく取り組みなのだが、じつは、地元産の食料を購入するために個人が車で長距離を移動するよりも、遠い土地で商業生産された食料を玄関まで配送してもらうほうがエネルギー効率がいい[45]。また、遠方で高く買ってくれる消費者がいれば、貧しいつくり手の暮らしは楽になるが、残念ながら「フードマイレージ」を算出する際にはそれが組み込まれていない[46]。とはいえ、地元の食材を使うメリットはたしかにある。とれたての新鮮な食材を使って健康的な食生活がいとなめる。地域との密接な交流に役立つ。熱帯雨林の木陰で生態系を壊すことなく栽培されたコーヒーやオーガニック・チョコレートなど、多少高くても、持続可能な方法で生産されている認証つきの食料を購入することで、いままでの軌道とは違う未来をめざす意思表示となる[47]。

どれも、ささやかな一歩だ。先進国のなかのごく一部の動きにすぎない。世界的なトレンドへの影響力も微々たるものだ[48]。それでも、行きすぎた状態から立ち直るのだという社会意識を育むのは、こうしたひとつひとつの試みなのだ。

人類は食べることを通じて自然界といやおうなしに密接にかかわっている。わたしたちはそれをふたたび学んでいるところだ。もともと人類は自然界から課せられた制約のなかで食料をまかなっていた。その制約のもとで生きる以外なかったのだ。食料大増産がもたらした飽食のツケを突きつけられ、都市の暮らしも自然界とのかかわり合いなしには成り立たないという認識が社会全体に周知されつつある。

方向転換はゆっくりとしたものになるかもしれない。間隔をおいて、ほんの少しずつしか起きないかもしれない。行く手に待ち受ける危機を回避するために、ひとりひとりがもっと行動を起こす必要がある。変化のきざしは見えている。ありふれた哺乳類から都市で生活する種へと驚異的な旅路を歩んできた人類が次に踏みだす一歩は、持続可能な未来――なにかと便利に使われる言葉だが、健やかな地球で人類が知恵を発揮していつまでも繁栄するという意味では、最強の表現だ――に続いている。

喧噪のなかへ

インドのデリーにピカピカの新しい地下鉄が開業してからまもないころ、わたしは当時働いていた大学から友人に会うために都心まで地下鉄で移動した。駅も車内も活気にあふれ、インドのめざましい経済成長を体現していた――通勤途中の身なりのいいオフィスワーカーたち、映画のポスター、専門学校と試験対策の広告、売店に並ぶ個包装のビスケットと油っぽいポテトチップス。地下鉄の車輛には、カジュアルなジーンズ姿のティーンエイジャーからサリーをまとった年配の女性まで、ありとあらゆる人びとが詰め込まれていた。

座席に座ると、車輛に家族連れが乗り込んできた。顔も手もいかにも雨風にさらされた肌で、足にはゴム草履《ぞうり》をはき、膝のあたりまで布を巻きつけている。インド中に星の数ほどもある田舎の村から出てきたばかりにちがいない。一家は心もとないようすで、車輌が揺れるとうまく足を踏ん張れず、おおぜいの乗客のなかで戸惑いを隠せなかった。列車がスピードを落として駅に着くと両親はたくさんの荷物を両手で抱えておりる支度をした。いちばん年かさの少女が末っ子の赤ん坊を腰にのせるように抱いた。わたしもその駅で降りた。一家はエスカレーターでとまどい、ようやく乗ってもびくびくした表情で手を握り合っている。構内を出ていく彼らのあとを追った。街には警笛が鳴り響き、車がジグザグと無秩序に行き交っている。一家はそのまま街の喧噪のなかに消えていった。

おそらく彼らは狭い土地でじゅうぶんな食料をつくれないので村を離れたのだろう。ちゃんとした仕事について、台頭する中間層に加わるチャンスをつかもうとやってきたのだろうか。理由はともかく、急成長する都市に流れ込んでくる何百万もの家族のひとつだった。田舎から都市に移れば、ほぼ例外なくライフスタイルが一変する。雨を待ってタネ播きをする生活から、米とダルを買う生活になるのだ。おそらく野菜も店で買ってくるだろう。都市で育つ子どもたちは、将来子どもをもつとしてもせいぜいふたりか三人。必死に働いて、おまけに運も味方してくれれば、子どもたちを学校に通わせられる。卒業後は給料のいい仕事について現代文明の暗黙の契約に加わるだろう。幸運にも貧困から抜けだすことができるなら、毎日牛乳を飲み、食事には鶏肉かヤギの肉が加わる。糖分の多い炭酸水、油っぽい揚げものを大量に飲み食いするだろうか。都市化にともなって増えている糖尿病と心臓病のリスクは避けられないかもしれない。よくも悪くも、こうして人類は都市生活へと大規模に移行していく。

二一世紀半ばには、世界の人口の八割近くが都市住人になっている可能性がある。(49) 急成長する都市、なかでもラゴス（ナイジェリアの首都）、ダッカ、深圳《しんせん》、カラチ、デリー、北京、広州、上海、マニラ、ムンバイの勢いは衰えないだろう。途上国の無数の小さな町と都市に人が集まる。(50) 都市生活者は食料品店で食料を買う。レストランで外食する人もおおぜいいる。

そんな彼らもイヌイットやカヤポ族と同じく自然界の制約に縛られている。地球の驚異的なメカニズムが太陽エネルギーを食料に変え、都市生活者はそのしくみに依存するしかない。微生物のはたらきで排泄物は循環を続ける。地下の奥深くにある巨大なベルトコンベヤーはこれからも大陸を動かしつづけ、火山は大気にガスを噴きだす。上空から地球を俯瞰すれば、作物をつくるための風景が広がり、都市の朝食、昼食、夕食の食材もそこからやってくる。人類が蓄えてきた知識の上にはこれからも新しい知識が積みあげられ、自然を活用する——あるいは還元する——ために知恵を磨きつづけるだろう。

人類が狩猟採集生活から農耕牧畜をする定住生活への移行を開始したのは一万二〇〇〇年前。それから数千年かけて学び、文化を築き、移行はようやく完了しようとしている。人間は知恵を絞り工夫を凝らして自然と密接にかかわり合い、着実に繁栄の歯車を進め、農耕をする種として地球上で勢力を拡大してきた。

いまわたしたちは農耕をする種から都市生活をする種に変わろうとしている。少数が食料をつくり、大多数の人びとがそれを食べるという最新の取り組みは始まったばかりだ。どんな結果が待っているのかは、だれにもわからない。これからも破綻の危機（手斧）と方向転換はきっと起きるだろう。そのたびに人間は独創的な方法で地球のめぐみをうまく活用するにちがいない。これまで積み重ねてきた創意工夫の成果とともに、生きる方法を学びつづけるだろう。

謝辞

本書に綴った数々のイノベーションと同じく、本書もまた、わたしひとりの力ではとうていつくりだすことはできなかった。とりわけ三人の方々には、本書の明確な方向性を定めるにあたってありがたい助言をいただいた。ジーン・V・ナガール・リテラリーエージェンシーでわたしのエージェントを務めるエリザベス・エヴァンスは本書のプロジェクトの開始以来、鋭い洞察を発揮し導いてくれた。ベーシックブックスの担当編集者トーマス・ケレハーの観察力とアドバイスのおかげで本書はひときわすばらしいものとなった。同僚のエイミー・コーンはどの章に関しても何度も徹底的に読み込み、洞察力に富む鋭いコメントをくれた。

また原稿すべてを読み、快くコメントをしてくれた友人、同僚に感謝申しあげる。環境歴史学者ジョン・マクニール、そして生態学者グレッグ・アズナーに。レイチェル・ブリエッタは本書の挿絵を担当し芸術的才能ばかりか、複数回におよぶ修正においてユーモアの才能も発揮してくれた。

本書は広範囲にわたるトピックを扱っているだけに、誤った記載が生じる可能性がゼロとはいいきれない。次に名前をあげるさまざまな分野を専門とする同僚が、個々の章を読み、記載の誤りを指摘してくれた。いうまでもなく、そのほかに誤りがあるとすれば、それは著者の責任である。エレナ・ベネット、ダナ・コーデル、ジョエル・クラクラフト、ダナ・ダーリンプル、エール・エリス、ジェームズ・ギャロウェイ、リン・ゴールドマン、ヘルムート・ハベール、ロバート・ハリス、テッド・ハイモウィッツ、キース・クライン、エリック・ランビン、ジェフリー・ロックウッド、ジョン・マスタード、サヒード・ナイーム、ポール・オルセン、ケネス・オルソン、マシュー・パーマー、バリー・ポプキン、ピーター・リチャーソン、ダスティン・ルーベンスタイン、ジル・シャピロ、チャールズ・ヴォロスマーティー。

ジョエル・コーエンとマイク・ドフリースは一部の章について、原稿の初期の段階で丁寧なコメントをしてくれた。ベーシックブックスとジーン・V・ナガール・リテラリーエージェンシーのチームの皆様にはこのプロジェクトの実現に向けて多大な尽力をいただいたことに感謝の意を捧げたい。

最後に、すぐそばで支えてくれる人がいなければ、どんな仕事もやり遂げることはできない。夫であり人生のパートナーであるジット・バジパイは忍耐強さを発揮し、励ましてくれた。心からの感謝を伝えたい。トリヴェニ・デフライズの豊かな発想力と前向きな実行力にはいつも助けられたし、アヴィ・バジパイのみずみずしい感性には大いに刺激を受けた。そしてアメリカとインドにいる家族全員に、ひとりひとりの名をあげていてはページがいくらあっても足りないが、感謝を伝えたい。

訳者あとがき

アマゾンの熱帯雨林地域で、森林が伐採され大地があらわになっている光景を目の当たりにした著者ルース・ドフリースが不覚にも涙をこぼすところから、本書『食糧と人類――飢餓を克服した大増産の文明史』は始まる。著者はコロンビア大学生態・進化・環境生物学部の教授である。

食料を調達する目的で人間は地球の風景を大規模に変貌させている。それはなにを意味しているのか、どう理解すればいいのか、著者は自問自答を始める。

一枚の肖像画をただ見つめるだけよりも、描かれている人物の生い立ちや経験、背景などをとことこまかに知れば、絵に対する理解は格段に深まる。

著者はとことん知り尽くすことで、いまなにが進行しているのか、その本質に迫ろうとする。人類のこれまでの道のりをたどり、人はどのように生きてきたのか、つまりどのように食料を確保してきたのかをじっくりと見つめ直し、こうして一冊の本となった。

なんとも壮大な歴史物語だ。成層圏の上まで一気に上昇したかと思うと、地中深くもぐり、時には原子や微生物に目を凝らす。食料を確保するための人類の悪戦苦闘は狩猟採集生活から農耕生活への移行、定住で生じた困難の克服、品種改良、肥料の確保、雑草や害虫との果てしない闘いなどまさに波瀾万丈だ。

運命のいたずらがあり、思いがけない偶然があり、伏線があり、悲劇もあれば胸が高鳴りわくわくする冒険もある。しのぎを削る競争、闘い、ヒーローの活躍、英雄たちの毀誉褒貶の激しい人生にも興味は尽きない。これから解明されることもまだまだあるだろう。


天才と呼ぶにふさわしい人物も登場するが、繁栄の歯車をまわしたのは黙々と働き続けた名もない人々が大半であり、それを支えたのが、労働力を提供する動物、食料となってエネルギーをもたらす動植物、ゆたかな生物多様性、地球の気候、地球にそなわった循環のメカニズム、天然資源、地球を守る大気、太陽からのめぐみ、そのめぐみを受けられる絶好のロケーションに地球が位置している幸運……。それがひしひしと実感できる。

人類がたどった旅路のなかに著者はあるサイクルを見いだす。繁栄の歯車が前へ前へと進む時期、行き過ぎや気象条件などなんらかの理由でその歯車に手斧がふりおろされて進まなくなる危機、危機を回避するために人類の創意工夫のスイッチが入って方向転換が起きる、という進む・危機・方向転換のサイクルだ。

生物そのものが危機を乗り越えながら進化してきたように、人類は長い年月をかけて知恵を蓄積して試練を乗り越えてきた。人類の文化は漸進的に、累積的に進化し、決して後戻りすることはないという。遺伝だけではなく、社会学習、累積学習の賜物によって短時間で進化し、先人の知恵の積み重ねに基づいて新たな発見をする、つまり「車輪を再発明」する必要がない。それは歯止めがついて一方向にしか進まないラチェットという歯車にたとえられる。

二〇世紀、都市で暮らす人々が世界人口の過半数を超えた。飽食による健康問題、そのいっぽうでいまなお飢餓にあえぐ人々、エネルギー問題や待ったなしの環境問題など、人類は最高の繁栄と最大の危機を迎えていると警告する声は日増しに大きくなっている。わたしたちはどんな知恵でこれを乗り越えるのだろう。はたしてこれまでのサイクルはここでもくり返されるのだろうか。

著者はあくまでも前向きで清々しい。人類の知恵と地球のめぐみがある限り生きる希望はある。そういう手応えを本書からは強く感じる。いまいる地点を確認しこれから進んでいくための詳細なマップとして、おおいに役立てていただければと思う。

本書を翻訳するにあたり、日本経済新聞出版社編集部の金東洋氏と堀口祐介氏、フリー編集者の河本乃里香氏に大変お世話になりました。惜しみないお力添えに、この場をお借りして心より御礼申し上げます。

二〇一五年一二月

小川 敏子

Livestock's Long Shadow: Environmental Issues and Options. FAO, Rome.

———. 2013. *FAO Statistical Yearbook 2013: World Food and Agriculture*. FAO, Rome.

United Nations, Food and Agriculture Organization (FAO), World Food Programme (WFP), and International Fund for Agricultural Development (IFAD). 2012. *The State of Food Insecurity in the World 2012: Economic Growth Is Necessary But Not Sufficient to Accelerate Reduction of Hunger and Malnutrition*. FAO, Rome.

Ventour, L. 2008. The Food We Waste. Food Waste Report, vol. 2. Waste and Action Resources Program (WRAP), UK.

Wang, Y., M. Beydoun, L. Liang, B. Caballero, and S. Kumanyika. 2008. Will all Americans become overweight or obese? Estimating the progression and cost of the US obesity epidemic. *Obesity* 16: 2323-2330.

White, J. 2008. Straight talk about high-fructose corn syrup: What it is and what it ain't. *American Journal of Clinical Nutrition* 88: 1716S-1721S.

Wolf, W. J. Updated by Staff. 2007. Soybeans and other oilseeds. Kirk-Othmer Encyclopedia of Chemical Technology. John Wiley & Sons, available at http: // onlinelibrary.wiley.com/.

World Health Organization (WHO). 2013. "Obesity and overweight." www.who.int /mediacentre/factsheets/fs311/en/.

Zhai, F., H. Wang, S. Du, Y. He, Z. Wang, K. Ge, and B. Popkin. 2009. Prospective study on nutrition transition in China. *Nutrition Reviews* 67 (Suppl. 1): S56-S61.

Zimmerman, C. 1932. Ernst Engel's law of expenditures for food. *Quarterly Journal of Economics*, 47: 78-101.

Raynolds, L., D. Murray, and A. Heller. 2007. Regulating sustainability in the coffee sector: A comparative analysis of third-party environmental and social certification initiatives. *Agriculture and Human Values* 24: 147-163.

Rosegrant, M., S. Tokgoz, and P. Bhandary. 2012. The new normal?: A tighter global agricultural supply and demand relation and its implications for food security. *American Journal of Agricultural Economics* 95: 303-309.

Rudel, T., O. Coomes, E. Moran, F. Achard, A. Angelsen, J. Xu, and E. Lambin. 2005. Forest transitions: Towards a global understanding of land use change. *Global Environmental Change* 15: 23-31.

Stehfest, E., L. Bouwman, D. van Vuuren, M. den Elzen, B. Eickhout, and P. Kabat. 2009. Climate benefits of changing diet. *Climatic Change* 95: 83-102.

Suekane, M., S. Hasegawa, M. Tamura, and Y. Ishikawa. 1975. Production of sweet syrup from dextrose mother liquor. U.S. Patent 3935070, application date May 22, 1975, issued January 27, 1976, US Patent Office Database, http: //patft.uspto.gov/netacgi/nph-Parser?Sect2=PTO1&Sect2=HITOFF&p=1&u=/netahtml/PTO/search-bool.html&r=1&f=G&l =50&d=PALL&RefSrch=yes&Query=PN/3935070.

Takasaki, Y. 1972. On the separation of sugars. *Agricultural and Biological Chemistry* 36: 2575-2577.

Tilman, D., C. Balzer, J. Hill, and B. Befort. 2011. Global food demand and the sustainable intensification of agriculture. *Proceedings of the National Academy of Sciences* 108: 20260-20264.

United Nations. 2012a. *World Urbanization Prospects*: The 2011 Revision. United Nations, New York.

———. 2012b. *World Urbanization Prospects: The 2011 Revision Highlights*. United Nations, New York.

United Nations, Food and Agriculture Organization (FAO). 2006.

assessment of sustainability. *Annual Review of Environment and Resources* 28: 243-274.

Millennium Ecosystem Assessment. 2005. *Ecosystems and Human Well-Being: Synthesis*. Island Press, Washington, DC.

Mitchell, D. 2008. *A Note on Rising Food Prices*. World Bank, Washington, DC.

Montgomery, M. 2008. The urban transformation of the developing world. *Science* 319: 761-764.

Morton, J. 2007. The impact of climate change on smallholder and subsistence agriculture. *Proceedings of the National Academy of Sciences* 104: 19680-19685.

Msangi, S., and M. Rosegrant. 2011. Feeding the Future's Changing Diets: Implications for Agriculture Markets, Nutrition, and Policy. 2020 Conference: Leveraging Agriculture for Improving Nutrition and Health, New Delhi, India.

Nobel Lectures: Chemistry, 1901-1921. 1966. Elsevier, Amsterdam.

Perisse, J., F. Sizaret, and P. Francois. 1969. The effect of income on the structure of the diet. Nutrition Newsletter, *Nutrition Division*, United Nations, Food and Agriculture Organization, vol. 7.

Popkin, B. 1999. Urbanization, lifestyle changes and the nutrition transition. *World Development* 27: 1905-1916.

———. 2004. The nutrition transition: An overview of world patterns of change. *Nutrition Reviews* 62: S140-S143.

———. 2006. Global nutrition dynamics: The world is shifting rapidly toward a diet linked with noncommunicable diseases. *American Journal of Clinical Nutrition* 84: 289-298.

———. 2009. Reducing meat consumption has multiple benefits for the world's health. *Archives of Internal Medicine* 169: 543-545.

Popkin, B., L. Adair, and S.-W. Ng. 2011. Global nutrition transition and the pandemic of obesity in developing countries. *Nutrition Reviews* 70: 3-21.

Popkin, B., and S. Nielson. 2003. The sweetening of the world's diet. *Obesity Research* 11: 1325-1332.

Implications for crop production. *Agronomy Journal* 103: 351-370.

Hossain, P., B. Kawar, and M. El Nahas. 2007. Obesity and diabetes in the developing world: A growing challenge. *New England Journal of Medicine* 356: 213-215.

Jones-Smith, J. C., P. Gordon-Larsen, A. Siddiqi, and B. Popkin. 2011. Emerging disparities in overweight by educational attainment in Chinese adults (1989-2006). *International Journal of Obesity* 2011: 1-10.

Kaimowitz, D., B. Mertens, S. Wunder, and P. Pacheco. 2004. *Hamburger Connection Fuels Amazon Destruction*. Center for International Forestry Research, Bogor, Indonesia.

Kearney, J. 2010. Food consumption trends and drivers. *Philosophical Transactions of the Royal Society* B 365: 2793-2807.

Kuhnlein, H., O. Receveur, R. Soueida, and G. Egeland. 2004. Arctic indigenous peoples experience the nutrition transition with changing dietary patterns and obesity. *Journal of Nutrition* 134: 1447-1453.

Lee, R. 2003. The demographic transition: Three centuries of fundamental change. *Journal of Economic Perspectives* 17: 167-190.

Livi-Bacchi, M. 1992. *A Concise History of World Population*. Blackwell Publishing, Oxford, UK.［邦訳：『人口の世界史』前掲書］

Lobell, D., W. Schenkler, and J. Costa-Roberts. 2011. Climate trends and global crop production since 1980. *Science* 333: 616-620.

London Daily Telegraph. 2008. Egyptians riot over bread crisis. April 8.

Macdiarmid, J., J. Kyle, G. Horgan, J. Loe, C. Fyfe, A. Johnstone, and G. McNeill. 2012. Sustainable diets for the future: Can we contribute to reducing greenhouse gas emissions by eating a healthy diet? *American Journal of Clinical Nutrition* 96: 632-639.

McGranahan, G., and D. Satterthwaite. 2003. Urban centers: An

Foley, J., N. Ramankutty, K. Brauman, E. Cassidy, J. Gerber, M. Johnston, N. Mueller, C. O'Connell, D. Ray, P. West, C. Balzer, E. Bennett, S. Carpenter, J. Hill, C. Monfreda, S. Polasky, J. Rockström, J. Sheehan, S. Siebert, D. Tilman, and D. Zaks. 2011. Solutions for a cultivated planet. *Nature* 478: 337-342.

Galor, O. 2012. The demographic transition: Causes and consequences. *Cliometrica* 6: 1-28.

Galor, O., and D. Weil. 2000. Population, technology, and growth: From Malthusian stagnation to the demographic transition and beyond. *American Economic Review* 90: 806-828.

Garnett, T. 2011. Where are the best opportunities for reducing greenhouse gas emissions in the food system (including the food chain)? *Food Policy* 36: S23-S32.

Geibler, J. 2013. Market-based governance for sustainability in value chains: Conditions for successful standard setting in the palm oil sector. *Journal of Cleaner Production* 56: 39-53.

Godfray, H., J. Beddington, I. Crute, L. Haddad, D. Lawrence, J. Muir, J. Pretty, S. Robison, S. Thomas, and C. Toulmin. 2010. Food security: The challenge of feeding 9 billion people. *Science* 327: 812-818.

Goldewijk, K. K., A. Bensen, G. van Drecht, and M. de Vos. 2011. The HYDE 3.1 spatially explicit database of human-induced global land-use change over the past 12,000 years. *Global Ecology and Biogeography* 20: 73-86.

Gonzalez, A., B. Frostell, and A. Carlsson-Kanyama. 2011. Protein efficiency per unit energy and per unit greenhouse gas emissions: Potential contribution of diet choices on climate mitigation. *Food Policy* 35: 562-570.

Grimm, N., S. Faeth, N. Golubiewski, C. Redman, J. Wu, X. Bai, and J. Briggs. 2008. Global change and the ecology of cities. *Science* 319: 756-760.

Hatfield, J., K. Boote, B. Kimball, L. Ziska, R. Izaurralde, D. Ort, M. Thomson, and D. Wolfe. 2011. Climate impacts on agriculture:

Watkins, J. O'Keefe, and J. Brand-Miller. 2005. Origin and evolution of the Western diet: Health implications for the 21st century. *American Journal of Clinical Nutrition* 81: 341-354.

Cordell, D., A. Rosemarin, J. Schroder, and A. Smit. 2011. Towards global phosphorus security: A systems framework for phosphorus recovery and reuse. *Chemosphere* 84: 747-758.

Cote, J. 2009. SF OKs toughest recycling law in the US. *San Francisco Chronicle*, June 10.

Daily New Egypt. 2008. Food security rattled in 2008. December, 23.

DeFries, R., and C. Rosenzweig. 2010. Towards a whole-landscape approach for sustainable land use in the tropics. *Proceedings of the National Academy of Sciences* 107: 19627-19632.

Drewnowski, A. 2000. Nutrition transition and global dietary trends. *Nutrition* 16: 486-487.

Drewnowski, A., and B. Popkin. 1997. The nutrition transition: New trends in the global diet. *Nutrition Reviews* 55: 31-43.

Duffey, K., and B. Popkin. 2007. Shifts in patterns and consumption of beverages between 1965 and 2002. *Obesity* 15: 2739-2747.

Edwards-Jones, G., L. Canals, N. Hounsome, M. Truninger, G. Koerber, B. Hounsome, P. Cross, E. York, A. Hospido, K. Plassmann, I. Harris, R. Edwards, G. Day, A. Tomos, S. Cowell, and D. Jones. 2008. Testing the assertion that "local food is best": The challenges of an evidence-based approach. *Trends in Food Science and Technology* 19: 265-274.

Ellis, E., J. Kaplan, D. Fuller, S. Vavrus, K. K. Goldewijk, and P. Verburg. 2013. Used planet: A global history. *Proceedings of the National Academy of Sciences* 110: 7978-7985.

Fargione, J., J. Hill, D. Tilman, S. Polasky, and P. Hawthorne. 2008. Land clearing and the biofuel carbon debt. *Science* 319: 1235-1238.

Fiala, N. 2009. The greenhouse hamburger. *Scientific American* 4: 72-75.

International Year of Rice 2004: Rice Is Life. FAO, Rome.
World Bank. 2010. *Deep Wells and Prudence: Towards Pragmatic Action for Addressing Groundwater Overexploitation in India*. World Bank, Washington, DC.
Zamir, D. 2001. Improving plant breeding with exotic genetic libraries. *Nature Review Genetics* 2: 983-989.

10 農耕生活から都市生活へ

Al Bawaba. 2008. Riot warning. April 10.
Alcott, B. 2005. Jevons' paradox. *Ecological Economics* 54: 9-21.
Associated Press. 2008. Hungry Haitians expand food riots. April 9.
Bloom, D. 2011. 7 billion and counting. *Science* 333: 562-569.
Bogardi, J., D. Dudgeon, R. Lawford, E. Flinkerbusch, A. Meyn, C. Pahl-Wostl, K. Vielhauer, and C. Vorosmarty. 2012. Water security for a planet under pressure: Interconnected challenges of a changing world call for sustainable solutions. *Current Opinion in Environmental Sustainability* 4: 35-43.
Carlsson-Kanyama, A., and A. Gonzalez. 2009. Potential contributions of food consumption patterns to climate change. *American Journal of Clinical Nutrition* 89: 1704S-1709S.
Clay, J. 2011. Freeze the footprint of food. *Nature* 475: 287-289.
Clean India Journal. 2010. Creating clean, reusable water from human waste. June 1, www .cleanindiajournal.com/creating_clean_reusable_water_from_human_waste/.
Cleland, G. 2008. Food riots will spread, UN chief predicts. *London Daily Telegraph*, April 9.
Cohn, A., and D. O'Rourke. 2011. Agricultural certification as a conservation tool in Latin America. *Journal of Sustainable Forestry* 30: 158-186.
Coley, D., M. Howard, and M. Winter. 2009. Local food, food miles and carbon emissions: A comparison of farm shop and mass distribution approaches. *Food Policy* 34: 150-155.
Cordain, L., S. B. Eaton, A. Sebastian, N. Mann, S. Lindeberg, B.

for tomato improvement. *Acta Horticulturae* 412: 21-38.

Rodell, M., I. Velicogna, and J. Famiglietti. 2009. Satellite-based estimates of groundwater depletion in India. *Nature* 460: 999-1003.

Sachs, S. 2009. Cereal germplasm resources. *Plant Physiology* 149: 148-151.

Sanyal, B. 1983. How revolutionary was India's Green Revolution? *South Asia Bulletin* 3: 31-44.

Shih-Cheng, L., and Y. Loung-ping. 1980. Hybrid rice breeding in China. Pages 35-52 in International Rice Research Institute (IRRI), ed., *Innovative Approaches to Rice Breeding: Selected Papers from the 1979 International Rice Research Conference.* IRRI, Manila, Philippines.

Shiva, V. 1991. The Green Revolution in the Punjab. *Ecologist* 21: 57-60.

Socolofsky, H. 1969. The world food crisis and progress in wheat breeding. *Agricultural History* 43: 423-438.

Stokstad, E. 2009. The famine fighter's last battle. *Science* 324: 710-712.

Swaminathan, M. S. 2004. Ever-Green Revolution and sustainable food security. National Agricultural Biotechnology Council (NABC) Report 16. NABC, Ithaca, NY.

———. 2006. An Evergreen Revolution. *Crop Science* 46: 2293-2303.

Tyagi, S., P. Datta, and R. Singh. 2012. Need for proper water management for food security. *Current Science* 102: 690-695.

United Nations. 1980. *Patterns of Urban and Rural Population Growth.* United Nations, New York.

———. 2012. *World Urbanization Prospects: The 2011 Revision.* CD-ROM Edition. United Nations, New York.

———. 2013. *World Population Prospects: The 2012 Revision.* CD-ROM Edition. United Nations, New York.

United Nations, Food and Agriculture Organization (FAO). 2004.

relatives in crop improvement: A survey of developments over the last 20 years. *Euphytica* 156: 1-13.

Hargrove, T., and W. Coffman. 2006. Breeding history. *Rice Today* 5: 34-38.

Harwood, J. 2009. Peasant friendly plant breeding and the early years of the Green Revolution in Mexico. *Agricultural History* 83: 384-410.

Herdt, R. 2012. People, institutions, and technology: A personal view of the role of foundations in international agricultural research and development, 1960-2010. *Food Policy* 37: 179-190.

Khush, G. 2001. Green Revolution: The way forward. *Nature Review Genetics* 2: 815-822.

Ladejinsky, W. 1970. Ironies of India's Green Revolution. *Foreign Affairs* 48: 758-768.

Maxted, N., S. Kell, A. Toledo, E. Dulloo, V. Heywood, T. Hodgkin, D. Hunter, L. Guarino, A. Jarvis, and B. Ford-Lloyd. 2010. A global approach to crop wild relative conservation: Securing the gene pool for food and agriculture. *Kew Bulletin* 65: 561-576.

Moose, S., and R. Mumm. 2008. Molecular plant breeding as the foundation for 21st century crop improvement. *Plant Physiology* 147: 969-977.

Nature. 2013. GM crops: A story in numbers. Vol. 497: 22-23.

Olson, R., and S. Schmickle. 2009. "Apostle of Wheat" Borlaug had deep Minnesota roots. *Minnesota Star Tribune*, September 14.

Ortiz, R., D. Mowbray, C. Dowswell, and S. Rajaram. 2007. Dedication: Norman E. Borlaug, the humanitarian plant scientist who changed the world. *Plant Breeding Review* 28: 1-37.

Pardey, P., J. Beddow, D. Kriticos, T. Hurley, R. Park, E. Duveiller, R. Sutherst, J. Burdon, and D. Hodson. 2013. Right-sizing stem-rust research. *Science* 340: 147-148.

Rice Today. 2012. Q and A with the father of hybrid rice. Vol. 11.

Rick, C., and R. Chetelat. 1995. Utilization of related wild species

Weekly 12: 241-260.

Dutta, S. 2012. Green Revolution revisited: The contemporary agrarian situation in Punjab, India. *Social Change* 42: 229-247.

Duvick, D. 2001. The evolution of plant breeding in the private sector: Field crops in the United States. Pages 193-212 in W. Rockwood, ed., *Rice Research and Production in the 21st Century: Symposium Honoring Robert F. Chandler Jr*. International Rice Research Institute, Manila, Philippines.

Ehrlich, P. 1968. *The Population Bomb*. Ballantine, New York. [邦訳：ポール・R・エーリック著『人口爆弾』宮川毅訳、河出書房新社、1974]

Enserink, M. 2008. Tough lessons from golden rice. *Science* 320: 468-471.

Estabrook, B. 2010. On the tomato trail: In search of ancestral roots. *Gastronomica: The Journal of Food and Culture* 10: 40-44.

Federoff, N., D. Battiti, R. Beachy, P. Cooper, D. Fischhoff, C. Hodges, V. Knauf, D. Lobell, B. Mazur, D. Molden, M. Reynolds, P. Ronald, M. Rosegrant, P. Sanchez, A. Vonshak, and J.-K. Zhu. 2010. Radically rethinking agriculture for the 21st century. *Science* 327: 833-834.

Fowler, C. 2008. The Svalbard seed vault and crop security. *BioScience* 58: 190-191.

Fowler, C., and T. Hodgkin. 2004. Plant genetic resources for food and agriculture: Assessing global availability. *Annual Review of Environment and Resources* 29: 143-179.

Gaud, W. 1968. The Green Revolution: Accomplishments and apprehensions. Address by the Honorable William S. Gaud, Administrator, Agency for International Development, Department of State, before the Society for International Development, Shoreham Hotel, Washington DC, March 8, 1968.

Haberman, F., ed. 1972. Nobel Lectures, Peace, 1951-1970. Elsevier, Amsterdam. Hajjar, R., and T. Hodgkin. 2007. The use of wild

37-50.
Ware, G., and D. Whitacre. 2004. Pesticides: Chemical and biological tools. Pages 3-21 in *The Pesticide Book*, 6th ed. Meister Publications, Willoughby, OH.
World Health Organization (WHO), International Program on Chemical Safety. 2011. *DDT in Indoor Residual Spraying: Human Health Aspects*. WHO, Geneva.
World Health Organization (WHO) and the United Nations Environment Programme (UNEP). 1979. *DDT and Its Derivatives*. WHO/UNEP, Geneva.
Yu, G., H. Shen, and J. Liu. 2009. Impacts of climate change on historical locust outbreaks in China. *Journal of Geophysical Research: Atmospheres* (1984-2012) 114: D18.

9 飢餓の撲滅をめざして

Appropriate Technology. 2002. India's Green Revolution has turned sour. Vol. 29: 10-11.
Basu, S., M. Dutta, A. Goyal, P. Bhowmik, J. Kumar, S. Nandy, S. Scagliusi, and R. Prasad. 2010. Is genetically modified crop the answer for the next green revolution? *GM Crops* 1: 68-79.
Borlaug, N. 2000. Ending world hunger: The promise of biotechnology and the threat of antiscience zealotry. *Plant Physiology* 124: 487-490.
———. 2003. Feeding a world of 10 billion people: The TVA/IFDC legacy. Travis P. Hignett Memorial Lecture, March 14, 2003, Muscle Shoals, Alabama. IFDC— An International Center for Soil Fertility and Agricultural Development.
———. 2007. Sixty-two years of fighting hunger: Personal recollections. *Euphytica* 157: 287-297.
Dalrymple, D. 1985. The development and adoption of high-yielding varieties of wheat and rice in developing countries. *American Journal of Agricultural Economics* 67: 1067-1073.
Dasgupta, B. 1977. India's Green Revolution. *Economic and Political*

Sanchis, V. 2011. From microbial sprays to insect-resistant transgenic plants: History of the biospesticide *Bacillus thuringiensis*. A review. *Agronomy for Sustainable Development* 31: 217-231.

Scheringer, M. 2009. Long-range transport of organic chemicals in the environment. *Environmental Toxicology and Chemistry* 28: 677-690.

Schwartz, H. 1971. Corn blight: A triumph of genetics threatens disaster. *New York Times*, April 18.

Sen, R., H. Ishak, D. Estrada, S. Dowd, E. Hong, and U. Mueller. 2009. Generalized antifungal activity and 454-screening of *Pseudonocardia and Amycolatopsis* bacteria in nests of fungus-growing ants. *Proceedings of the National Academy of Sciences* 106: 17805-17810.

Shelton, A., and M. Sears. 2001. The monarch butterfly controversy: Scientific interpretations of a phenomenon. *Plant Journal* 27: 483-488.

Smith, D. 1999. Worldwide trends in DDT levels in human breast milk. *International Journal of Epidemiology* 28: 179-188.

Sonne, C. 2010. Health effects from long-range transported contaminants in Arctic top predators: An integrated review based on studies of polar bears and relevant model species. *Environment International* 36: 461-491.

Steinhaus, E. 1956. Living insecticides. *Scientific American* 195: 96-105.

Stephenson, G. 2003. Pesticide use and world food production: Risks and benefits. Pages 261-270 in J. Coats and H. Yamamoto, eds., *Environmental Fate and Effects of Pesticides.* American Chemical Society, Washington, DC.

Tabashnik, B., A. Gassmann, D. Crowder, and Y. Carriére. 2008. Insect resistance to *Bt* crops: Evidence versus theory. *Nature Biotechnology* 26: 199-202.

Ullstrup, A. 1972. The impacts of the southern corn leaf blight epidemics of 1970-71. *Annual Reviews of Phytopathology* 10:

Norgaard, R. 1988. The biological control of cassava mealybug in Africa. *American Journal of Agricultural Economics* 70: 366-371.

Oerke, E.-C. 2006. Crop losses to pests. *Journal of Agricultural Science* 144: 31-43.

Office of Technology Assessment. 1993. *Harmful Non-Indigenous Species in the United States*. OTA-F-565, Washington, DC.

Palumbi, S. 2001. Humans as the world's greatest evolutionary force. *Science* 293: 1786-1790.

Pauly, P. 2002. Fighting the Hessian fly: American and British responses to insect invasion, 1776-1789. *Environmental History* 7: 485-507.

Pejchar, L., and H. Mooney. 2009. Invasive species, ecosystem services and human well-being. *Trends in Ecology and Evolution* 24: 497-504.

Peryea, F., and T. Creger. 1994. Vertical distribution of lead and arsenic in soils contaminated with lead arsenate pesticide residues. *Water, Air and Soil Pollution* 78: 297-306.

President's Science Advisory Committee. 1963. *Use of Pesticides*. White House, Washington, DC.

Pysek, P., and D. Richardson. 2010. Invasive species, environmental change and management, and health. *Annual Review of Environment and Resources* 35: 25-55.

Rattner, B. 2009. History of wildlife toxicology. *Ecotoxicology* 18: 773-783.

Reichard, R., M. Vargas-Teran, and M. Abu Sowa. 1992. Myiasis: The battle continues against screwworm infestation. *World Health Forum* 13: 130-143.

Romeis, J., M. Meissle, and F. Bigler. 2006. Transgenic crops expressing *Bacillus thuringiensis* toxins and biological control. *Nature Biotechnology* 24: 63-71.

Sachs, J., and P. Malaney. 2002. The economic and social burden of malaria. *Nature* 415: 680-685.

Lockwood, J., and L. Debrey. 1990. A solution for the sudden and unexplained extinction of the Rocky Mountain grasshopper (*Orthoptera: Acredidae*). *Environmental Entomology* 19: 1194-1205.

Longnecker, M., W. Rogan, and G. Lucier. 1997. The human health effects of DDT (Dichlorodiphenyl-trichloroethane) and PCBs (Polychlorinated biphenyls) and an overview of organochlorines in public health. *Annual Reviews of Public Health* 18: 211-244.

Losey, J., L. Rayor, and M. Carter. 1999. Transgenic pollen harms monarch larvae. *Nature* 399: 214.

Mendelsohn, M., J. Kough, Z. Vaituzis, and K. Matthews. 2003. Are *Bt* crops safe? *Nature Biotechnology* 21: 1003-1009.

Morales, H., and I. Perfecto. 2000. Traditional knowledge and pest management in the Guatemalan highlands. *Agriculture and Human Values* 17: 49-63.

Mueller, U., and N. Gerardo. 2002. Fungus-farming insects: Multiple origins and diverse evolutionary histories. *Proceedings of the National Academy of Sciences* 99: 15247-15249.

Myers, J., A. Savoie, and E. van Randen. 1998. Eradication and pest management. *Annual Review of Entomology* 43: 471-491.

Myers, J., D. Simberloff, A. Kuris, and J. Carey. 2000. Eradication revisited: Dealing with exotic species. *Trends in Ecology and Evolution* 15: 316-320.

Nixon, R. 1972. Special message to Congress outlining the 1972 Environmental Program, February 8. Online by G. Peters and J. Woolley, The American Presidency Project. www.presidency.ucsb.edu/ws/?pid=3731.

Nobel Foundation. 1948a. "The Nobel Prize in Physiology or Medicine 1948." Nobelprize.org, August 1, 2012, www.nobelprize.org/nobel_prizes/medicine /laureates/1948/.

———. 1948b. "Paul Müller - Biographical." Nobelprize.org, August 1, 2012, www .nobelprize.org/nobel_prizes/medicine/laureates/1948/muller-bio.html.

Crop Science 44: 1589-1592.

Hasselquist, F. 1776. *Voyages and Travels in the Levant; In the Years 1749, 1750, 1751, 1552*. Davis and Reymers, London.

Higdon, H. 1969. Obituary for DDT (in Michigan). *New York Times*, July 6.

Hoskins, W., A. Borden, and A. Michelbacher. 1939. Recommendations for a more discriminating use of pesticides. *Proceedings of the Sixth Pacific Science Congress of the Pacific Science* 5: 119-123.

Howes, M. 1971. DDT's use backed by Nobel winner. *New York Times*, November 9.

Hulme, P. 2009. Trade, transport and trouble: Managing invasive species pathways in an era of globalization. *Journal of Applied Ecology* 46: 10-18.

Kitron, U., and A. Spielman. 1989. Suppression of transmission of malaria through source reduction: Antianopheline measures applied in Israel, the United States, and Italy. *Reviews of Infectious Diseases* 11: 391-406.

Kogan, M. 1998. Integrated pest management: Historical perspectives and contemporary developments. *Annual Reviews of Entomology* 43: 243-270.

Lear, L. 1993. Rachel Carson's "Silent Spring." *Environmental History Review* 17: 23-48.

Lee, J. 1962. "Silent Spring" is now noisy summer. *New York Times*, July 12.

Levy, S. 2004. Last days of the locust. *New Scientist*, February 21: 48-49.

Liebhold, A., W. Macdonald, D. Bergdahl, and V. Mastro. 1995. Invasion by exotic forest pests: A threat to forest ecosystems. *Forest Science* 41: a0001-z0001.

Liebhold, A., and M. McManus. 1999. The evolving use of insecticides in gypsy moth management. *Journal of Forestry* 97: 20-23.

per, mega-pest of the 1800s. *Molecular Phylogenetics and Evolution* 30: 810-814.

Coffin, B. 2005. Year of the locust. *Risk Management* 52: 10-15.

Cottam, C. 1965. The ecologist's role in problems of pesticide pollution. *BioScience* 15: 457-463.

Davis, M. 1945. DDT: Friend and foe. *Wall Street Journal*, February 7.

Dewailly, E., P. Ayotte, S. Bruneau, C. Laliberté, D. Muir, and R. Norstrom. 1993. Inuit exposure to organochlorines through the aquatic food chain in Arctic Québec. *Environmental Health Perspectives* 101: 618-620.

Eskenazi, B., J. Chevrier, L. Rosas, H. Anderson, M. Bornman, H. Bouwman, A. Chen, B. Cohn, C. de Jagar, D. Henshel, F. Leipzig, J. Leipzig, E. Lo- renz, S. Snedeker, and D. Stapleton. 2009. The Pine River statement: Human health consequences of DDT use. *Environmental Health Perspectives* 117: 1359-1367.

Fry, D. M. 1995. Reproductive effects in birds exposed to pesticides and industrial chemicals. *Environmental Health Perspectives* 103: 165-171.

Gassmann, A., J. Petzold-Maxwell, R. Keweshan, and M. Dunbar. 2011. Fieldevolved resistance to Bt maize by western corn rootworm. *PLOS One* 6.

Gavrilescu, M. 2005. Fate of pesticides in the environment. *Engineering in Life Sciences* 5: 497-526.

Georghiou, G. 1986. The magnitude of the resistance problem. Pages 14-44 in National Research Council, ed., *Pesticide Resistance: Strategies and Tactics for Management*. National Academies Press, Washington, DC.

Hagen, P., and M. Walls. 2005. The Stockholm Convention on Persistent Organic Pollutants. *Natural Resources and Environment* 19: 49-52.

Haley, S., F. Peairs, C. Walker, J. Rudolph, and T. Randolph. 2004. Occurrence of a new Russian wheat aphid biotype in Colorado.

8 実りの争奪戦

Abate, T., A. van Huis, and J. Ampofo. 2000. Pest management strategies in traditional agriculture: An African perspective. *Annual Reviews of Entomology* 45: 631-659.

Agency for Toxic Substances and Disease Registry. 2002. *Toxicological Profile for DDT, DDE, and DDD*. US Department of Health and Human Services, Public Health Service, Atlanta, GA.

Allen, R. J. 1958. Wildlife losses in southern fire ant program. Pages 144-147 in S. Robbins, ed., *The Passenger Pigeon*. Wisconsin Society for Ornithology, Fox Point, WI.

Andrews, J. 1948. What's happening to malaria in the U.S.A.? *American Journal of Public Health* 38: 931-942.

Andrews, J., G. Quinby, and A. Langmuir. 1950. Malaria eradication in the United States. *American Journal of Public Health* 40: 1405-1411.

Buhs, J. 2002. The fire ant wars: Nature and science in the pesticide controversies of the late twentieth century. *Isis* 93: 377-400.

———. 2004. *The Fire Ant Wars: Nature, Science, and Public Policy in Twentieth Century America*. University of Chicago Press, Chicago.

Carson, R. 1962. *Silent Spring*. Houghton Mifflin, Boston. [邦訳：レイチェル・カーソン著『沈黙の春』青樹簗一訳、新潮社、1974]

Carvalho, F. 2006. Agriculture, pesticides, food security and food safety. *Environmental Science and Policy* 9: 685-692.

Casals-Casas, C., and B. Desvergne. 2011. Endocrine disruptors: From endocrine to metabolic disruption. *Annual Reviews of Physiology* 73: 135-162.

Casida, J., and G. Quistad. 1998. Golden age of insecticide research: Past, present, or future? *Annual Reviews of Entomology* 43: 1-16.

Chapco, W., and G. Litzenberger. 2004. A DNA investigation into the mysterious disappearance of the Rocky Mountain grasshop-

anced sustainable agriculture. *Ecological Economics* 72: 88-96.
Sclater, A. 2006. The extent of Charles Darwin's knowledge of Mendel. *Journal of Biosciences* 31: 192-193.
Singh, R., and T. Hymowitz. 1999. Soybean genetic resources and crop improve- ment. *Genome* 42: 605-616.
Smil, V. 2002. Nitrogen and food production: Proteins for human diets. *Ambio* 31: 126-131.
Sprague, G. 1967. Plant breeding. *Annual Review of Genetics* 1: 269-294.
Stansfield, W. 2009. Mendel's search for true-breeding hybrids. *Journal of Heredity* 100: 2-6.
Theunissen, B. 2012. Darwin and his pigeons: The analogy between artificial and natural selection revisited. *Journal of History of Biology* 45: 179-212.
Troyer, A. F. 2009. Development of hybrid corn and the seed corn industry. Pages 87-112 in J. Bennetzen and S. Hake, eds., *Handbook of Maize: Genetics and Genomics*. Springer Science+Business Media, New York.
United Nations. 1980. *Patterns of Urban and Rural Population Growth*. United Nations, New York.
United States Department of Agriculture (USDA). 1874. *Report of the Commissioner of Agriculture for the Year 1873*. US Government Printing Office, Washington DC.
———. 2009. *Trends in U.S. Agriculture: A Walk Through the Past and a Step into the New Millennium*. National Agricultural Statistics Service, Washington, DC.
Wallace, H., and W. Brown. 1988. Corn and Its Early Fathers, rev. ed. Iowa State University Press, Ames.
Weiling, F. 1991. Historical study: Johan Gregor Mendel, 1822-1884. *American Journal of Medical Genetics* 40: 1-25.
Zirkle, C. 1951. Gregor Mendel and his precursors. *Isis* 42: 97-104.

any 41: 28-32.

———. 1990. Soybeans: The success story. Pages 159-163 in J. Janick and J. Simon, eds., *Advances in New Crops*. Timber Press, Portland, OR.

Hymowitz, T., and J. Harlan. 1983. Introduction of the soybean to North America by Samuel Bowen in 1765. *Economic Botany* 37: 371-379.

Hymowitz, T., and W. Shurtleff. 2005. Debunking soybean myths and legends in the historical and popular literature. *Crop Science* 45: 473-476.

Knudson, M., and V. Ruttan. 1988. Research and development of a biological improvement: Commercial hybrid wheat. *Food Research Institute Studies* 21: 45-68.

Krausmann, F. 2004. Milk, manure, and muscle power: Livestock and the transformation of preindustrial agriculture in Central Europe. *Human Ecology* 32: 735-771.

Krausmann, F., H. Schandl, and R. Sieferle. 2008. Socio-ecological regime transitions in Austria and the United Kingdom. *Ecological Economics* 65: 187-201.

Largent, M. 2009. Darwin's analogy between artificial and natural selection in the *Origin of Species*. Pages 87-108 in M. Ruse and R. Richards, eds., *The Cambridge Companion to the "Origin of Species."* Cambridge University Press, Cambridge, UK.

Lee, E., and W. Tracy. 2009. Modern maize breeding. Pages 141-159 in J. Bennetzen and S. Hake, eds., *Handbook of Maize: Genetics and Genomics*. Springer Science+Business Media, New York.

Quisenberry, K., and L. Reitz. 1974. Turkey wheat: The cornerstone of an empire. *Agricultural History* 48: 98-110.

Rhoades, M. 1984. The early years of maize genetics. *Annual Review of Genetics* 18: 1-30.

Sandler, I. 2000. Development: Mendel's legacy to genetics. *Genetics* 154: 7-11.

Schramski, J., Z. Rutz, D. Gattie, and K. Li. 2011. Trophically bal-

Genetics and Genomics. Springer Science+Business Media, New York.

Crabb, A. 1947. *The Hybrid Corn Makers: Prophets of Plenty*. Rutgers University Press, New Brunswick, NJ.

Crookes, W. 1898. Address of the president before the British Association for the Advancement of Science. *Science* 8: 561-575.

Dalrymple, D. 1988. Changes in wheat varieties and yields in the United States, 1919-1984. *Agricultural History* 62: 20-36.

Darwin, C. 1859. *On the Origin of Species by Means of Natural Selection; Or, the Preservation of Favoured Races in the Struggle for Life*. John Murray, Albemarle Street, London. ［邦訳：ダーウィン著『種の起源』（上下巻）渡辺政隆訳、光文社、2009］

———. 1868. *The Variation of Animals and Plants Under Domestication*, vol. 2. John Murray, Albemarle Street, London. ［邦訳：ダーヰン著『育成動植物の趨異 2』阿部余四男訳、岩波書店、昭和12年刊］

Dutilh, C. 2004. Food system, energy use in. In C. Cleveland et al., eds., *Encyclopedia of Energy*. Elsevier Academic Press, Amsterdam.

Duvick, D. 2001. The evolution of plant breeding in the private sector: Field crops in the United States. Pages 193-212 in W. Rockwood, ed., *Rice Research and Production in the 21st Century: Symposium Honoring Robert F. Chandler Jr*. International Rice Research Institute, Manila, Philippines.

———. 2005. The contribution of breeding to yield advances in maize (*Zea mays* L.). *Advances in Agronomy* 86: 83-145.

Griliches, Z. 1957. Hybrid corn: An exploration in the economics of technological change. *Econometrica* 25: 501.

Hartl, D., and D. Fairbanks. 2007. Mud sticks: On the alleged falsification of Mendel's data. *Genetics* 175: 975-979.

Hymowitz, T. 1984. Dorsett-Morse soybean collection trip to East Asia: 50 year retrospective. *Economic Botany* 38: 378-388.

———. 1987. Introduction of the soybean to Illinois. *Economic Bot-*

T., E. H. 1941. A Liebig centenary. *Nature* 147: 227-228.
United Nations. 1980. *Patterns of Urban and Rural Population Growth*. United Nations, New York.
United Nations Environment Programme (UNEP). 2011. *Phosphorus and Food Production*. UNEP, Nairobi.
Vaccari, D. 2009. Phosphorus: A looming crisis. *Scientific American* 300: 54-59.
van der Ploeg, R., W. Bohm, and M. Kirkham. 1999. On the origin of the theory of mineral nutrition of plants and the Law of the Minimum. *Soil Science Society of America Journal* 63: 1055-1062.
Verschuren, D., T. Johnson, H. Kling, D. Edgington, P. Leavitt, E. Brown, M. Talbot, and R. Hecky. 2002. History and timing of human impact on Lake Victoria, East Africa. *Proceedings of the Royal Society B* 269: 289-294.

7 モノカルチャーが農業を変える

American Breeders Association (ABA). 1905. *Annual report*, vol. 1. ABA, Washington, DC.
Bennett, M. 1941. International contrasts in food consumption. *Geographical Review* 31: 365-376.
Berra, T., G. Alvarez, and F. Ceballos. 2010. Was the Darwin/Wedgwood dynasty adversely affected by consanguinity? *BioScience* 60: 376-383.
Birchler, J., H. Yao, and S. Chudalayandi. 2006. Unraveling the genetic basis of hybrid vigor. *Proceedings of the National Academy of Sciences* 103: 12957-12958.
Blumberg, R. B. 1997. MendelWeb, Edition 97.1, www.mendelweb.org/home.html.
Coe, E. 2001. The origins of maize genetics. *Nature Review Genetics* 2: 898-905.
———. 2009. East, Emerson, and the birth of maize genetics. Pages 3-15 in J. Bennetzen and S. Hake, eds., *Handbook of Maize:*

ment of Science, Washington, DC.
Pingali, P. 2007. Agricultural mechanization: Adoption of patterns and economic impact. Pages 2780-2800 in R. Evenson and P. Pingali, eds., *Handbook of Agricultural Economics*, vol. 3. Elsevier, Amsterdam.
Rasmussen, W. 1982. The mechanization of agriculture. *Scientific American* 247: 76-89.
Rittel, H., and M. Webber. 1973. Dilemmas in a general theory of planning. *Policy Sciences* 4: 155-169.
Russel, D., and G. Williams. 1977. History of chemical fertilizer development. *Soil Science Society of America Journal* 41: 260-265.
Sanders, J. 2009. Skin and bones: The plains buffalo trade flourished. *Wild West* 21: 24-25.
Schindler, D. 2009. A personal history of the Experimental Lakes Project. *Canadian Journal of Fisheries and Aquatic Sciences* 66: 1837-1847.
Schindler, D., R. Hecky, D. Findlay, M. Stanton, B. Parker, M. Paterson, K. Beaty, M. Lyng, and S. Kaslan. 2008. Eutrophication of lakes cannot be controlled by reducing nitrogen input: Results of a 37-year whole-ecosystem experiment. *Proceedings of the National Academy of Sciences 105*: 11254-11258.
Schindler, D., and J. Vallentyne. 2008. *The Algal Bowl: Overfertilization of the World's Freshwaters and Estuaries*. University of Alberta Press, Edmonton.
Silvertown, J. 2005. *Demons in Eden: The Paradox of Plant Diversity*. University of Chicago Press, Chicago.
Smil, V. 2000. Phosphorus in the environment: Flows and human interferences. *Annual Review of Energy and the Environment* 25: 53-88.
———. 2004. World history and energy. Pages 549-561 in C. Cleveland et al., eds., *Encyclopedia of Energy*, vol. 6. Elsevier Academic Press, Amsterdam.

Huxley, A. 1996 [1928]. *Point Counter Point*. Dalkey Archive Press, Champaign, IL. ［邦訳：ハックスレー著『恋愛双曲線』（前後篇）永松定訳、ゆまに書房、2007］

Kara, E., C. Heimerl, T. Killpack, M. Van de Bogert, H. Yoshida, and S. Carpenter. 2012. Assessing a decade of phosphorus management in the Lake Mendota, Wisconsin watershed and scenarios for enhanced phosphorus management. *Aquatic Science* 74: 241-253.

Keeney, D. R., and J. Hatfield. 2008. The nitrogen cycle, historical perspective, and current and potential future concerns. Pages 1-18 in J. Hatfield and R. Follett, eds., *Nitrogen in the Environment: Sources, Problems, and Management*. Elsevier Academic Press, Amsterdam.

Larson, E. 2011. *In the Garden of Beasts: Love, Terror, and an American Family in Hitler's Berlin*. Crown, New York.

Leigh, G. J. 2004. *The World's Greatest Fix: A History of Nitrogen and Agriculture*. Oxford University Press, New York.

Liebig, J. 1840. *Organic Chemistry in Its Application to Agriculture and Physiology*. Taylor and Walton, London. ［邦訳：ユストゥス・フォン・リービヒ著『化学の農業および生理学への応用』吉田武彦訳、北海道大学出版会、2007］

Linton, J. 2008. Is the hydrologic cycle sustainable? A historical-geographical critique of a modern concept. *Annals of the Association of American Geographers* 98: 630-649.

McNeill, J. 2000. *Something New Under the Sun: An Environmental History of the Twentieth-Century World*. W. W. Norton and Sons, New York. ［邦訳：J・R・マクニール著『20世紀環境史』梅津正倫・溝口常俊監訳、名古屋大学出版会、2011］

Morrison, J. 1890. A brief history of the chemical manure industry, with special reference to the North of England. *Journal of the Society of Chemical Industry* 9: 262-265.

Moulton, R. 1942. *Liebig and After Liebig: A Century of Progress in Agricultural Chemistry*. American Association for the Advance-

Fahey, J. Haywood, J. Lean, D. C. Lowe, G. Myhre, J. Nganga, R. Prinn, G. Raga, M. Schulz, and R. Van Dorland. 2007. Changes in atmospheric constituents and in radiative forcing. Pages 130-234 in S. Solomon, D. Qin, M. Manning, Z. Chen, M. Marquis, K. B. Averyt, M. Tignor, and H. L. Miller, eds., *Climate Change 2007: The Physical Science Basis*. Contribution of Working Group I to the Fourth Assessment Report of the Intergovernmental Panel on Climate Change. Cambridge University Press, Cambridge, UK.

Galloway, J., J. Aber, J. Erisman, S. Seitzinger, R. Howarth, E. Cowling, and B. Cosby. 2003. The nitrogen cascade. *BioScience* 53: 341-356.

Galloway, J., A. Leach, A. Bleeker, and J. Erisman. 2013. A chronology of human understanding of the nitrogen cycle. *Philosophical Transactions of the Royal Society B* 368: 1-11.

Galloway, J., A. Townsend, J. Erisman, M. Bekunda, Z. Cai, J. Freney, L. Martinelli, S. Seitzinger, and M. Sutton. 2008. Transformation of the nitrogen cycle: Recent trends, questions, and potential solutions. *Science* 320: 889-892.

Giebelhaus, A. 2004. Oil industry, history of. In C. Cleveland et al., eds., *Encyclopedia of Energy*. Elsevier Academic Press, Amsterdam.

Goldhammer, T., V. Bruchert, T. Ferdelman, and M. Zabel. 2010. Microbial sequestration of phosphorus in anoxic upwelling sediments. *Nature Geoscience* 3: S57-S61.

Haber, F. 1920. The synthesis of ammonia from its elements. Nobel Lecture, June 2, 1920.

Hager, T. 2008. *The Alchemy of Air: A Jewish Genius, a Doomed Tycoon, and the Scientific Discovery That Fed the World but Fueled the Rise of Hitler*. Crown, New York. ［邦訳：トーマス・ヘイガー著『大気を変える錬金術——ハーバー、ボッシュと化学の世紀』渡会圭子訳、みすず書房、2010］

Hall, A. D. 1915. *Fertilisers and Manures*. E. P. Dutton, New York.

phorus: Global food security and food for thought. *Global Environmental Change* 19: 292-305.

Cordell, D., and S. White. 2011. Peak phosphorus: Clarifying the key issues of a vigorous debate about long-term phosphorus security. *Sustainability* 3: 2027-2049.

Crookes, W. 1898. Address of the president before the British Association for the Advancement of Science. *Science* 8: 561-575.

Daemen, J. 2004. Coal industry, history of. In C. Cleveland et al., eds., *Encyclopedia of Energy*. Elsevier Academic Press, Amsterdam.

Daubeny, C., and R. Widdrington. 1844. On the occurrence of Phosphorite in Estremadura. *Quarterly Journal of the Geological Society of London* 1: 52-55.

Diamond, J. 2003. *Collapse: How Societies Choose to Collapse or Succeed*. Penguin, New York. ［邦訳：ジャレド・ダイアモンド著『文明崩壊――滅亡と存続の命運を分けるもの』楡井浩一訳、草思社、2012］

Ehui, S., and R. Polson. 1993. A review of the economic and ecological constraints on animal draft cultivation in Sub-Saharan Africa. *Soil and Tillage Research* 27: 195-210.

El-Sharkawy, M. 1993. Drought-tolerant cassava for Africa, Asia, and Latin America. *BioScience* 43: 441-451.

Emerson, R. 2003. *The Collected Works of Ralph Waldo Emerson: The Conduct of Life*. Harvard University Press, Cambridge, MA.

Erisman, J., M. Sutton, J. Galloway, Z. Klimont, and W. Winiwarter. 2008. How a century of ammonia synthesis changed the world. *Nature Geoscience* 1: 636-639.

Feller, C., L. Thuries, R. Manlay, P. Robin, and E. Frossard. 2003. "The principles of rational agriculture" by Albrecht Daniel Thaer (1752-1828): An approach to the sustainability of cropping systems at the beginning of the 19th century. *Journal of Plant Nutrition and Soil Science* 166: 687-698.

Forster, P., V. Ramaswamy, P. Artaxo, T. Berntsen, R. Betts, D. W.

cholera in nineteenth century London. *Journal of the Royal Society Interface* 8: 756-760.
United Nations. 1980. *Patterns of Urban and Rural Population Growth*. United Nations, New York.
United States Code. August 18, 1856. Title 48, Section 1411, Chapter 8, Guano Islands.
van Ommen, K. 2009. *The Exotic World of Carolus Clusius* (1526-1609). Leiden University Library, Leiden, The Netherlands.
Winthrop, J. 1634. Letter dated May 22, 1634, from John Winthrop to Nathaniel Rich. Gilder Lehrman Collection, #GLC01105.
Zhou, Y., F. Zwahlen, and Y. Wang. 2011. The ancient Chinese notes on hydrogeology. *Hydrogeology Journal* 19: 1103-1114.

6 何千年来の難題の解消

Arrhenius, S. 1896. On the influence of carbonic acid in the air upon the temperature of the ground. *Philosophical Magazine and Journal of Science* 5: 237-276.
Aulie, R. 1974. The mineral theory. *Agricultural History* 48: 369-382.
Binswanger, H. 1986. Agricultural mechanization: A comparative historical perspective. *Research Observer* 1: 27-56.
Brock, W. 1997. *Justus von Liebig: The Chemical Gatekeeper*. Cambridge University Press, Cambridge, UK.
Browne, C. 1944. *A Source Book of Agricultural Chemistry*. G. E. Stecher, New York.
Butzer, K., and G. Endfield. 2012. Critical perspectives on historical collapse. *Proceedings of the National Academy of Sciences* 109: 3628-3631.
Cadman, W. 1959. "Kier's 5-barrel still": A venerable industrial relic. *Western Pennsylvania History* 42: 351-362.
Carpenter, S., and R. Lathrop. 1999. Lake restoration: Capabilities and needs. *Hydrobiologia* 395/396: 19-28.
Cordell, D., J.-O. Drangert, and S. White. 2009. The story of phos-

June 18, 1858, 9.

Macfarlane, A., and I. Macfarlane. 2003. *Green Gold: The Empire of Tea*. EburyPress, London. ［邦訳：アラン・マクファーレン、アイリス・マクファーレン著『茶の帝国——アッサムと日本から歴史の謎を解く』鈴木実佳訳、知泉書館、2007］

Mann, C. 2011. 1493: *Uncovering the New World Columbus Created*. Alfled A. Knopf, New York.

Marald, E. 2002. Everything circulates: Agricultural chemistry and recycling theories in the second half of the nineteenth century. *Environment and History* 8: 65-84.

Nace, R. 1974. General evolution of the concept of the hydrologic cycle. Pages 40-53 in S. Dumitrescu and J. Nemec, eds., *Three Centuries of Scientific Hydrology*. UNESCO-WMO, Paris.

National Research Council. 1996. *Lost Crops of Africa*, vol. 1, *Grains*. National Academies Press, Washington, DC.

New York Daily Times. 1855. The Farmer sold by the Lobby. April 16.

Nichols, R. 1933. Navassa: A forgotten acquisition. *American Historical Review* 38: 505-510.

Nunn, N., and N. Qian. 2010. The Columbian Exchange: A history of disease, food, and ideas. *Journal of Economic Perspectives* 24: 163-188.

Orent, B., and P. Reinsch. 1941. Sovereignty over islands in the Pacific. *American Society of International Law* 35: 443-461.

Russel, D., and G. Williams. 1977. History of chemical fertilizer development. *Soil Science Society of America Journal* 41: 260-265.

Thorpe, F. 1909. *The Federal and State Constitutions: Colonial Charters, and Other Organic Laws of the States, Territories, and Colonies Now or Heretofore Forming the United States of America*, vol. 3, *Kentucky-Massachusetts*. Government Printing Office, Washington DC.

Tien, J., H. Poinar, D. Fisman, and D. Eam. 2011. Herald waves of

22: 274-290.

Hadley, G. 1735-1736. Concerning the cause of the general trade-winds. *Philosophical Transactions of the Royal Society* 39: 58-62.

Hall, A. D. 1915. *Fertilisers and Manures*. E. P. Dutton, New York.

Halliday, S. 1999. *The Great Stink of London: Sir Joseph Bazalgette and the Cleansing of the Victorian Capital*. Sutton Publishing, Gloucestershire, UK.

Hassan, F. 2011. *Water History for Our Times*. UNESCO International Hydrological Program, Paris.

Hersh, J., and H.-J. Voth. 2009. Sweet diversity: Colonial goods and welfare gains from trade after 1492. Available at UPF Digital Repository, https: //repositori.upf.edu/bitstream/handle/10230/5617/1163.pdf ?sequence=1.

Hoekstra, A., and P. Hung. 2005. Globalisation of water resources: International virtual water flows in relation to crop trade. *Global Environmental Change* 15: 45-56.

Humboldt, A., and A. Bonpland. 1822. *Personal Narrative of Travels to the Equinoctial Regions of the New Continent, During the Years 1799-1804*. Longman, Hurst, Rees, Orme and Brown, London.

Kuhn, O. 2004. Ancient Chinese drilling. Canadian Society of Exploration Geophysicists, *CSEG Recorder*, June: 39-43.

La Rochefoucauld, F. 1995. *A Frenchman in England, 1784*. Caliban, London.

Law, C. 1967. The growth of urban population in England and Wales, 1801-1911. *Transactions of the Institute of British Geographers* 41: 125-143.

Leigh, G. J. 2004. *The World's Greatest Fix: A History of Nitrogen and Agriculture*. Oxford University Press, New York.

Li, L. 1982. Food, famine, and the Chinese state. *Journal of Asian Studies* 41: 687-707.

London Times. 1858. What a pity it is that the thermometer fell ten.

5 海を越えてきた貴重な資源

Allan, J. A. 1994. Overall perspectives on countries and regions. Pages 65-100 in P. Rogers and P. Lydon, eds., *Water in the Arab World: Perspectives and Prognoses*. Harvard University Press, Cambridge, MA.

Barrera-Osorio, A. 2006. *Experiencing Nature: The Spanish American Empire and the Early Scientific Revolution.* University of Texas Press, Austin.

Brown, J. R. 1963. Nitrate crises, combinations, and the Chilean government in the Nitrate Age. *Hispanic American Historical Review* 43: 230-246.

Burnett, C. 2005. The edges of empire and the limits of sovereignty: American Guano Islands. *American Quarterly* 57: 779-803.

Clark, B., and J. Foster. 2009. Ecological imperialism and the global metabolic rift: Unequal exchange and the guano/nitrate wars. *International Journal of Comparative Sociology* 50: 311-334.

Columbus, C., B. das Casa, O. Dunn, and J. Kelley. 1991. *The Diario of Christopher Columbus's First Voyage to America*, 1492-1493. University of Oklahoma Press, Norman.

Crosby, A. 1972 (2003 rep.). *The Columbian Exchange: Biological and Cultural Consequences of 1492.* Praeger, Santa Barbara, CA.

Dickens, C. 1838. *Oliver Twist*. Random House, London. ［邦訳：チャールズ・ディケンズ著『オリバー・ツイスト』中村能三訳、新潮社、2005］

Farmer's Gazette (London). 1878. Farming opinion: Manures. January 12, 1878.

Gleick, P., and M. Palaniappan. 2010. Peak water limits to freshwater withdrawal and use. *Proceedings of the National Academy of Sciences* 107: 11155-11162.

Goddard, N. 1996. "A mine of wealth"? The Victorians and the agricultural value of sewage. *Journal of Historical Geography*

料農業政策研究センター、2003]
———. 2004. World history and energy. Pages 549-561 in C. Cleveland et al., eds., *Encyclopedia of Energy*, vol. 6. Elsevier Academic Press, Amsterdam.
———. 2008. *Energy in Nature and Society: General Energetics of Complex Systems*. MIT Press, Cambridge, MA.
Steinhart, J., and C. Steinhart. 1974. Energy use in the U.S. food system. *Science* 184: 307-316.
Thorp, J. 1940. Modification of soils due to human activity: Soil changes resulting from long use of land in China. *Soil Science Society Proceedings* 4: 393-398.
Turner, M. 1982. Agricultural productivity in England in the eighteenth century: Evidence from crop yields. *Economic History Review* 35: 489-510.
United Nations. 1980. *Patterns of Urban and Rural Population Growth*. United Nations, New York.
Vasey, D. 1992. *An Ecological History of Agriculture*, 10,000 B.C. -A.D. 10,000. Iowa State University Press, Ames.
Vitousek, P., P. Ehrlich, A. Ehrlich, and P. Matson. 1986. Human appropriation of the products of photosynthesis. *BioScience* 36: 368-373.
Williams, M. 2006. *Deforesting the Earth: From Prehistory to Global Crisis*. University of Chicago Press, Chicago.
Wittfogel, K. 1957. *Oriental Despotism: A Comparative Study of Total Power*. Yale University Press, New Haven, CT. [邦訳：カール・A・ウィットフォーゲル著『オリエンタル・デスポティズム——専制官僚国家の生成と崩壊』湯浅赴男訳、新評論、1991]
Yates, R. 1990. War, food shortages, and relief measures in Early China. Pages 147-177 in L. Newman and W. Crossgrove, eds., *Hunger in History: Food Shortage, Poverty, and Deprivation*. Basil Blackwell, Cambridge, MA.
Zhou, Y., F. Zwahlen, and Y. Wang. 2011. The ancient Chinese notes on hydrogeology. *Hydrogeology Journal* 19: 1103-1114.

Marks, R. 2011. *China: Its Environment and History*. Rowman and Littlefield, Lanham, MD.
Martinez-Alier, J. 2011. The EROI of agriculture and its use by the Via Campesina. *Journal of Peasant Studies* 38: 145-160.
Mazoyer, M., and L. Roudart. 2006. *A History of World Agriculture: From the Neolithic Age to the Current Crisis*. Monthly Review Press, New York.
McNeill, W. 1985. Europe in world history before 1500 A.D. *History Teacher* 18: 339-344.
Mokyr, J. 1993. Editor's introduction: The new economic history and the industrial revolution. Pages 1-84 in J. Mokyr, ed., *The British Industrial Revolution: An Economic Perspective*. Westview Press, Boulder.
Odum, E. 1968. Energy flow in ecosystems: A historical review. *American Zoologist* 8: 11-18.
Pimentel, D. 2002. Farming around the world. *BioScience* 52: 446-447.
Pimentel, D., L. Hurd, A. Bellotti, M. Forster, I. Oka, O. Sholes, and R. Whitman. 1973. Food production and the energy crisis. *Science* 182: 443-449.
Prentice, A. 2001. Fires of life: The struggles of an ancient metabolism in a modern world. *Nutrition Bulletin* 26: 13-27.
Rappaport, R. 1971. The flow of energy in an agricultural society. *Scientific American* 225: 117-133.
Rashed, R. 2002. A polymath in the 10th century. *Science* 297: 773.
Scarborough, V. 1991. Water management adaptations in nonindustrial complex societies: An archaeological perspective. *Archaeological Method and Theory* 3: 101-154.
Sherratt, A. 1983. The secondary exploitation of animals in the Old World. *World Archaeology* 15: 90-104.
Smil, V. 2002. *Feeding the World: A Challenge for the Twenty-First Century*. MIT Press, Cambridge, MA.［邦訳：バーツラフ・スミル著『世界を養う——環境と両立した農業と健康な食事を求めて』食

Haberl, H. 1997. Human appropriation of net primary production as an environmental indicator: Implications for sustainable development. *Ambio* 26: 143-146.

———. 2001. The energetic metabolism of societies: Part II: Empirical examples. *Journal of Industrial Ecology* 5: 71-88.

———. 2006. The global socioeconomic energetic metabolism as a sustainability problem. *Energy* 31: 87-99.

Hassan, F. 2011. *Water History for Our Times*. UNESCO International Hydrological Program, Paris.

Jordan, W. 1996. *The Great Famine: Northern Europe in the Early Fourteenth Century*. Princeton University Press, Princeton, NJ.

Khan, S., R. Tariq, C. Yuanlai, and J. Blackwell. 2006. Can irrigation be sustainable? *Agricultural Water Management* 80: 87-99.

King, F. 1911. Farmers of forty centuries; or, Permanent Agriculture in China, Korea and Japan. Mrs. F. H. King, Madison, WI. Available at Internet Archive, https: //archive.org/details/farmersoffortyce00kinguoft.

Kuhn, O. 2004. Ancient Chinese drilling. Canadian Society of Exploration Geophysicists, *CSEG Recorder*, June: 39-43.

Lal, R., D. Relocosky, and J. Hanson. 2007. Evolution of the plow over 10,000 years and the rationale for no-till farming. *Soil and Tillage Research* 93: 1-12.

Leigh, G. J. 2004. *The World's Greatest Fix: A History of Nitrogen and Agriculture*. Oxford University Press, New York.

Lindeman, R. 1942. The trophic-dynamic aspect of ecology. *Ecology* 23: 399-417.

Lougheed, T. 2011. Phosphorus paradox: Scarcity and overabundance of a key nutrient. *Environmental Health Perspectives* 119: A209-A213.

Mallory, W. 1928. *China: Land of Famine.* American Geographical Society, New York.

Malthus, T. 1798. *An Essay on the Principle of Population*. London. ［邦訳：マルサス著『人口論』永井義雄訳、中央公論新社、2003］

chi, eds., *The Japanese Macaques*. Springer, Tokyo.

Yang, X., Z. Wan, L. Perry, H. Lu, Q. Wang, C. Zhao, J. Li, F. Xie, J. Yu, T. Cui, Y. Wang, M. Li, and Q. Ge. 2012. Early millet use in northern China. *Proceedings of the National Academy of Sciences* 109: 3726-3730.

Zeder, M. 2006. Central questions in the domestication of plants and animals. *Evolutionary Anthropology* 15: 105-117.

4 定住生活につきものの難題

Ashley, K., D. Cordell, and D. Mavinic. 2011. A brief history of phosphorus: From the philosopher's stone to nutrient recovery and reuse. *Chemosphere* 84: 737-746.

Asimov, I. 1974. *Asimov on Chemistry*. Doubleday, Garden City, NY. ［邦訳：アイザック・アシモフ著『化学の歴史』玉虫文一訳、筑摩書房、2010］

Bagg, A. 2012. Irrigation. Pages 261-278 in D. Potts, ed., *A Companion to the Archaeology of the Ancient Near East*. Blackwell Publishing, Oxford, UK.

Cousins, S. 1987. The decline of the trophic level concept. *Trends in Ecology and Evolution* 2: 312-316.

Ellis, E., and S. Wang. 1997. Sustainable traditional agriculture in the Tai Lake Region of China. *Agriculture, Ecosystems and Environment* 61: 177-193.

Elvin, M. 1993. Three thousand years of unsustainable development: China's environment from archaic times to the present. *East Asian History* 6: 7-46.

Emsley, J. 2000. *The Shocking History of Phosphorus: A Biography of the Devil's Element*. Macmillan, New York.

Galloway, J., A. Leach, A. Bleeker, and J. Erisman. 2013. A chronology of human understanding of the nitrogen cycle. *Philosophical Transactions of the Royal Society B* 368: 1-11.

Gimpel, J. 1976. *The Medieval Machine: The Industrial Revolution of the Middle Ages*. Holt, Rinehart and Winston, New York.

66: 387-411.

Rutz, C., and J. St Clair. 2012. The evolutionary origins and ecological context of tool use in New Caledonian crows. *Behavioral Processes* 89: 153-165.

Seed, A., and R. Byrne. 2010. Animal tool-use. *Current Biology* 20: R1032-R1039.

Semaw, S., P. Renne, J. Harris, C. Feibel, R. Bernor, N. Fesseha, and K. Mowbray. 1997. 2.5-million-year-old stone tools from Gona, Ethiopia. *Nature* 385: 333-336.

Smithsonian Institution. N.d. What does it mean to be human? http://humanorigins.si.edu/evidence/human-evolution-timeline-interactive.

Sol, D., R. Duncan, T. Blackburn, P. Cassey, and L. Lefebvre. 2005. Big brains, enhanced cognition, and response of birds to novel environments. *Proceedings of the National Academy of Sciences* 102: 5460-5465.

Stewart, J., and C. Stringer. 2012. Human evolution out of Africa: The role of refugia and climate change. *Science* 335: 1317-1321.

Strimling, P., M. Enquist, and K. Eriksson. 2009. Repeated learning makes cultural evolution unique. *Proceedings of the National Academy of Sciences* 106: 13870-13874.

Sweeney, M., and S. McCouch. 2007. The complex history of the domestication of rice. *Annals of Botany* 100: 951-957.

Tanno, K., and G. Willcox. 2006. How fast was wild wheat domesticated? *Science* 311: 1886.

van de Waal, E., C. Borgeaud, and A. Whiten. 2013. Potent social learning and conformity shape a wild primate's foraging decisions. *Science* 340: 483-484.

Wrangham, R. 2009. *Catching Fire: How Cooking Made Us Human*. Basic Books, New York. ［邦訳：リチャード・ランガム著『火の賜物――ヒトは料理で進化した』依田卓巳訳、NTT出版、2010］

Yamagiwa, J. 2010. Research history of Japanese macaques in Japan. Pages 1-25 in N. Nakagawa, H. Sugiura, and M. Nakami-

5116-5121.
Potts, R. 2007. Paleoclimate and human evolution. *Evolutionary Anthropology* 16: 1-3.
———. 2011. Big brains explained. *Nature* 480: 43-44.
———. 2012. Evolution and environmental change in early human prehistory. *Annual Review of Anthropology* 41: 151-167.
Pradhan, G., C. Tennie, and C. van Schaik. 2012. Social organization and the evolution of cumulative technology in apes and hominids. *Journal of Human Evolution* 63: 180-190.
Price, T. 2009. Ancient farming in eastern North America. *Proceedings of the National Academy of Sciences* 106: 6427-6428.
Puruggana, M., and D. Fuller. 2010. Archaeological data reveal slow rates of evolution during plant domestication. *Evolution* 65: 171-183.
Ranere, A., D. Piperno, I. Holst, R. Dickau, and J. Iriarte. 2009. The cultural and chronological context of early Holocene maize and squash domestication in the Central Balsas River Valley, Mexico. *Proceedings of the National Academy of Sciences* 106: 5014-5018.
Reader, S., and K. Laland. 2002. Social intelligence, innovation, and enhanced brain size in primates. *Proceedings of the National Academy of Sciences* 99: 4436-4441.
Richerson, P., and R. Boyd. 2005. *Not by Genes Alone: How Culture Transformed Human Evolution*. University of Chicago Press, Chicago.
———. 2010. The Darwinian theory of human cultural evolution and gene-culture coevolution. In M. Bell, D. Futuyma, W. Eanes, and J. Levinton, eds., *Evolution Since Darwin: The First 150 Years*. Sinauer Associates, Gruter Institute Squaw Valley Conference 2010: Law, Institutions, and Human Behavior.
Richerson, P., R. Boyd, and R. Bettinger. 2001. Was agriculture impossible during the Pleistocene but mandatory during the Holocene? A climate change hypothesis. *American Antiquity*

——. 2009. Emergence and evolution of agriculture: The impact in human health and lifestyle. Pages 3-13 in W. Pond, B. Nichols, and D. Brown, eds., *Adequate Food for All: Culture, Science, and Technology of Food in the 21st Century*. CRC Press, Boca Raton, FL.

Lev-Yadun, S., A. Gopher, and S. Abbo. 2000. The cradle of agriculture. *Science* 288: 1602-1603.

Livi-Bacci, M. 2007. *A Concise History of World Population*, 4th ed. Blackwell Publishing, Oxford, UK.［邦訳：『人口の世界史』前掲書］

McClintock, F. L. 1861. Narrative of the expedition in search of Sir John Franklin and his party. *Journal of the Royal Geographic Society of London* 31: 1-13.

McPherron, S., Z. Alemseged, C. Marean, J. Wynn, D. Reed, D. Geraads, R. Bobe, and H. Béarat. 2010. Evidence for stone-tool-assisted consumption of animal tissues before 3.39 million years ago at Dikika, Ethopia. *Nature* 466: 857-860.

Miller, G., A. Geirsdóttir, Y. Zhong, D. Larsen, B. Otto-Bliesner, M. Holland, D. Bailey, K. Refsnider, S. Lehman, J. Southon, C. Anderson, H. Bjornsson, and T. Thordarson. 2012. Abrupt onset of the Little Ice Age triggered by volcanism and sustained by sea-ice / ocean feedback. *Geophysical Research Letters* 39: 1-5.

Navarrete, A., C. van Schaik, and K. Isler. 2011. Energetics and the evolution of human brain size. *Nature* 480: 91-94.

Peng, J., D. Sun, and E. Nevo. 2011. Domestication evolution, genetics and genomics in wheat. *Molecular Breeding* 28: 281-301.

Piperno, D., and K. Flannery. 2001. The earliest archaeological maize (*Zea mays* L.) from highland Mexico: New accelerator mass spectrometry dates and their implications. *Proceedings of the National Academy of Sciences* 98: 2101-2103.

Plotnik, J., R. Lair, W. Suphachoksahakun, and F. de Waal. 2011. Elephants know when they need a helping trunk in a cooperative task. *Proceedings of the National Academy of Sciences* 108:

caused by a rare climatic event. *Proceedings of the Royal Society of London B* 251: 111-117.

Henrich, J., and R. McElreath. 2003. The evolution of cultural evolution. *Evolutionary Anthropology* 12: 123-135.

———. 2008. Dual inheritance theory: The evolution of human cultural capacities and cultural evolution. Pages 555-570 in R. Dunbar and L. Barrett, eds., *Oxford Handbook of Evolutionary Psychology*. Oxford University Press, Oxford, UK.

Herrman, E., J. Call, M. Hernandez-Lloreda, B. Hare, and M. Tomasello. 2007. Humans have evolved specialized skills of social cognition: The cultural intelligence hypothesis. *Science* 317: 1360-1366.

Holloway, R. 2008. The human brain evolving: A personal retrospective. *Annual Review of Anthropology* 37: 1-19.

Knight, C., M. Studdert-Kennedy, and J. Hurford. 2000. Language: A Darwinian adaptation? Pages 1-15 in C. Knight, M. Studdert-Kennedy, and J. Hurford, eds., *The Evolutionary Emergence of Language: Social Function and the Origins of Linguistic Form*. Cambridge University Press, Cambridge, UK.

Laland, K., J. Odling-Smee, and S. Myles. 2010. How culture shaped the human genome: Bringing genetics and the human sciences together. *Nature Reviews Genetics* 11: 137-148.

Langergraber, K., K. Prüfer, C. Rowney, C. Boesch, C. Crockford, K. Fawcett, E. Inoue, M. Inoue-Muruyama, J. Mitani, M. Muller, M. Robbins, G. Schubert, T. Stoinski, B. Viola, D. Watts, R. Wittig, R. Wrangham, K. Zuberbühler, S. Pääbo, and L. Vigilant. 2012. Generation times in wild chimpanzees and gorillas suggest earlier divergence times in great ape and human evolution. *Proceedings of the National Academy of Sciences* 109: 15716-15721.

Larsen, C. 2006. The agricultural revolution as environmental catastrophe: Implications for health and lifestyle in the Holocene. *Quaternary International* 150: 12-20.

ド著『銃・病原菌・鉄——1万3000年にわたる人類史の謎』倉骨彰訳、草思社、2012]
———. 2002. Evolution, consequences and future of plant and animal domestication. *Nature* 418: 700-707.
Dobzhansky, T., and M. F. A. Montagu. 1947. Natural selection and the mental capacities of mankind. *Science* 105: 587-590.
Enquist, M., and S. Ghirlanda. 2007. Evolution of social learning does not explain the origin of human cumulative culture. *Journal of Theoretical Biology* 246: 129-135.
Estabrook, B. 2010. On the tomato trail: In search of ancestral roots. Gastronomica: *The Journal of Food and Culture* 10: 40-44.
Fagan, B. 2000. *The Little Ice Age: How Climate Made History, 1300-1850*. Basic Books, New York. [邦訳：ブライアン・フェイガン著『歴史を変えた気候大変動』東郷えりか・桃井緑美子訳、河出書房新社、2009]
Fisher, S., and M. Ridley. 2013. Culture, genes, and the human revolution. *Science* 340: 929-930.
Fitch, W. T. 2005. The evolution of language: A comparative review. *Biology and Philosophy* 20: 193-230.
———. 2010. Instant expert: The evolution of language. *New Scientist* 2789.
Fuller, D. 2007. Contrasting patterns in crop domestication and domestication rates: Recent archaeobotanical insights from the Old World. *Annals of Botany* 100: 903-924.
Gerbault, P., A. Liebert, Y. Itan, A. Powell, M. Currat, J. Burger, D. Swallow, and M. Thomas. 2011. Evolution of lactase persistence: An example of human niche construction. *Philosophical Transactions of the Royal Society B* 366: 863-877.
Gignoux, C., B. Henn, and J. Mountain. 2011. Rapid, global demographic expansions after the origins of agriculture. *Proceedings of the National Academy of Sciences* 108: 6044-6049.
Grant, B. R., and P. Grant. 1993. Evolution of Darwin's finches

Blazek, V., J. Bruzek, and M. Casanova. 2011. Plausible mechanism for brain structural and size changes in human evolution. *Collegium Antropologicum* 35: 949-955.

Boesch, C., J. Head, and M. Robbins. 2009. Complex tool sets for honey extraction among chimpanzees in Loango National Park, Gabon. *Journal of Human Evolution* 56: 560-569.

Boyd, R., and P. Richerson. 2009. Culture and the evolution of human cooperation. *Philosophical Transactions of the Royal Society B* 364: 3281-3288.

Brown, C. 2012. Tool use in fishes. *Fish and Fisheries* 13: 105-115.

Burger, J., M. Chapman, and J. Burke. 2008. Molecular insights into the evolution of crop plants. *American Journal of Botany* 95: 113-122.

Castro, L., and M. Toro. 2004. The evolution of culture: From primate social learning to human culture. *Proceedings of the National Academy of Sciences* 101: 10235-10240.

Cavell, J. 2009. Going native in the north: Reconsidering British attitudes during the Franklin search, 1848-1859. *Polar Record* 45: 25-35.

Christensen, A. 2002. The Incan quipus. *Synthese* 133: 159-172.

Cookman, S. 2000. *Ice Blink: The Tragic Fate of Sir John Franklin's Lost Polar Expedition*. John Wiley and Sons, New York.

Cornell, H., J. Marzluff, and S. Pecoraro. 2012. Social learning spreads knowledge about dangerous humans among American crows. *Proceedings of the Royal Society B* 279: 499-508.

Dean, L. G., R. L. Kendal, S. J. Schapiro, B. Thierry, and K. N. Laland. 2012. Identification of the social and cognitive processes underlying human cumulative culture. *Science* 335: 1114-1118.

deMenocal, P. 2011. Climate and human evolution. *Science* 331: 540-542.

Diamond, J. 1997. *Guns, Germs and Steel: The Fates of Human Societies*. W. W. Norton, New York. ［邦訳：ジャレド・ダイアモン

F. Oldfield, K. Richardson, H. J. Schellnhuber, B. L. Turner, and R. J. Wasson. 2004. *Global Change and the Earth System: A Planet Under Pressure*. Springer-Verlag, Berlin.

Szathmary, E., and J. M. Smith. 1995. The major evolutionary transitions. *Nature* 374: 227-232.

Touma, J., and J. Wisdom. 1993. The chaotic obliquity of Mars. *Science* 259: 1294-1297.

Walker, J., P. Hays, and J. Kasting. 1981. A negative feedback mechanism for the long-term stabilization of Earth's surface temperature. *Journal of Geophysical Research* 86: 9776-9782.

Ward, P., and D. Brownlee. 2000. *Rare Earth: Why Complex Life Is Uncommon in the Universe*. Springer-Verlag, New York.

3 創意工夫の能力を発揮する

Aiello, L., and P. Wheeler. 1995. The expensive-tissue hypothesis: The brain and the digestive system in human and primate evolution. *Current Anthropology* 36: 199-221.

Allen, J., M. Weinrich, W. Hoppitt, and L. Rendell. 2013. Network-based diffusion analysis reveals cultural transmission of lobtail feeding in humpback whales. *Science* 340: 485-488.

Bai, Y., and P. Lindhout. 2007. Domestication and breeding of tomatoes: What have we gained and what can we gain in the future? *Annals of Botany* 100: 1085-1094.

Beck, B. 1980. *Animal Tool Behavior: The Use and Manufacture of Tools by Animals*. Garland STPM Publishing, New York.

Bentley-Condit, V., and E. Smith. 2010. Animal tool use: Current definitions and an updated comprehensive catalog. *Behavior* 147: 185-221.

Berna, F., P. Goldberg, L. Horwitz, J. Brink, S. Holt, M. Bamford, and M. Chazan. 2012. Microstratigraphic evidence of in situ fire in the Acheulean strata of Wonderwerk Cave, Northern Cape Province, South Africa. *Proceedings of the National Academy of Sciences* 109: E1215-E1220.

Kasting, J., and D. Catling. 2003. Evolution of a habitable planet. *Annual Review of Astronomy and Astrophysics* 41: 429-463.

Lammer, H., J. H. Bredehöft, A. Coustenis, M. L. Khodachenko, L. Kaltenegger, O. Grasset, D. Prieur, F. Raulin, P. Ehrenfreund, M. Yamauchi, J.-E. Wahlund, J.-M. Griebmeier, G. Stangl, C. S. Cockell, Y. N. Kulikov, J. L. Grenfell, and H. Rauer. 2009. What makes a planet habitable? *Astronomy and Astrophysics Review* 17: 181-249.

Laskar, J., F. Joutel, and P. Robutel. 1993. Stabilization of the Earth' s obliquity by the moon. *Nature* 361: 615-617.

Lenton, T., and A. Watson. 2011. *Revolutions That Made the Earth.* Oxford University Press, Oxford, UK.

Naeem, S., J. Duffy, and E. Zavaleta. 2012. The functions of biological diversity in an age of extinction. *Science* 336: 1401-1406.

Schopf, J., and A. Kudryavtsev. 2012. Biogenecity of Earth's earliest fossils: A resolution of the controversy. *Gondwana Research* 22: 761-771.

Schröder, K.-P., and R. Smith. 2008. Distant future of the sun and Earth revisited. *Monthly Notices of the Royal Astronomical Society* 386: 155-163.

Seager, S. 2013. Exoplanet habitability. *Science* 340: 577-581.

Segura, A., and L. Kaltenegger. 2010. Search for habitable planets. Pages 1-18 in V. A. Basiuk, ed., *Astrobiology: Emergence, Search and Detection of Life.* American Scientific Publishers, Stevenson Ranch, CA.

Smil, V. 2003. *The Earth's Biosphere: Evolution, Dynamics, and Change.* MIT Press, Cambridge, MA.

Springer, M., M. Westerman, J. Kavanaugh, A. Burk, M. Woodburne, D. Kao, and C. Krajewski. 1998. The origin of the Australasian marsupial fauna and the phylogenetic affinities of the enigmatic monito del monte and marsupial mole. *Proceedings of the Royal Society B* 265: 2381-2386.

Steffen, W., A. Sanderson, P. Tyson, J. Jäger, P. Matson, B. I. Moore,

G. Daily, M. Loreau, J. Grace, A. Larigauderie, D. Srivastava, and S. Naeem. 2012. Biodiversity loss and its impact on humanity. *Nature* 486: 59-67.

Feder, J., J. Roethele, K. Filchak, J. Niedbalski, and J. Romero-Severson. 2003. Evidence of inversion polymorphism related to sympatric host race formation in the apple maggot fly, *Rhagoletis pomonella*. Genetics 163: 939-953.

Fermi, E. 1946. The development of the first chain reacting pile. *Proceedings of the American Philosophical Society* 90: 20-24.

Forbes, A., T. Powell, L. Stelinski, J. M. Smith, and J. Feder. 2009. Sequential sympatric speciation across trophic levels. *Science* 323: 776-779.

Gaidos, E., B. Deschenes, L. Dundon, K. Fagan, C. McNaughton, L. Menviel-Hessler, N. Moskovitz, and M. Workman. 2005. Beyond the principle of plentitude: A review of terrestrial planet habitability. *Astrobiology* 5: 100-126.

Grant, P., and B. R. Grant. 2010. Conspecific versus heterospecific gene exchange between populations of Darwin's finches. *Philosophical Transactions of the Royal Society B* 365: 1065-1076.

Howard, A. 2013. Observed properties of extrasolar planets. *Science* 340: 572-576.

Hutton, J. 1795. *Theory of the Earth, with Proofs and Illustrations*, vol. 1, eBook #12861. Project Gutenberg, www.gutenberg.org/ebooks/12861.

Jiggins, C., and J. Bridle. 2004. Speciation in the apple maggot fly: A blend of vintages? *Trends in Ecology and Evolution* 19: 111-114.

Jones, E. 1985. "Where is everybody?": An account of Fermi's question. Los Alamos National Laboratory, New Mexico. Available at US Department of Energy, SciTech Connect, www.osti.gov/scitech/biblio/5746675.

Kass, D. M., and Y. L. Yung. 1995. Loss of atmosphere from Mars due to solar wind-induced sputtering. *Science* 268: 687-699.

interdisciplinary visionary relevant for sustainability. *Proceedings of the National Academy of Sciences* 107: 21963-21965.

United Nations. 2012. *World Urbanization Prospects: The 2011 Revision Highlights.* United Nations, New York.

United Nations, Department of Economic and Social Affairs (DESA), Population Division. 2012. *World Urbanization Prospects: The 2011 Revision*. United Nations, New York.

United Nations, Food and Agriculture Organization (FAO). 2013. *FAO Statistical Yearbook 2013: World Food and Agriculture*. FAO, Rome.

United Nations, Food and Agriculture Organization (FAO), International Fund for Agricultural Development (IFAD), and World Food Programme (WFP). 2013. *The State of Food Insecurity in the World 2013: The Multiple Dimensions of Food Security*. FAO, Rome.

United Nations, Food and Agriculture Organization (FAO), World Food Programme (WFP), and International Fund for Agricultural Development (IFAD). 2012. *The State of Food Insecurity in the World 2012: Economic Growth Is Necessary But Not Sufficient to Accelerate Reduction of Hunger and Malnutrition*. FAO, Rome.

Zimmerman, C. 1932. Ernst Engel's law of expenditures for food. *Quarterly Journal of Economics* 47: 78-101.

2 地球の始まり

Broecker, W. 1985. *How to Build a Habitable Planet.* Eldigio Press, Palisades, NY.［邦訳：W・S・ブロッカー著『なぜ地球は人が住める星になったか？——現代宇宙科学への招待』（ブルーバックス）斎藤馨児訳、講談社、1988］

Caitling, D., and K. Zahnle. 2009. The planetary air leak. *Scientific American* 300: 36-43.

Cardinale, B., E. Duffy, A. Gonzalez, D. Hooper, C. Perrings, P. Venail, A. Narwani, G. Mace, D. Tilman, D. Wardle, A. Kinzig,

F. Lambin, T. M. Lenton, M. Scheffer, C. Folke, H. J. Schellnhuber, B. Nykvist, C. A. de Wit, T. Hughes, S. van der Leeuw, H. Rodhe, S. Sörlin, P. K. Snyder, R. Costanza, U. Svedin, M. Falkenmark, L. Karlberg, R. W. Corell, V. J. Fabry, J. Hansen, B. Walker, D. Liverman, K. Richardson, P. Crutzen, and J. Foely. 2009. A safe operating space for humanity. *Nature* 461: 472-475.

Rosegrant, M., S. Tokgoz, and P. Bhandary. 2012. The new normal?: A tighter global agricultural supply and demand relation and its implications for food security. *American Journal of Agricultural Economics* 95: 303-309.

Sabin, P. 2013. *The Bet: Paul Ehrlich, Julian Simon, and Our Gamble over Earth's Future*. Yale University Press, New Haven, CT.

Sanderson, E., M. Jaiteh, M. Levy, M. Redford, A. Wannebo, and G. Woolmer. 2002. The human footprint and the last of the wild. *BioScience* 52: 891-904.

Schopenhauer, A. 2005. *The Essays of Arthur Schopenhauer: Studies in Pessimism*, vol. 4, translated by T. Bailey Saunders. A Penn State Electronic Classics Series Publication. Pennsylvania State University, University Park.

Schultz, T., and S. Brady. 2008. Major evolutionary transitions in ant agriculture. *Proceedings of the National Academy of Sciences* 105: 5435-5440.

Sen, R., H. Ishak, D. Estrada, S. Dowd, E. Hong, and U. Mueller. 2009. Generalized antifungal activity and 454-screening of *Pseudonocardia and Amycolatopsis* bacteria in nests of fungus-growing ants. *Proceedings of the National Academy of Sciences* 106: 17805-17810.

Simon, J. L. 1981. *The* Ultimate Resource. Princeton University Press, Princeton, NJ. Steffen, W., J. Grineveld, P. Crutzen, and J. McNeill. 2011. The Anthropocene: Conceptual and historical perspectives. *Philosophical Transactions of the Royal Society* 369: 842-867.

Turner, B. L. I., and M. Fischer-Kowalski. 2010. Ester Boserup: An

Galor, O., and D. Weil. 2000. Population, technology, and growth: From Malthusian stagnation to the demographic transition and beyond. *American Economic Review* 90: 806-828.

Geertz, C. 1963. *Agricultural Involution: The Process of Ecological Change in Indonesia*. University of California Press, Berkeley. ［邦訳：クリフォード・ギアーツ著『インボリューション——内に向かう発展』池本幸生訳、ＮＴＴ出版、2001］

Kearney, J. 2010. Food consumption trends and drivers. *Philosophical Transactions of the Royal Society B* 365: 2793-2807.

Kinealy, C. 1997. *A Death-Dealing Famine: The Great Hunger in Ireland*. Pluto Press, Chicago.

Langer, W. 1975. American foods and Europe's population growth. *Journal of Social History* 8: 51-66.

Lee, R. 2003. The demographic transition: Three centuries of fundamental change. *Journal of Economic Perspectives* 17: 167-190.

Livi-Bacci, M. 1992. *A Concise History of World Population*. Blackwell Publishing, Oxford, UK. ［邦訳：マッシモ・リヴィ - バッチ著『人口の世界史』速水融・斎藤修訳、東洋経済新報社、2014］

Meadows, D., J. Randers, and D. Meadows. 2005. *Limits to Growth: The 30-Year Update*. Earthscan, London. ［邦訳：ドネラ・H・メドウズ、デニス・L・メドウズ、ヨルゲン・ランダース著『成長の限界 人類の選択』枝廣淳子訳、ダイヤモンド社、2005］

Millennium Ecosystem Assessment. 2005. *Ecosystems and Human Well-Being: Synthesis*. Island Press, Washington, DC.

Mueller, U., and N. Gerardo. 2002. Fungus-farming insects: Multiple origins and diverse evolutionary histories. *Proceedings of the National Academy of Sciences* 99: 15247-15249.

Nunn, N., and N. Qian. 2011. The potato's contribution to population and urbanization: Evidence from a historical experiment. *Quarterly Journal of Economics* 2: 1-58.

Plato (translated by B. Jowett). 1909-1914. The Apology, Pheado and Crito. P. F. Collier and Son, New York.

Rockström, J., W. Steffen, K. Noone, A. Persson, F. S. Chapin III, E.

revisited. *Futures* 37: 51-72.

Cohen, J. 1995. *How Many People Can the Earth Support?* W. W. Norton, New York.［邦訳：ジョエル・E・コーエン著『新「人口論」——生態学的アプローチ』重定南奈子・高須夫悟ほか訳、農山漁村文化協会、1998］

Cohen, M. 2000. History, diet, and hunter-gatherers. In F. K. Kenneth and K. C. Ornelas, eds., *The Cambridge World History of Food*. Cambridge University Press, Cambridge Histories Online, accessed March 9, 2012.［邦訳：『ケンブリッジ世界の食物史大百科事典（全5巻）』石毛直道・小林彰夫・鈴木建夫・三輪睿太郎監訳、朝倉書店、2005］

Curran, D., and M. Froling. 2010. Large-scale mortality shocks and the Great Irish Famine, 1845-1852. *Economic Modelling* 27: 1302-1314.

Dawkins, R. 1976. *The Selfish Gene*. Oxford university Press, Oxford.［邦訳：リチャード・ドーキンス著『利己的な遺伝子』日高敏隆ほか訳、紀伊國屋書店、2006］

Deevey, E. 1960. The human population. *Scientific American* 203: 195-205.

Ellis, E., J. Kaplan, D. Fuller, S. Vavrus, K. Goldewijk, and P. Verburg. 2013. Used planet: A global history. *Proceedings of the National Academy of Sciences* 110: 7978-7985.

Farrell, B., A. Sequeira, B. O'Meara, B. Normark, J. Chung, and B. Jordal. 2001. The evolution of agriculture in beetles (*Curculionidae: Scopytinae and platypodinae*). Evolution 55: 2011-2027.

Fraser, E. 2003. Social vulnerability and ecological fragility: Building bridges between social and natural sciences using the Irish potato famine as a case study. *Conservation Ecology* 7: 9.

French, F., and C. Burgess. 2007. *Into That Silent Sea: Trailblazers of the Space Era*, 1961-1965. University of Nebraska Press, Lincoln.

Galor, O. 2012. The demographic transition: Causes and consequences. *Cliometrica* 6: 1-28.

参考文献

プロローグ

Macedo, M., R. DeFries, D. Morton, C. Stickler, G. Galford, and Y. Shimabukuro. 2012. Decoupling of deforestation and soy production in the southern Amazon during the late 2000s. *Proceedings of the National Academy of Sciences* 109: 1841-1846.

Posey, D. 1985. Indigenous management of tropical forest ecosystems: The case of the Kayapo Indians of the Brazilian Amazon. *Agroforestry Systems* 3: 139-158.

1 鳥瞰図

Aanen, D., P. Eggleton, C. Rouland-Lefevre, T. Guldberg-Froslev, S. Rosendahl, and J. Boomsma. 2002. The evolution of fungus-growing termites and their mutualistic fungal symbionts. *Proceedings of the National Academy of Sciences* 99: 14887-14892.

Bloom, D. 2011. 7 billion and counting. *Science* 333: 562-569.

Boserup, E. 1965. *The Conditions of Agricultural Growth: The Economics of Agragrian Change Under Population Pressure*. Earthscan, London.［邦訳：エスター・ボズラップ著『農業成長の諸条件――人口圧による農業変化の経済学』安沢秀一・安沢みね訳、ミネルヴァ書房、1975］

Brown, C. 1993. Origin and history of the potato. *American Journal of Potato Research* 70: 363-373.

Butzer, K., and G. Endfield. 2012. Critical perspectives on historical collapse. *Proceedings of the National Academy of Sciences* 109: 3628-3631.

Chenoweth, J., and E. Feitelson. 2005. Malthusians and Cornucopians put to the test: *Global 2000 and The Resourceful Earth*

リンのメーカーに販売している（Cordell et al. 2011）。Cordell et al. (2011) は、世界各地でおこなわれているリンの回収と再利用の例をこれ以外にも多く紹介している。

42. イギリスだけで、購入されたサラダのほぼ半分、果実の4分の1は食べられないままゴミとして廃棄される（Ventour 2008）。
43. Godfray et al. 2010.
44. 動物性食品を控えめにした食生活に変えることで温室効果ガスの排出を減らす可能性は、多くの文献で取り上げられている。以下を参照されたい。Stehfest et al. (2009), Gonzalez et al. (2011), Popkin (2009), Macdiarmid et al. (2012), and Carlsson-Kanyama and Gonzalez (2009).
45. Coley et al. (2009) は、地元の食料品店で食品を購入する場合と、大規模な流通システムを利用した場合を比較している。その結果、地元で有機野菜を買うために車で6.7キロ以上移動した場合には、冷蔵、梱包、地域の配送拠点までの輸送、そこから顧客の玄関までの配送というシステムを利用するよりも温室効果ガスの排出量が多くなる。地元の食材と地元以外の食材の温室効果ガスの排出量への影響について、多くの文献が数値化している。かならずしも前者が無条件にすぐれているわけではないというのが、一般的な結論だ。輸送だけを比較するのではなく、食料の生産方法、貯蔵方法、配送方法まで合わせれば、数値が逆転するケースがある（Edwards-Jones et al. 2008）。
46. Garnett 2011.
47. Raynolds et al. (2007) は認証コーヒーの種類について述べている。Cohn and O'Rourke (2011) は認証の効果に疑問を投じている。Geibler (2013) は、生産量が伸びている主要商品であるパーム油の認証を考察している。
48. Msangi and Rosegrant 2011.
49. この概算は United Nations (2012a) より。
50. 現在の都市の人口については以下を参照されたい。Grimm et al. (2008), Montgomery (2008) and, United Nations (2012b).

Agriculture Organization (FAOSTAT), http://faostat.fao.org/

30. Fargione et al. 2008.
31. Mitchell (2008) をはじめ多くの研究者が、土地の争奪や食料価格の値上げへのバイオ燃料の影響を数値化している。
32. *Daily New Egypt* 2008.
33. *Al Bawaba* 2008.
34. *London Daily Telegraph* 2008.
35. Associated Press 2008.
36. Cleland 2008.
37. Rosegrant et al. 2012.
38. Popkin (1999) によれば、栄養転換の最終段階では人びとはより健康的な選択肢へと切り替えるのが特徴である。
39. 食料生産への環境の影響を減らすための方法については以下を参照されたい。Clay (2011) and Foley et al. (2011).
40. イギリスの経済学者ウィリアム・スタンレー・ジェヴォンズは1800年代に、産業革命での石炭使用によってエネルギー効率が改善したことで、資源の消費量は減少するのではなく、むしろ増加したと記している。これは「ジェヴォンズのパラドックス」と呼ばれる（Alcott 2005）。同様のパラドックスは食料にもあてはまる。食料生産の効率性が改善されると、生理学上の必要性を超えて消費量が増加した。
41. 排泄物のリサイクルの一例は、インドのムンバイ近郊のアダルシュ・ヴィディヤ・マンディール大学でおこなわれた実験である。賞を受賞したこの実験では、人間の屎尿からの養分を取り戻すために特別に設計されたトイレを使用した。貯蔵タンクから尿が集められ、キャンパスの植物の養分として使われている（*Clean India Journal* 2010）。サンフランシスコでは法律により2009年から、市民は野菜の皮、卵の殻、コーヒー滓、その他家庭から出る生ゴミをコンポスト化することが求められている。分解した生ゴミは養分を多く含む土となって地元の農家が使用できる。コンポストによりゴミが減り、ゴミ処理されて埋められれば発生するメタンガスを防ぎ温室効果ガスの排出量を減らし、養分豊富な土ができる（Cote 2009）。オランダでは、下水から回収したリンを民間企業が海外の

12. Drewnowski 2000; Perisse et al. 1969.
13. Popkin and Nielson 2003.
14. Popkin et al. 2011. 18歳から49歳の女性の場合、「過体重」はボディマス指数（BMI）が25~29.9の範囲である。BMIが30以上になると「肥満」となる。
15. Kuhnlein et al. (2004) はイヌイットの食生活の変化と現代の肥満状態を分析し、遠隔地の食生活すら変えているという例を提示している。
16. Drewnowski and Popkin (1997) はこの皮肉について論じている。
17. Popkin et al. 2011.
18. 2010-2012年、慢性的な飢餓状態にあった人びとは世界中で8億7000万人（約12.5パーセント）(UN FAO et al. 2012)、過体重(太り気味）と思われる人びとは2008年には14億人（約20パーセント)、BMIが25を超えると「過体重」と定義される（WHO 2013)。
19. Popkin (2006) は栄養転換を推し進めるグローバルな力についても論じ、グローバリゼーション、農業慣行、スーパーマーケット、マスメディアなどをあげている。
20. Wang et al. 2008.
21. Hossain et al. 2007.
22. たとえば以下を参照のこと。Tilman et al. (2011) and Foley et al. 2011.
23. DeFries and Rosenzweig 2010; Foley et al. 2011.
24. Fiala 2009; UN FAO 2006.
25. Hatfield et al. (2011), Lobell et al. (2011), and Morton (2007) は、気候変動が農業に与えた影響について記述された大量の文献の一部である。
26. Bogardi et al. 2012 を参照されたい。推薦図書のリストも掲載されている。
27. 農業と林業のプランテーションの放棄は、多くの国々において失われた森林被覆の一部回復へとつながった（Rudel et al. 2005)。
28. Kaimowitz et al. 2004.
29. 2010年、インドネシアからのパーム油の最大の輸出先はインドと中国、大豆はスペインと中国であった。United Nation's Food and

48. Basu et al. 2010; Federoff et al. 2010; Moose and Mumm 2008.
49. *Nature* (2013) は現在までに遺伝子組み換え（GM）作物を採用した国々を図で示している。
50. Borlaug's (2000) paper "Ending World Hunger: The Promise of Biotechnology and the Threat of Antiscience Zealotry."（「世界の飢餓の終わり――バイオテクノロジーの約束と熱狂的な反科学主義者の脅威」）

10 農耕生活から都市生活へ

1. McGranahan and Satterthwaite 2003.
2. Goldewijk et al. 2011. 最新の概算値は Ellis et al. 2013 が論じている。
3. Drewnowski and Popkin (1997) は、甘味と脂肪を好むのは生まれついてのものであると論じ、参考文献をあげている。
4. Zhai et al. 2009. 中国の調査で、肥満の傾向は農村部でひじょうに高くなっていた。とりわけ低所得層の女性に顕著だった（Jones-Smith et al. 2011）。
5. 栄養学者バリー・ポプキンは、途上国の「栄養転換（栄養不足から栄養過多への移行）」について多くの発表をしている。Popkin (2004, 2006) and Drewnowski and Popkin (1997).
6. Cordain et al. (2005) は、進化の過程をへて現在の洋風の食事と旧石器時代の狩猟採集生活の食事とがかけ離れている点について論じている。
7. Wolf (2007) は植物から油脂を抽出する技術について記述している。
8. Nobel Lectures 1966.
9. 国連食糧農業機関（FAO）の栄養問題の専門家J・ペリセ、F・シザーレ、P・フランソワの調査による。引用は Perisse et al. 1969, 4より。
10. White 2008; Takasaki 1972; Suekane et al. 1975. 発明者として日本人科学者、ミキオ・スエカネ、シロウ・ハセガワ、マサキ・タムラ、ヨシユキ・イシカワが登録されている。
11. Duffey and Popkin 2007.

21. UN FAO 2004.
22. Gaud 1968.
23. Haberman 1972.
24. Borlaug 2003; Haberman 1972.
25. United Nations 2013.
26. United Nations 1980.
27. United Nations 2012.
28. Harwood 2009, 390.
29. Ladejinsky 1970 ; Dasgupta 1977.
30. Haberman 1972.
31. *Appropriate Technology* 2002; Dutta 2012.
32. Shiva 1991, 1.
33. World Bank 2010; Rodell et al. 2009.
34. 地下水と土壌の塩類集積については以下にくわしい。World Bank (2010) and Tyagi et al. (2012).
35. ノーマン・ボーローグはジミー・カーター元アメリカ大統領の後押しを受け、笹川アフリカ協会の会長を務めた。ボーローグは1986年にプロジェクトに加わり、サブサハラアフリカにおいて穀類生産の技術の普及に尽力した（Borlaug 2003）。
36. Olson and Schmickle 2009.
37. Borlaug 2003.
38. Ortiz et al. 2007, 5.
39. Swaminathan 2004, 2006.
40. Stokstad 2009.
41. Pardey et al. (2013) はサビ病の流行を抑えるための必要投資について論じている。
42. Zamir 2001.
43. Hajjar and Hodgkin 2007; Rick and Chetelat 1995; Estabrook 2010.
44. Maxted et al. 2010.
45. Fowler and Hodgkin 2004; Sachs 2009; Fowler 2008.
46. Swaminathan 2004.
47. Enserink 2008.

58. Tabashnik et al. 2008; Gassmann et al. 2011.
59. Sanchis 2011; Romeis 2006; Steinhaus 1956.
60. Oerke 2006.

9 飢餓の撲滅をめざして

1. Ortiz et al. 2007.
2. Ibid.; Borlaug 2007.
3. Ortiz et al. 2007, 3.
4. Borlaug 2007, 289.
5. Ortiz et al. 2007.
6. Socolofsky 1969; Dalrymple 1985.
7. Borlaug 2007, 292.
8. Ehrlich 1968.
9. Ibid., 36.
10. Ibid., 40.
11. Ortiz et al. 2007; Borlaug 2007; Herdt 2012.
12. Sanyal 1983.
13. こうした国際研究所が今日の国際農業研究協議グループ（CGIAR）を構成しており、引き続き、農村の貧困を減らす、食糧安全保障を向上させる、人間の健康と栄養状態を向上させるなど、持続可能な天然資源利用のために尽力している。
14. Hargrove and Coffman 2006, 37.
15. Ibid., 38.
16. Khush 2001.
17. *Rice Today* 2012, 3. 袁隆平は2004年に世界食糧賞を受賞した。詳しくは"2004: Jones and Yuan," World Food Prize, www.worldfoodprize.org/en/laureates/20002009_laureates/2004_jones_and_yuan/#longping を参照されたい。
18. Shih-Cheng and Loung-ping 1980.
19. Duvick 2001.
20. Shih-Cheng and Loung-ping 1980, 44. ハイブリッド米はよく育ち根が丈夫だった。強い根のおかげで倒れることなく、より深いところから水を吸いあげ、従来の稲よりも食用部分の穀粒が多くついた。

38. Carson 1962. とくに第3章冒頭の文章。
39. Ibid., Chapter 7.
40. Lee 1962.
41. Lear 1993, 27.
42. Ibid., 36.
43. Ibid., 37.
44. Lear 1993, 39; President's Science Advisory Committee 1963.
45. DDTの使用禁止を求めて法的手続きをとったのはアート・クーリー、チャーリー・ワースター、デニス・プレストンらで、彼らは1967年に環境防衛基金（EDF）を発足させた。現在、同基金はアメリカにおいて主要な環境保護非営利団体のひとつである。同基金のウェブサイトも参照されたい。www.edf.org/about/our-mission-and-history.
46. Higdon 1969.
47. Howes 1971.
48. Scheringer 2009; Sonne 2010.
49. Smith 1999; Dewailly et al. 1993.
50. Hagen and Walls 2005.
51. WHO 2011; Longnecker et al. 1997; Agency for Toxic Substances and Disease Registry 2002; Eskenazi et al.2009; Casals-Casas and Desvergne 2011.
52. Nixon 1972.
53. 総合的病害虫・雑草管理の歴史については以下を参照されたい。Kogan 1998; Casida and Quistad 1998.
54. Norgaard 1988.
55. Myers et al. 1998. Reichard et al. (1992) はアメリカ以外のラセンウジバエの根絶プロジェクトについて述べている。Myers et al. (1998, 2000) は外来種の生物的防除の成功例と失敗例を数多く紹介している。
56. Stephenson 2003.
57. Losey et al. 1999 は、オオカバマダラへのBtトウモロコシの影響をめぐって論争を引き起こした。その研究は、Shelton and Sears (2001), Mendelsohn et al. (2003) などから多くの批判を浴びた。

19. Ibid., 122.
20. Nobel Foundation 1948b; Casida and Quistad 1998.
21. Nobel Foundation 1948a.
22. Andrews et al. 1950; Kitron and Spielman 1989; Sachs and Malaney 2002. Andrews (1948) は、アメリカにおけるマラリアの減少につながった可能性のある要因として、地方から都市部への移住、家畜の個体数の増加など多くをあげている。
23. 1940年代から1970年代までのアメリカ国内のDDTの製造と使用はWorld Health Organization (1979) より。同時期の、世界のDDT製造に関する記録は世界保健機関（WHO）にはないとのこと。
24. Buhs 2002.
25. Buhs 2002, 387に引用されている。
26. ファイヤーアント撲滅計画の詳細もBuhs 2002で紹介されている。
27. Myers et al. 1998.
28. ウィルソンの引用についてはBuhs 2004, 155-156を含め、複数の情報源がある。
29. Liebhold et al. 1995.
30. Liebhold and McManus 1999.
31. Georghiou 1986.
32. 病害虫の殺虫剤に対する耐性についてはGeorghiou (1986), Palumbi (2001), and Carvalho (2006) をはじめ、公表されている報告書や論文で論じられている。
33. Rattner 2009.
34. Allen 1958, 145.
35. Davis 1945.
36. Cottam 1965; Fry 1995; Gavrilescu 2005.
37. カーソンはアメリカ内務省の魚類野生生物局で水生生物学者として勤務し、昇進を重ねて同局の刊行物の編集主幹に就任した。余暇を活かして自然の美しさを鮮やかに描き、*Under the Sea-Wind* (1941)［『潮風の下で』上遠恵子訳、岩波書店、2012］、*The Sea Around Us* (1951)［『われらをめぐる海』日下実男訳、ハヤカワ文庫、1977］、*The Edge of the Sea* (1955)［『海辺』上遠恵子訳、平凡社、2000］などの著作がある。

population/index-2.html.

8 実りの争奪戦

1. バッタが引き起こした惨事についてはCoffin (2005) and Yu et al.(2009) が述べている。
2. Levy 2004, 2からの引用。
3. ロッキートビバッタについてはChapco and Litzenberger (2004), Levy (2004), and Lockwood and Debrey (1990) が論じている。
4. Sanchis 2011.
5. Schwartz 1971. 1970-1971年のトウモロコシごま葉枯病についてはUllstrup (1972) も詳細に述べている。
6. Mueller and Gerardo 2002; Sen et al. 2009.
7. Norgaard 1988.
8. Haley et al. 2004.
9. Office of Technology Assessment 1993.
10. Pauly 2002.
11. 外来種の脅威についての情報はPejchar and Mooney (2009), Hulme (2009), and Pysek and Richardson (2010) に紹介されている。
12. ウズラを捕らえるエジプトの方法はHasselquist (1776), 209を参照されたい。
13. Peryea and Creger 1994; Ware and Whitacre 2004; Gavrilescu 2005.
14. Morales and Perfecto 2000, 56の調査報告で引用されている農民の言葉。
15. 昔ながらの農業の実践は、Morales and Perfecto (2000) でも述べられている。調査対象の農民たちが合成殺虫剤を使用するのは、貯蔵場所で病害虫の被害を避ける目的が大半であり、その他、農地で病害虫の数が多くなったときにも散発的に使用していた。
16. いずれの例もAbate et al. (2000) より。
17. Hoskins 1939, 120. ホスキンスはKogan (1998) においても論じられている。
18. Ibid., 119.

(1974).

26. ABA 1905, 197.
27. Ibid.
28. Knudson and Ruttan (1988) は、ハイブリッドの小麦を商業生産しようとして失敗に終わった試みを数多く紹介している。最近は進展が見られる。
29. Dalrymple 1988.
30. USDA 1874, 369
31. Dalrymple 1988.
32. Singh and Hymowitz 1999.
33. 収集された大豆の保管状態が悪かったせいで多くは処分され、ほんの一部しか残らなかった。東アジアでは大豆の在来種はもはや栽培されておらず、貴重な遺伝資源は入手できない (Hymowitz 1990)。
34. アメリカの大豆の歴史は以下で述べられている。Singh and Hymowitz (1999), Hymowitz and Shurtleff (2005), Hymowitz (1984, 1987, 1990), and Hymowitz and Harlan (1983).
35. Duvick (2001) は民間の植物育種の発展についてくわしい。
36. USDA 2009.
37. Crookes 1898, 565.
38. USDA 2009.
39. Schramski et al. (2011) は、アメリカでおこなわれている食料の工業生産システムのエネルギー・コストに関してさまざまな概算を提供している。ヨーロッパの農業システムの過去から現在までのエネルギー収支比 (EROI)の概算については、Krausmann et al. (2008) and Krausmann (2004) も参照されたい。
40. Bennett 1941, 374.
41. Bennett 1941.
42. Smil 2002; Dutilh 2004.
43. United Nations 1980. 人口の概算は以下を参考にした。Netherlands Environmental Assessment Agency's History Database of the Global Environment, "Population," http://themasites.pbl.nl/tridion/en/themasites/hyde/basicdrivingfactors/

4. Darwin 1868, title of Chapter 17.
5. Berra et al. 2010, 377に引用されている。
6. Berra et al. 2010.
7. Darwin 1859, 96.
8. 雑種強勢、あるいはヘテローシスの異なる仮説は以下の説明を参照されたい。Birchler et al. (2006).
9. メンデルの生涯は以下にくわしい。Weiling (1991) and Zirkle (1951).
10. Mendel's "Experiments in Plant Hybridization,"（「植物の雑種形成の実験」）の翻訳から。1865年2月8日と3月8日に会合で読まれたもの。Blumberg (1997).
11. メンデルのデータ改竄《かいざん》が指摘されていた。こうした指摘を裏づける証拠は出ていない（Hartle and Fairbanks 2007）。
12. Sclater 2006.
13. Stansfield 2009; Sandler 2000.
14. アメリカにおける主要作物の生産量と作付面積については以下を参照されたい。"Major Crops Grown in the United States," April 11, 2013, Environmental Protection Agency, (www.epa.gov/agriculture/ag101/cropmajor.html).
15. Coe 2001.
16. Troyer 2009. 一般的な品種は、Leaming Corn、Reid Yellow Dent、Lancaster Sure Crop、Minnesota 13などがある。
17. Troyer 2009; Lee and Tracy 2009.
18. Crabb 1947, 318.
19. この時期のハイブリッド・コーンの開発については以下で述べられている。Troyer (2009), Rhoades (1984), and Coe (2009). さらにくわしいのはCrabb (1947) and Wallace and Brown (1988) である。
20. Sprague 1967; Griliches 1957.
21. Troyer 2009, Fig.1.
22. Duvick 2005.
23. Ibid.
24. Crookes 1898, 565.
25. トルコ種の小麦の話は以下にくわしい。Quisenberry and Reitz

39. Franklin D. Roosevelt, "64—Message to Congress on Phosphates for Soil Fertility," May 20, 1938, The American Presidency Project (www.presidency.ucsb.edu/ws/index.php?pid=15643#axzzlxQ3yclsK).
40. Galloway et al. 2003, 2008.
41. 1750年以来、長寿命の温室効果ガス（二酸化炭素、メタン、亜酸化窒素、ハロカーボン）を合計した放射強制力は＋1.6ワット毎平方メートル（w/㎡）と見積もられているが、うち0.16w/㎡は亜酸化窒素の濃度の上昇によるものである（Foster et al. 2007）。
42.「たちの悪い問題」の特徴は、その問題の解決が新たな問題をつくりだすというサイクルが果てしなく続いてしまう点にある（Rittel and Webber 1973）。
43. Pingali 2007; Ehui and Polson 1993.
44. El-Sharkawy 1993.
45. Smil 2004.
46. Ramussen 1982.
47. Ibid.; Binswanger 1986.
48. Giebelhaus 2004; Cadman 1959.
49. Linton 2008, 12に引用されている。
50. 気候変動に関する情報源としてもっとも信頼性が高いのは国連環境計画（UNEP）と世界気象機関（WMO）によってつくられた国際的組織である、「気候変動に関する政府間パネル（ICPP）」であり、定期的にデータを更新し公表している。
51. Arrhenius 1896.
52. 多くの要因が社会に圧力を与え、社会制度など柔軟に変わるようにうながすが、気候変動と多様性もそのひとつだ（Butzer and Endfield 2012）。Diamond (2003) は圧力に屈した文明をいくつかあげている。

7 モノカルチャーが農業を変える

1. Largent 2009; Theunissen 2012.
2. Darwin 1859, 84
3. Ibid., 13.

成へとつながるメカニズムについて説明している。
28. Huxley 1928, 57.
29. Vaccari 2009.
30. Cordell et al. (2009) and Vaccari (2009) は、リン生産が最盛期を迎える時期、ピーク・リン論を提唱した。Smil (2000) は、埋蔵量はじゅうぶんにあると主張した。Cordell and White (2011) は、リンが長期的に無事に供給されるというバランスのとれた評価を提供した。技術的かつ経済的な点で活用できるリン鉱石の国別の埋蔵量はVaccari (2009) が提供している。将来的には、より質の劣るリンをもっと採掘できるようになるかもしれない。リンの枯渇が今後数十年内でグローバルな危機となるかどうか、埋蔵量の分析をする専門家の見解は分かれている（Vaccari 2009; UNEP 2011; Smil 2000)。
31. DAP（リン酸二アンモニウム)、MAP（第一リン酸アンモニウム)、TSP（重過リン酸石灰）はもっとも一般的に流通しているリン酸肥料である。
32. 実験湖沼群の由来について記している（Schindler 2009)。
33. Schindler and Vallentyne (2008) の著書では実験湖沼群の歴史について述べられている。研究者の草分けのふたりが読みやすいかたちでまとめたものである。
34. Schindler et al. (2008) をはじめ、多くの人びとは実験湖沼群にまつわる出版物でその調査結果を述べている。
35. 実験湖沼群で活動する科学者のパイオニアであるSchindler and Vallentyne (2008) は、富栄養化を「植物のための栄養素によって自然界の水域の栄養分が強化されて起きる複雑な一連の変化」と定義している。
36. ビクトリア湖に生息する在来魚の個体数は、富栄養化にくわえて外来魚のナイルパーチが大繁殖した結果、減少した（Verschuren et al. 2002)。ナイルパーチの増殖は、商業漁業には大きな恩恵をもたらしたが、大型の魚を捕るための船も網もない地元漁業者にとっては災難以外のなにものでもない。
37. McNeill 2000, 136.
38. Kara et al. 2012; Carpenter and Lathrop 1999.

ンゲルの世に知られていない貢献について述べている。一般的にリービッヒの功績とされている最小養分律は1820年代のシュプレンゲルのものであることが判明している。Browne (1944) は農芸化学の古代から現代にいたるまでの長い歴史をたどっている。

8. Moulton (1942,6). 引用文は、ドイツの植物学者フーゴー・フォン・モールが1843年に述べた感想である（Aulie 1974)。
9. 農芸化学の歴史に関するブラウンの著作の序文から引用した (Browne 1944, vi)。van der Ploeg et al. (1999) でも引用されている。
10. Leigh 2004. 第5章で、窒素固定への異なる試みが詳述されている。
11. Haber 1920. ノーベル賞の受賞スピーチで、「今世紀の半ばに向けて、化学が解決法を見出さなければ、深刻な非常事態に陥るでしょう」と述べている。
12. Emerson 2003, 22（Daemen 2004にも引用されている）。
13. ドイツの軍事力に対してハーバー・ボッシュ法の果たした役割については以下を参照されたい。Hager (2008) and Leigh (2004).
14. ハーバーの悲しい最期については以下にくわしい。Hager (2008) and Larson (2011).
15. Keeney and Hatfield 2008; Galloway et al. 2013.
16. Erisman et al. 2008.
17. Liebig 1840, 184-185.
18. 過リン酸肥料の歴史は Hall (1915) にくわしい。
19. Silvertown 2005, 91に引用されている。
20. Russel and Williams 1977.
21. Sanders 2009.
22. Morrison 1890, 262. リービッヒが非難したように、イングランドが戦場から骨をじっさいに持ち去った可能性は低い。
23. リービッヒのベンチャー事業については Brock (1997) で述べられている。
24. Daubeny and Widdrington (1844).
25. Hall 1915, 114-115.
26. Russel and Williams (1977).
27. Goldhammer et al. (2010) は、水中の酸素の欠乏がリン鉱床の形

34. van Ommen 2009.
35. Hoekstra and Hung 2005.
36. 仮想水（バーチャルウォーター）の概念は、1990年代前半に Allan (1994) が中東と北米で水にまつわる討論をした際に登場した。
37. Zhou et al. 2011, 1108.
38. Nace 1974, 43.
39. 地球上の水のうち、そのほとんどが海水で、作物、都市、植物、動物に供給できる淡水は3パーセント未満である。しかもその3パーセントのうち3分の2以上は氷河と氷帽である。残りが湖、川、地下に液体として蓄えられ、けっきょく人類が利用できる水は地球の全水資源のごくごくわずかにすぎない。Gleick and Palaniappan (2010) は地球の水資源の割合の詳細を示している。
40. 古代より受け継がれた中国の掘削技術については Kuhn (2004) と Zhou et al. (2011) にくわしい。
41. イラン北東部の都市ゴナバッドにあるカナートは、ユネスコ世界遺産に登録されている（Hassan 2011）。
42. 人口と都市・農村部の概算は United Nations (1980) より。総人口と地理的分布の多様な概算は Netherlands Environmental Assessment Agency's History Database of the Global Environment, "Population," (http:// themasites.pbl.nl/tridion/en/themasites/hyde/basicdrivingfactors/population/index-2.html)。
43. United Nations (1980), Table 1 の、紀元前1360年から紀元1925年までの世界最大の都市のリストより。

6 何千年来の難題の解消

1. United Nations 1980.
2. Crookes 1898, 564.
3. Ibid., 570.
4. Ibid., 562, 573.
5. Feller et al. 2003; T. 1941.
6. Liebig 1840. リービッヒの著書に対する反響は Browne (1944) が論じている。
7. van der Ploeg et al. (1999) は、ドイツの農学者カルル・シュプレ

効用について述べている。
13. United States Code 1856.
14. グアノ島法によってアメリカが所有権を主張した島の政治的な歴史背景については以下を参照されたい。Orent and Reinsch (1941), Nichols (1933) と Burnett (2005).
15. Leigh 2004, 81.
16. *New York Daily Times* 1855, 4.
17. Clark and Foster 2009, 315で引用。
18. Brown 1963.
19. アフリカの伝統的な主要穀類については National Reserch Council (1996) にくわしい。
20. ハドレーは「太陽の作用は風を起こす根本的な原因であり、これはだれからも異論は出ないはずだ」と述べ、さらに「地球の日周運動の助けがなければ、航海、とりわけ東方と西方への移動はひどく冗漫なものとなるだろう。そして地球を一周するのは実行不可能だったにちがいない」と推定している（Hadley 1735-1736, 62)。
21. Columbus et al. 1991, 93.
22. Crosby 1972 [2003], 3. Mann (2011) でもコロンブス交換について詳細でわかりやすい説明がなされている。
23. Barrera-Osorio (2006).
24. Nunn and Qian (2010) は、梅毒が新世界から来たのかどうかの論争について論じている。
25. Thorpe 1909, 1829.
26. Thorpe 1909, 1828-1829.
27. Winthrop 1634.
28. Li (1982) は、新世界の作物がどの程度まで中国の人口増加に寄与したのかの論争について論じている。
29. Nunn and Qian 2010.
30. La Rochefoucauld 1995, 23. Macfarlane and Macfarlane (2003) でも引用されている。
31. Hersh and Voth 2009, esp. Table 2.
32. Barrera-Osorio 2006, 24.
33. Nunn and Qian 2010.

25. United Nations 1980.
26. Thorp 1940.
27. Smil 2004, 553; Gimpel 1976.
28. Mazoyer and Roudart 2006, 281.
29. McNeill 1985; Smil 2004; Lal et al. 2007.
30. 14世紀の北ヨーロッパの飢饉についてはJordan (1996) を参照されたい。
31. Mazoyer and Roudart 2006, 293.
32. Mokyr 1993.
33. Turner 1982.
34. Malthus 1798, 4.
35. Smil 2002, xxvii.

5 海を越えてきた貴重な資源

1. Law (1967) は19世紀の都市と農村のさまざまな人口動態を概算している。イングランドとウェールズの農村部と都市部の人口差は1851年の人口調査まで見られなかった。一般的に町は1万人超の集団、都市は10万人超の集団と規定されているが、それが絶対というわけではない。こうした概算は、1801年のイングランドとウェールズの人口の約3割が町と都市で暮らしていたことを示している。
2. Dickens 1838, 94.
3. Tien et al. 2011.
4. *London Times* 1858.
5. 古代文明における汚水処理はRussel and Williams (1977) が論じている。
6. ロンドンの汚水処理システムのくわしい歴史については Halliday (1999) を参照されたい。
7. Goddard 1996, 274 で引用。
8. Marald 2002, 66で引用。
9. Ibid., 70.
10. Humboldt and Bonpland 1822, 1:xii.
11. Leigh 2004, 81.
12. Hall (1915) はイングランドで種々の廃棄物が肥料として使われた

析の結果からは、人間が食料を生産するのに消費する1キロカロリーに対し、16キロカロリーの食料を得ていた（Rappaport 1971）。

13. 1970年代のエネルギー危機を契機に、近代の工業型農業のエネルギー需要に関する研究が活発になった（Pimentel et al. 1973; Steinhart and Steinhart 1974）。農業システムにおけるエネルギー収支比（EROI）という概念のあらましを示した研究（Martinez-Alier 2011）や、人間によって奪われた一次生産力というかたちでエネルギー量を計る研究（Vitousek et al. 1986; Haberl 1997）、異なる農業システムのエネルギー論（Haberl 2001, 2006; Pimentel 2002; Smil 2008）がある。
14. Sherratt 1983.
15. Smil 2004.
16. Lindeman (1942) は栄養段階でのエネルギーの変容に関する研究の草分けである。Odum (1968) は生態系におけるエネルギーの流れについての理論の歴史をあらわした。Cousins (1987) は栄養段階概念への批評を発表した。Vasey (1992) は農業システムにおけるエネルギーの流れを論じた。10パーセントルールは概算であり、一般化は困難であると論じたのは Smil (2002, 207-209) である。
17. Leigh 2004, 109 で引用されている。
18. Ashley et al. 2011, 739 で引用されている。
19. 古代中国の農業については以下にくわしい。Leigh 2004, Ellis and Wang 1997, and King 1911.
20. Ellis and Wang (1997).
21. 中国四川省都江堰市にある都《と》江《こう》堰《えん》の水利・灌漑施設は成都平原（四川省盆地の西部）を繁栄させたが、これは灌漑が中心的な役割を果たした例である。Scarborough (1991) は非工業の複雑な社会における水利管理戦略の概要を示している。
22. 古代から受け継がれる中国の掘削技術の詳細については Kuhn (2004) と Zhou et al. (2011) を参照のこと。
23. Mallory (1928), Prentice (2001) と Yates (1990) は、飢饉時の中国のカニバリズムについて論じている。
24. Elvin (1993) と Marks (2011) は、古代中国の住血吸虫症とコレラの流行について個々に論じている。

50. Gignoux et al. (2011).
51. Livi-Bacci 2007, 31-38.
52. Puruggana and Fuller 2010.
53. 小氷期の原因は定かではない。最近の分析によれば、爆発性の火山活動が引き金となったのではないかと考えられている（Miller et al. 2012）。ヨーロッパの農業と発展への影響は Fagan (2000) がくわしい。

4 定住生活につきものの難題

1. Leigh 2004, 109.
2. Leigh 2004.
3. Galloway et al. (2013) は窒素の主要な歴史イベントをたどっている。
4. Lougheed (2011) が Asimov (1974) から引用。
5. ブラントのリンの抽出手順は Ashley et al. (2011) から引用した。
6. リンの驚くべき歴史は Emsley (2000) にくわしく記されている。
7. Williams 2006, 41.
8. Wittfogel (1957). 乾燥地域における「水力文明（訳註：大規模な灌漑を中央集権的に管理した社会を示すウィットフォーゲルの造語）」は、治水管理をする必要性から生じた中央集権的で権威主義的な規則をもたらすという仮定を提唱した。この理論は不完全であると判明している。経験的証拠から、中央集権国家は大規模な灌漑事業がおこなわれる前に出現していたと考えられる。水力文明の仮説に関する議論については Hassan (2011) と Bagg (2012) を参照のこと。しかし、大河の近くで誕生した文明で官僚制度が発達したのは、灌漑の中央集権的な管理という目的も部分的には当てはまるだろう。
9. メソポタミアの灌漑システムが引き起こした環境問題については Khan et al. (2006) が論じている。
10. Rashed 2002.
11. テーベは、紀元前1360年に人口が10万人を超えていた世界で唯一の都市だった（United Nations 1980）。
12. ニューギニアで焼畑農業をおこなう人びとについてのエネルギー解

35. Berna et al. (2012). 火を使いこなしていた証拠として、焼けた骨と植物の灰が発見され、その年代が報告されている。
36. Castro and Toro (2004). ヒト科において文化の伝達にきわめて重要なのは、この行動が正しいものであるか否かを意思表示する能力であると説いている。
37. Fitch (2005, 2010) and Knight et al. (2000) は言語の進化について論じている。
38. 古代インカ帝国では、紐に結び目をつくって数を示した。この方法を「キープ（結縄《けつじょう》）」と呼ぶ。キープについてはChristensen (2002)にくわしい。
39. Peng et al. (2011) と Puruggana and Fuller (2010) は小麦の栽培化プロセスについて述べている。
40. Tanno and Willcox 2006; Fuller 2007; Lev-Yadun et al. 2000; Diamond 2002.
41. Burger et al. 2008; Price 2009.
42. Sweeney and McCouch 2007; Yang et al. 2012.
43. Ranere et al. 2009; Piperno and Flannery 2001.
44. スペインの征服後の15世紀、ある船が栽培化されたトマトをヨーロッパに運んだ。そのときからいまにいたるまで、植物育種家たちは魔法のような技を駆使して、あらゆる形、サイズ、色のトマトをつくりだし、世界中の料理に使われている。いまあるすべてのトマトのもとをたどれば、新世界のたったひとつの野生種に行き着く。ミニトマトの一種であるチェリートマトは野生種と栽培種のトマトの遺伝子がまざりあっているので例外といえるかもしれない (Bai and Lindhout 2007; Estabrook 2010)。
45. Diamond 2002.
46. Larsen 2006, 2009.
47. 完新世の気候変動と人類の進化との関係については以下で論じている。Boyd and Richerson (2009), Richerson et al. (2001), Potts (2007), and deMenocal (2011).
48. Richerson et al. (2001).
49. Zeder (2006). バランスよく、もっとも現実味のある見解を提唱している。

20. ケロッグ夫妻については Henrich and McElreath (2008) にくわしい。
21. Dean et al. (2012) がこの実験をおこなった。
22. この例をはじめ、サルの技術の累積学習の例は以下より。Pradhan et al. (2012).
23. Richerson and Boyd 2005, 5.
24. 遺伝子と文化の共進化と、それが人類のゲノムをどのように形づくったのかを論評している。Laland et al. (2010); Fisher and Ridley (2013).
25. Gerbault et al. (2011) は乳糖耐性の進化について述べている。
26. 遺伝的な証拠によれば、野生のサルと人類との分岐の時期は過去の報告よりも前にさかのぼることが最近判明した (Langergraber et al. 2012)。
27. Smithsonian Institution's interactive page "What Does It Mean to Be Human?" (http://humanorigins.si.edu/evidence/human-evolution-timeline-interactive.)
28. 各文献における年代の記述は一様ではない。本書の情報については以下を参照されたい。deMenocal (2011), Potts (2012), Stewart and Stringer (2012), and Smithsonian Institution's interactive page "What Does It Mean to Be Human?" (http://humanorigins.si.edu/evidence/human-evolution-timeline-interactive.)
29. Semaw et al. 1997.
30. McPherron et al. 2010.
31. 「道具」を正確に定義するのは難しい。Beck (1980) の定義は広く使われており、それによれば、道具とは「ある物体、ある生物、使用者自身の形態、位置、状態を変えるために使われ、それを使用するとき、あるいは使用に先立って使用者が手にとったり携帯する」もの。たとえば巣づくり、水を噴射して昆虫を撃退するといった、同様に複雑な行動は含まない (Bentley-Condit and Smith 2010, Seed and Byrne 2010, Brown 2012)。
32. Seed and Byrne (2010), Boesch et al. (2009), and Bentley-Condit and Smith (2010).
33. Rutz and St Clair 2012.
34. Diamond 1997.

4. McClintock 1861, 13.
5. Richerson and Boyd 2010, 6 に引用。
6. Dobzhansky and Montagu 1947, 590.
7. Richerson and Boyd 2005, 7.
8. 気候変動に合わせてフィンチのくちばしの大きさが変わったことについては、ガラパゴス諸島での長期にわたる研究を通じてまとめられ（Grant and Grant 1993)、またその他の出版物を通じても報告された。
9. Plotnik et al. 2011.
10. Cornell et al. 2012.
11. Potts (2011) の報告によると、乳児が必要とする総エネルギーの約65パーセントを脳が消費するのに対し、大人の場合は20〜25パーセント。脳の質量は成人の体重の2パーセントである。
12. 環境変化に応じて起きる個別学習・社会的学習・文化の進化についての数学的議論は以下でなされている。Boyd and Richerson (2009), Enquist and Ghirlanda (2007), Henrich and McElreath (2003), and Strimling et al. (2009).
13. ニホンザル研究の歴史については山極寿一の研究より。Yamagiwa (2010).
14. 人類以外の種の文化的普及の例はこのほかにも、ザトウクジラのロブテイル・フィーディングの普及（Allen et al. 2013）とサバンナモンキーの協調的行動の採用（van de Waal et al. 2013）などがある。
15. Holloway (2008) and Blazek et al. (2011). 脳の進化を、脳の大きさと大脳皮質におけるより複雑な脳構造の創造の点から述べている。
16. Potts 2011.
17. 要因の相互作用は Holloway (2008) が提唱している。他の霊長類の動物と鳥類は脳の大きさと学習とのあいだに関連性があることを示している (Reader and Laland 2002; Sol et al. 2005)。
18. Wrangham 2009, 43.
19. SQ（社会的知性）の仮説は以下による。Aiello and Wheeler (1995), Reader and Laland (2002), Herrman et al. (2007), and Navarrete et al. (2011).

で優勢な哺乳類になったのは、このためだ。およそ1億3000万年前、ゴンドワナ大陸と呼ばれる超大陸には多くの哺乳類が暮らしていた。プレートテクトニクスがこの超大陸を分裂させてふたつの大陸が生まれると、各大陸で異なるタイプの哺乳類が出現した (Springer et al. 1998)。有袋類は、生後一定期間、子どもを母親の育児嚢で育てる哺乳動物で、オーストラリアという孤立した大陸で繁栄した。南米で進化した有袋類はオポッサムだけである。

25. 個体がそばにいた個体と交配して新しいニッチや食料の供給源を開拓することを「同所的種分化」と呼ぶ。個体は、食料、温度、土壌、水の状態がかけ離れた個体同士よりも、より近い個体と交配する可能性が高い。やがて地理的な障壁がなくても、新しい種が生まれる場合がある。これは、リンゴミバエの幼虫が果実に入ったときに起こる可能性がある (Feder et al. 2003)。メスのリンゴミバエは自分たちが生まれたなじみのある果実に産卵しようとする。そしてオスは自分たちが生まれたタイプの果実で交尾の相手を探す。19世紀に移民がアメリカに自国のリンゴを持ち込んだとき、リンゴミバエの幼虫には選択肢が増えた。自分が生まれたソーンアップルの木の実に産むこともできるし、新しく持ち込まれたリンゴに産みつけることもできた。以来、ソーンアップルのリンゴミバエと海外から持ち込まれたソーンアップルのリンゴミバエは別々の種へと分かれるプロセスをたどった。種形成の典型的な例は Forbes et al. (2009); Jiggins and Bridle (2004) などが報告している。

3 創意工夫の能力を発揮する

1. Cavell 2009, 25 に引用されている。北極圏に暮らす先住民のことを当時は「エスキモー」と呼んだ。
2. フランクリンの遠征隊の積み荷の詳細は Cookman (2000), Appendix 1 に一覧がある。
3. 海軍本部は捜索隊を何度も派遣したがほとんど成果はなかった。1854年、ジョン・レイ率いる北極圏遠征隊は「複数の遺体の多くが切り裂かれた状態」であるという知らせをもたらし、「あわれな同国人たちは、命を長らえるために最後の資源、共食いへと駆り立てられた」という報告を寄せた。Cavell 2009, 31 に引用されている。

一例をあげると、ガラパゴス諸島に生息するフィンチは、一見、別種と思しきもの同士が繁殖して子が誕生する（Grant and Grant 2010)。

18. Szathmary and Smith (1995) はおもな進化の変遷を論じている。
19. Schopf and Kudryavtsev 2012, 35.
20. 硫黄の沼に生息していた単細胞生物は沼の硫化水素からの水素と太陽エネルギーを使って糖をつくり、それを食料にしていた。光合成のごく初期の形態である。
21. 光合成は、日光とどこにでもある二酸化炭素（CO_2）を糖に変えもしたが、ここでは水が主役だった。硫化水素が水素の供給源となるかわりに、水がその仕事を担った。水の分子 H_2O を水素 H と酸素 O に分離する新しいからくりで、水と日光と大気 CO_2 さえあればどこででも光合成できた。そのため水を使う光合成は、硫化水素の供給源である沼に限定されずに、水さえあれば地上のどこでもおこなえた。
22. 水を使う光合成の副産物として酸素ができた。よぶんな酸素は当初、海に溶けていた鉄と結びついた。新しい鉱物は海底に沈み、やがて岩に錆としてあらわれた。およそ25億年前に鉄は使い尽くされた。酸素は大気に入る以外に行き場がなくなり、オゾン層が形成されるようになった。
23. 海綿、クラゲ、サンゴ、扁形動物の進化はカンブリア爆発を示す。大気中の酸素によってこの爆発が起きたとする生物学者もいる。酸素があることで食料は効率的にエネルギーに交換されて身体が大きくなったという見解だ。新しいニッチ（生態的地位）が生まれる機会には、彗星の衝突や、生物を絶滅させたなんらかの惨事も指摘されている。
24. 大陸が分裂するにつれて新しい種が形成されていくプロセスは「異所的種分化」と呼ばれる。構造プレートの移動、山脈その他の地理的障壁で生じる距離が大きくなると、かつて同じだった種は別個のグループに分かれる可能性がある。孤立したふたつのグループにそれぞれ属する個体が交尾する機会がない場合、時とともにそれぞれの置かれた条件に適応して、ふたつの異なる種となるだろう。カンガルー、コアラ、タスマニアデビルなどの有袋類がオーストラリア

2 地球の始まり

1. Fermi 1946.
2. Jones 1985.
3. このレアアース仮説は、Ward and Brownlee (2000), *Rare Earth: Why Complex Life Is Uncommon in the Universe* で提唱したもの。洞察力に富み、かつ読みやすい本である。
4. Broecker (1985), Kasting and Catling (2003), and Lenton and Watson (2011) は生存可能な惑星の特徴について論じている。地球の循環システムについては Smil (2003) and Steffen et al. (2004) を参照されたい。
5. Seager (2013), Howard (2013), and Segura and Kaltenegger (2010) は、生命が存在する可能性のある他の惑星の探索について論じている。
6. Lammer et al. (2009). ハビタブルゾーン概念の登場を指摘している。
7. Schröder and Smith 2008.
8. Gaidos et al. 2005.
9. Caitling and Zahnle 2009.
10. Kass and Yung 1995.
11. Laskar et al. 1993.
12. Touma and Wisdom 1993. 金星の自転軸は約180度の傾きでほぼ逆さまなため、両極は太陽に平行に近くなり、極地の夏は赤道よりも暑い。火星のふたつの小さな衛星（フォボスとダイモス）は、火星の傾きを安定させるほどの質量がない。
13. 風化のサイクルに関する最初の記述は1980年代の Walker et al. (1981) にある。
14. Hutton (1795) の第1章の最終行からの引用。
15. Cardinale et al. (2012) と Naeem et al. (2012) は、生物多様性の果たす機能的役割について論じている。
16. Cardinale et al. (2012) は生物多様性の機能についての概要と現段階で得られた知識を紹介している。
17. 種の一般的な定義は、繁殖ができ、生まれた次世代が繁殖可能な有機体の集合。この概念はかならずしも世界の現実に即してはいない。

nization (2013) も参照されたい。

16. Millennium Ecosystem Assessment (2005), Figure A.1. 途上国の栄養不良の人びとは、1970年には9億1800万人、2000年には7億9800万人（2000年には全世界で8億5200万人）だったと報告している。より最近の分析（UN FAO et al. 2013. Table 1）によれば、2000年－2002年は9億5700万人（世界人口の15.5パーセント）、うち途上国では9億3890万人。1990年－1992年は10億1500万人（世界人口の18.9パーセント）。2011年－2013年には人数（8億4200万人）と割合（12.2パーセント）ともに減少を続けた。
17. 南部アフリカのカラハリ砂漠で暮らすサン族など、伝統的に適正な食事をとり野生の食物を集める狩猟採集民族の場合、比較的仕事量は軽い（Cohen 2000）。古代都市エリコとの違いは、余剰食料の貯蔵にある。
18. 農業をいとなむ昆虫の研究については以下を参照されたい。Aanen et al. (2002), Farrell et al. (2001), Mueller and Gerardo (2002), Schultz and Brady (2008), and Sen et al. (2009).
19. Dawkins 1976.
20. ヨーロッパにおけるジャガイモの歴史とアイルランドのジャガイモ飢饉については以下を参考にした。Brown (1993), Curran and Froling (2010), Fraser (2003), Langer (1975), and Nunn and Qian (2011).
21. Nunn and Qian (2011) で報告されている。
22. Nunn and Qian (2011) で報告されている。
23. Kinealy 1997, 5.
24. Butzer and Endfield 2012.
25. Boserup 1965; Turner and Fischer-Kowalski 2010. Geertz (1963) はインドネシアにおける農業のインボリューションのプロセス、すなわち人口増加が労働集約型の農業へと変化をうながし、収穫量が増大することをあきらかにした。Ellis et al. (2013) はボズラップ、ギアツ、マルサスの概念を結びつけて、農地の集約化の一般的なモデルを築いた。
26. Schopenhauer 2005, 37.

(FAOSTAT), http://faostat.fao.org/.

9. Rosegrant et al. 2012. 家計の総消費支出における食費の割合（エンゲル係数）の変化は、ドイツの統計学者で経済学者のエルンスト・エンゲルにちなんで「エンゲルの法則」として知られる。エンゲルは1850年代に「家庭が貧しいほど、食費への支出総額の比率は高くなる」と述べている (Zimmerman 1932, 80)。
10. 先進国および途上国の平均余命と乳児死亡率の推移をあらわす統計値は Bloom (2011) を参照されたい。
11. 出生率の低下は一般的な現象だが、Bloom (2011) が指摘するように、世界のさまざまな地域間および地域内において相当なばらつきがある。
12. 一般的に、経済発展にともなって社会の生活水準があがると人口転換が起きる。子どもの死亡率が高いと夫婦は多くの子どもをもつ傾向があり、出生率と死亡率の両方が高い。多産多死により長期的に人口は安定し、平均年齢は若く保たれる。人類の歴史はだいたいこの状態を維持してきた。やがて医療が進歩するにつれて死亡率が下がり、続いて出生率が低下していく。いっぽうで乳児死亡率が下がり、出生率が低下する前に生まれた赤ん坊が成長して子どもをもつようになると、人口が激増する時期が訪れる。長期的に死亡率と出生率は釣り合うものの、いずれ人口は減少へと転じ、高齢化社会へとなっていく。その時期にいたるまでは養うべき人口が増えていく。人口転換の原因と歴史については以下で論じられている。Lee (2003), Galor and Weil (2000), and Galor (2012).
13. 1950年代以降の概算は United Nations, Department of Economic and Social Affairs (2012)、1950年より前の概算については Livi-Bacci (1992) を参考にした。
14. United Nations 2012. 都市暮らしの人口増加分はほぼ途上国における増加分と予想される。以下を参照されたい。United Nations et al. (2012) and Millennium Ecosystem Assessment (2005).
15. 1人1日あたりの供給カロリーは Statistics Division of the United Nations Food and Agriculture Organization (FAOSTAT) のデータベースより。1人あたりの消費カロリーの傾向は Kearney (2010) にも記されている。United Nations, Food and Agriculture Orga-

原　註

プロローグ

1. 森林破壊を食い止める政策と市場の力を受けてマットグロッソの森林伐採率は、2000年前半から劇的に減少している（Macedo et al. 2012）。
2. Posey 1985.

1 鳥瞰図

1. Plato, translated by Jowett, 1909-1914, Para. 605. ソクラテスの言葉として次のように一般的には引用される。“Man must rise above the Earth, to the top of the clouds and beyond, for only thus will he fully understand the world in which he lives” (French and Burgess 2007, 127).
2. 人類が地球の風景に与えた影響についてはSanderson et al. (2002) を参照されたい。
3. Chenoweth and Feitelson (2005) は新マルサス主義者と豊穣主義者との討論についてくわしく語る。
4. Simon 1981. サイモンの第3章のタイトルは “Can the Supply of Natural Resources—Especially Energy—Really Be Infinite? Yes!”（天然資源の供給——とくにエネルギー——はほんとうに無限なのか？　そうとも！）である。Sabin (2013) は、天然資源の未来に関するジュリアン・サイモンとポール・エーリックの論争について取り上げている。エーリックの見解は本書の後半（9章）で触れる。
5. Meadows et al. 2005.
6. Rockström et al. (2009) を参照されたい。
7. Rockström et al. (2009, 472). 人類は「世界の大部分にとって有害、あるいは破滅的ですらある結果」を引き起こしていると述べる。
8. 農産物生産量のデータは以下を参照されたい。Statistics Division of the United Nations Food and Agriculture Organization

本書は２０１４年に刊行した同名書を文庫化したものです。

日経ビジネス人文庫

食糧《しょくりょう》と人類《じんるい》

飢餓《きが》を克服《こくふく》した大増産《だいぞうさん》の文明史《ぶんめいし》

2021年4月1日 第1刷発行

著者
ルース・ドフリース

訳者
小川敏子
おがわ・としこ

発行者
白石 賢

発行
日経BP
日本経済新聞出版本部

発売
日経BPマーケティング
〒105-8308 東京都港区虎ノ門4-3-12

ブックデザイン
鈴木成一デザイン室

本文DTP
アーティザンカンパニー

印刷・製本
中央精版印刷

Printed in Japan ISBN978-4-532-24002-8

nbb 好評既刊

佐藤可士和の超整理術

佐藤可士和

各界から注目され続けるクリエイターが、アイデアの源を公開。現状を打開して、答えを見つけるための整理法、教えます！

佐藤可士和のクリエイティブシンキング

佐藤可士和

クリエイティブシンキングは、創造的な考え方で問題を解決する重要なスキル。トップクリエイターが実践する思考法を初公開します。

佐藤可士和の打ち合わせ

佐藤可士和

打ち合わせが変われば仕事が変わり、会社が変わり、人生が変わる！ 超一流クリエイターが生産性向上の決め手となる9つのルールを伝授。

LEAN IN

シェリル・サンドバーグ
川本裕子＝序文
村井章子＝訳

日米で大ベストセラー。フェイスブックCOOが書いた話題作、ついに文庫化！ その「一歩」を踏み出せば、仕事と人生はこんなに楽しい。

なぜ会社は変われないのか

柴田昌治

残業を重ねて社員は必死に働くのに、会社は赤字。上からは改革の掛け声ばかり。こんな会社を蘇らせた手法を迫真のドラマで描く。

nbb 好評既刊

なぜ社員はやる気をなくしているのか
柴田昌治

職場に働く喜びを取り戻そう！　社員が主体的に参加する変革プロセス、日本的チームワークを再構築する新しい考え方を提唱する。

考え抜く社員を増やせ！
柴田昌治

仕事に余裕、職場に一体感を生むユニークな変革論！　個性を引き出し、臨機応変の対応力、チームイノベーションで業績を伸ばす方法。

どうやって社員が会社を変えたのか
柴田昌治
金井壽宏

30万部のベストセラー『なぜ会社は変われないのか』でも明かせなかった改革のリアルな実像を当事者が語る企業変革ドキュメンタリー。

稲盛和夫 独占に挑む
渋沢和樹

稲盛和夫が立ち上げた第二電電の戦いを、関係者らの証言をもとに描いた企業小説。巨大企業NTTに挑み、革命を起こした男たちのドラマ。

渋沢栄一 100の訓言
渋澤 健

企業500社を興した実業家・渋沢栄一。ドラッカーも影響された「日本資本主義の父」が残した黄金の知恵がいま鮮やかに蘇る。

nbb 好評既刊

サイゼリヤ おいしいから売れるのではない 売れているのがおいしい料理だ

正垣泰彦

「自分の店はうまい」と思ってしまったら進歩はない——。国内外で千三百を超すチェーンを築いた創業者による外食経営の教科書。

イラストレッスン ゴルフ100切りバイブル

「書斎のゴルフ」編集部＝編

「左の耳でパットする」「正しいアドレスはレールの上で」「アプローチはボールを手で投げるように」——。脱ビギナーのための88ポイント。

老舗復活「跡取り娘」の ブランド再生物語

白河桃子

ホッピー、品川女子学院、浅野屋、曙——老舗復活の鍵は？　14人の「跡取り娘」に密着、先代との発想の違い、その経営戦略を描き出す。

30の都市からよむ世界史

神野正史＝監修
造事務所＝編著

「世界の中心」はなぜ変わっていったのか？　バビロンからニューヨークまで古今東西30の都市を「栄えた年代順」にたどる面白世界史。

ＢＣＧ流 戦略営業

杉田浩章

営業全員が一定レベルの能力を発揮できる組織づくりは、勝ち残る企業の必須要件。ＢＣＧ日本代表がその改革術やマネジメント法を解説。